热塑性聚合物改性
及其发泡材料

周洪福　王向东　编著

化学工业出版社

·北京·

本书主要介绍热塑性聚合物改性及其发泡材料，具体包括聚乙烯、聚丙烯、聚苯乙烯、聚对苯二甲酸乙二醇酯、聚乳酸、聚丁二酸丁二醇酯、聚羟基烷酸酯共七种主要的热塑性聚合物的改性及其发泡成型方法（挤出法、釜压法、模压法、注射法）和制品应用，讨论不同改性方法、发泡工艺条件、成型方法对基体材料分子量及其分布、分子链构造、结晶行为、流变性能、发泡性能的影响，最后简要介绍聚合物挤出发泡原理及设备。

本书可供从事热塑性聚合物改性及发泡研究的科研人员、工程技术人员和从事相关制品生产的工程师使用。

图书在版编目（CIP）数据

热塑性聚合物改性及其发泡材料/周洪福，王向东编著. —北京：化学工业出版社，2020.4（2023.3重印）
ISBN 978-7-122-36163-9

Ⅰ.①热… Ⅱ.①周…②王… Ⅲ.①热塑性复合材料-研究 Ⅳ.①TB33

中国版本图书馆 CIP 数据核字（2020）第 023866 号

责任编辑：高　宁　　　　　　　　　　装帧设计：刘丽华
责任校对：边　涛

出版发行：化学工业出版社（北京市东城区青年湖南街 13 号　邮政编码 100011）
印　　装：北京天宇星印刷厂
710mm×1000mm　1/16　印张 14　字数 260 千字　　2023 年 3 月北京第 1 版第 5 次印刷

购书咨询：010-64518888　　　　　　　售后服务：010-64518899
网　　址：http://www.cip.com.cn

前言

泡沫塑料具有质轻、隔声降噪、缓冲减震、隔热保温等优异性能，自第二次世界大战以来，在飞机制造、汽车内饰件、建筑保温、防护性包装等领域中得到了广泛的应用，几乎影响了现代生活的方方面面。近几十年来，全球聚合物泡沫在产量和质量上都有了长足的发展，满足了人们日益增长的消费需求。2018年我国规模以上企业泡沫塑料产量达到了240多万吨，同比增长近10%，增速远超其他塑料制品和GDP增速。2019年全球航空泡沫市场总值预计将达到44亿美元，2024年预计将增长至65亿美元，年复合增长率将高达8%以上。

众所周知，环境保护形势日渐严峻，石油资源日趋枯竭；对轻量化和高效燃油经济性的需求以及对节能减排和可持续发展的要求，将促使飞机制造业和汽车制造业更多地使用泡沫材料；同时随着包装与运输等行业的快速发展以及人民生活水平的提高，相信未来对泡沫塑料，尤其是高性能泡沫塑料和/或可生物降解泡沫塑料的要求将越来越高、需求越来越多。

在热塑性聚合物发泡过程中，熔体受到双向拉伸作用，要经历强烈的拉伸变形，熔体的黏弹性对气泡增长的稳定性、泡孔尺寸均匀性等决定泡沫结构与性能的关键因素至关重要，要求聚合物熔体具有高的熔体强度和应变硬化等特性。而结晶聚合物在熔点以上时，熔体黏度急剧下降，熔体强度低，难以包裹住发泡剂气体，容易出现泡孔破裂、并泡等严重影响泡沫结构与性能的问题，由于泡沫的加工窗口窄，需要根据发泡工艺和结构要求进行改性。

笔者在详尽阐述了聚合物发泡机理以及气体溶解度、扩散系数、渗透系数、结晶性能和流变性能等对热塑性聚合物发泡工艺与性能影响的基础上，结合自己的研究成果和经验，介绍了聚乙烯、聚丙烯、聚苯乙烯和聚对苯二甲酸乙二醇酯等石油基热塑性聚合物以及生物质基可生物降解聚合物聚乳酸、聚羟基烷酸酯和石油基可生物降解聚合物聚丁二酸丁二醇酯的各种改性技术，包括交联改性、填充改性和共混改性等；并阐述了其相应的发泡技术，包括挤出发泡、注射发泡、模压发泡、釜压发泡和滚塑发泡等。

在各种发泡方法中，挤出发泡是唯一连续生产泡沫塑料的工艺，笔者在最后一章专门介绍了挤出发泡技术及所用挤出机的种类和技术要求等。

本书的特点是深入、全面地阐述了聚合物的发泡机理、材料性能与发泡工艺间的关系，理论论述透彻且简明扼要，易于理解；改性方法全面且实用，易于掌握；发泡方法详尽且可行，易于实现。希望本书能够有助于学界和业界的专家、学者和工程师透彻理解发泡机理和材料性能，掌握改性方法和发泡工艺；也可用作研究生的教材和本科生的参考书；同时希望本书对广大研究人员开发泡沫新材料、新技术、新原理和新设备以及应用有一定帮助。

本书在编写过程中参考了国内外出版的许多专著及公开发表的学术与研究论文（全都在相应章节的参考文献中列出），在此对相关参考文献的作者表示衷心的感谢。

全书共分 9 章，其中，第 1、2、4、5、7、8、9 章由北京工商大学材料与机械工程学院周洪福副教授编写，第 3、6 章由王向东教授编写，感谢北京工商大学张玉霞教授和贵州理工学院刘伟教授为本书的编写提供的宝贵资料和指导，北京工商大学材料与机械工程学院丁翔宇、屈中杰、宋敬思、王贤增、李杨、殷德贤几位研究生同学为本书的编写也提供了一些帮助，在此表示感谢。

本书的出版得到了国家重点研发计划课题（2016YFB0302203）的资助，在此也表示诚挚的感谢！

由于作者水平所限，尽管做了努力，对本书编写时所立的宗旨一定会有未完全体现之处；书中疏漏和不当之处在所难免，祈望读者和同行批评指正！

编著者
2019 年 12 月

目录

第1章
Chapter 1

热塑性聚合物发泡概述

1.1 热塑性聚合物的基本性质

热塑性聚合物一般为线型或支化构造的高分子材料，材料受热超过一定温度（一般在熔点或黏流转变温度以上）后分子链之间可以发生相对滑移而产生塑性流动，根据聚集态形式可以分为结晶聚合物和无定形聚合物。其中，结晶聚合物在熔点以下几乎不流动，在熔点以上其黏度急剧下降，造成结晶聚合物在发泡过程中很难包裹住发泡剂气体，发泡加工窗口比较窄。无定形聚合物只有黏流转变温度，没有熔点，熔体可以在一个很宽的温度区间保持较好的黏弹性，发泡加工窗口较宽，可发性较好。

1.2 发泡机理

1.2.1 均相溶液的形成

热塑性聚合物发泡本质上是一个热力学驱动的动力学现象，其成型过程如图 1.1 所示。在图 1.1 中，发泡剂的物理状态经历了多次变化，首先与聚合物熔体形成均相溶液，随后在发泡过程中发生相分离，得到热塑性聚合物/发泡剂复合材料。一旦发泡材料制备完毕后置于空气中，大多数发泡剂将随时间推移而被空气所逐渐取代，发泡过程中发泡剂物理状态的变化如图 1.2 所示。因此，可以认为在大多数热塑性聚合物发泡材料制备中，发泡剂起到了"催化剂"的作用。

无论采用何种发泡剂或发泡工艺，一个典型的热塑性发泡材料的发泡成型过程主要包括下面四个步骤：①发泡剂的溶解；②气泡成核；③气泡增长和稳定；④固化和定型。

发泡过程中首先要确保发泡剂在热塑性聚合物熔体中充分溶解，形成均相溶液，随后要在聚合物熔体中产生大量均匀分布的气泡核，气泡核生成后要经历快

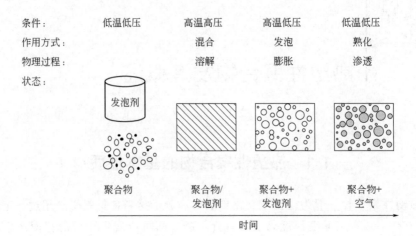

条件：	低温低压	高温高压	高温低压	低温低压
作用方式：		混合	发泡	熟化
物理过程：		溶解	膨胀	渗透
状态：				

发泡剂

聚合物 聚合物/发泡剂 聚合物+发泡剂 聚合物+空气

时间

图 1.1　热塑性聚合物发泡材料的成型过程示意图

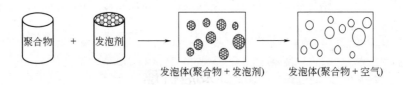

聚合物　+　发泡剂　→　发泡体(聚合物 + 发泡剂)　→　发泡体(聚合物 + 空气)

图 1.2　发泡过程中的发泡剂物理状态的变化

速的增长，然后进行定型和固化。在成型过程中，由于气液共存的体系通常是不稳定的，气泡核出现后可能膨胀，也可能塌陷，其间的影响因素众多。在气泡成核、气泡增长和稳定、固化和定型的三个主要阶段中存在不同的机理，并且可能相互影响，当周围条件改变时，这些竞争的机理使发泡的动力学过程变得更加复杂。为了有效控制发泡过程，必须在发泡过程中对这三个阶段进行有效控制。

气泡成核是在热塑性聚合物熔体中产生大量初始气泡核的过程，产生气泡核的方式、气泡核的数量和初始气泡核的尺寸（尺寸非常小，纳米或埃米级）对于产生的泡体的质量具有关键性的作用，是控制泡体质量（泡孔密度、泡孔尺寸和泡孔尺寸分布）的关键阶段。气泡增长紧随气泡成核之后进行，由于成核和增长的时间极短（几分之一秒），某种程度上很难将成核与增长两个阶段进行区分，增长阶段直接影响泡孔的形状和泡体的结构，如泡孔尺寸、开孔和闭孔等。而增长的气泡能否定型，则取决于开始固化的时机和固化的速度，气泡定型决定了最终的泡体结构。因此，对发泡过程不同阶段的机理进行定性的研究对于配方设计、工艺确定和设备选型具有极其重要的意义。

1.2.2 气泡成核

气泡成核是指在一定的温度和压力下，发泡剂气体的溶解度逐渐达到饱和，形成聚合物/发泡剂气体均相溶液，当外界条件（温度、压力等）发生变化时，原发泡体系的平衡态被打破，气相趋向于从热塑性聚合物相中分离出来，形成微小气泡核的过程。气泡成核是在聚合物基体中由较小的气体分子簇形成稳定的具有明显孔壁的细小气泡的过程，该过程在聚合物相中形成气相，气泡核的尺寸为纳米尺度，如图1.3所示。气相的形成意味着具有一定体积的新表面的形成。新表面的形成需要克服能量壁垒，换句话而言，气泡的生成需要体系自由能的增加。增加的自由能通过形成细小的气泡创建了新的表面。只有增加的自由能使所形成气泡的半径超过了临界半径，气泡才是稳定的，才能继续增长。在数学上，过剩自由能可以由式(1.1)表达。

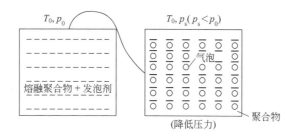

图1.3　发泡过程中的气泡成核示意图

$$\Delta G = -V_{\mathrm{b}}\Delta G_{\mathrm{v}} + A\sigma \tag{1.1}$$

式中　　ΔG_{v}——气体和聚合物相单位体积标准 Gibbs 自由能的差；

　　　　σ——聚合物的表面张力；

　　　　A——界面面积；

　　　　V_{b}——气泡核体积。

气泡成核过程对控制泡体结构至关重要，如果在熔体中能同时出现大量均匀分布的气泡核，气泡的成核速率非常高，则通常能得到泡孔密度高、泡孔尺寸细小并且分布均匀的优质泡沫体，气泡的成核行为比较好；如果熔体中的气泡核不是同时出现，而是逐步出现，气泡的成核速率低，并且数量较少，则通常得到泡孔尺寸大、分布不均匀、泡孔密度较小的劣质泡沫体，气泡的成核行为比较差。因此，研究挤出发泡的气泡成核的关键在于尽可能地提高气泡的成核速率和成核密度，而成核密度是决定泡孔密度的关键因素，只有气泡的成核速率很高，成核密度很高，最终的泡孔密度才有可能很高。根据发泡体系中添加成核剂与否，气泡成核可以分为均相成核、异相成核以及混合成核三种机理。其中，均相成核中不添加成核剂，气泡成核由体系所产生的热力学不稳定性诱发；异相成核中添加成核剂，气泡成核由成核剂在体系中所形成的成核点所诱发。如果发泡体系中既诱发了热力学不稳定性又添加了成核剂，则均相成核和异相成核均会发生，两者将产生竞争，何种行为占据支配地位取决于发泡的条件和工艺。此外，近年来的研究还表明：剪切作用有助于气泡成核，因此又提出了剪切成核机理，下面对经典的均相成核和异相成核机理进行详细介绍。

（1）均相成核

如果气泡是在单独的热塑性聚合物均相中形成，则称之为均相成核。均相成核发生时，足够数量的溶解气体分子簇形成一个临界的气泡半径以跨越阻力区，体系的热力学不稳定性是均相成核的驱动力，如图 1.4 所示。热力学不稳定性通常通过体系压力的突然降低而实现，一般而言，球形气泡的形成阻力最小，因此，对于均相成核，式(1.2) 中描述 Gibbs 自由能的方程可以表示为式(1.4)。

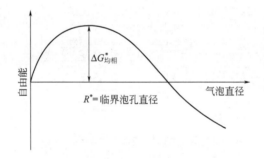

图 1.4　均相成核

$$\Delta G = -\frac{4}{3}\pi r^3 \Delta p + 4\pi r^2 \sigma \tag{1.2}$$

式中　r——气泡半径；

　　　Δp——压力降（如挤出发泡中的机头压力降）；

　　　σ——聚合物基体的表面张力。

ΔG 的最大值称为 ΔG^*，是产生临界尺寸 r^* 时的自由能，也即气体分子形成临界泡核的自由能。令 $\dfrac{\partial \Delta G}{\partial r}=0$，则气泡核的临界半径：

$$r^* = \frac{2\sigma}{\Delta p} \tag{1.3}$$

假定球形的泡核代表成核给定体积的最小阻力，则均相成核的活化能：

$$\Delta G = \frac{16 \pi \sigma^3}{3 \Delta p^2} \quad\quad (1.4)$$

式中，σ 为聚合物基体的表面张力。

$$\Delta p = p_{\text{sat}} - p_{\text{s}}$$

式中，Δp 为过饱和压力；p_{sat} 为气体在熔体中的饱和压力；p_{s} 为成核发生时的压力，通常 p_{s} 为大气压。

根据 Colton 和 Suh 的经典成核理论，均相成核速率的表达式如下：

$$N_{\text{homo}} = f_0 c_0 \exp\left(\frac{-\Delta G_{\text{homo}}^*}{KT}\right) \quad\quad (1.5)$$

式中 f_0——气体分子进入临界气泡核的速率因子；

　　　c_0——气体分子的浓度。

从以上方程式可以看到，当过饱和压力增加时，无论是临界泡核的半径还是临界自由能均减小，从物理意义上讲，这意味着聚合物中的大量气体更加容易成核。与此类似，压力降低越多，压力降低速率越快，气泡的成核速率越高。

（2）异相成核

如果热塑性聚合物基体中存在细小的粒子，则可以帮助气泡的形成，成核发生在固体和熔体的界面，界面可以作为成核的催化剂，降低了需要达到一个稳定气泡核的活化能，这种成核方式，称为异相成核。异相成核是添加成核剂的聚合物发泡体系中最常见的成核方式，异相成核可以有效降低用于形成临界气泡核的Gibbs 自由能，如图 1.5 所示。异相成核中气泡的生成效率取决于成核剂的种类、形状、固体-气体和固体-熔体的界面张力等，成核剂、发泡剂和聚合物所形成的界面如图 1.6 所示。Uhlmann 和 Chalmers 等给出了异相成核的动力学和数学分析，引入了一个异相成核因子校正均相成核的活化能。

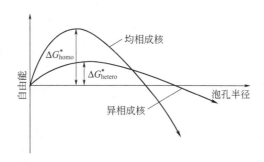

图 1.5　异相成核与均相成核活化能的对比

$$\Delta G_{\text{hetero}}^* = \Delta G_{\text{homo}}^* f(\theta) \quad\quad (1.6)$$

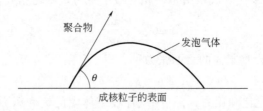

图 1.6　成核剂、发泡剂和聚合物所形成的界面

$$f(\theta) = \frac{(2+\cos\theta)(1-\cos\theta)^2}{4} \tag{1.7}$$

$$\Delta G^*_{\text{hetero}} = \frac{16\pi\sigma^3}{3\Delta p^2} f(\theta) \tag{1.8}$$

式中　θ——润湿角；

　$f(\theta)$——异相成核因子；

　σ——聚合物基体的表面张力。

根据 Colton 和 Suh 的研究，润湿角一般为 $20°$，$f(\theta)$ 的数量级为 10^{-3}，因此在相同的压力降情况下，异相成核所需的活化能较低，成核点能够很容易地产生比均相成核高几个数量级的气泡。

1.2.3　气泡增长

气泡成核之后，由于气体分子扩散进入泡核，气泡开始增长，气泡增长的动力学非常复杂，受到热塑性聚合物的黏弹性、气体浓度、发泡温度、允许气泡增长的时间等的强烈影响。气泡的增长主要经历三个阶段：①延迟阶段；②初始增长阶段，即惯性增长阶段；③扩散增长阶段，如图 1.7 所示。在图 1.7 的延迟阶段 A，发泡体系突然产生了热力学不稳定性，但由于聚合物熔体的黏性和弹性阻碍了压力的突然降低，导致气泡并不能马上开始增长，而是存在一个时间极短的延迟期。一旦气泡核形成，熔体中的发泡剂分子扩散其中，它们即开始快速增长，步入初始增长阶段，这一阶段的增长速率主要依靠聚合物熔体的黏度来控制，需要聚合物自身来抵挡气泡内部的压力。高的熔体温度和发泡剂浓度可以降低熔体的黏度，加速气泡初始增长，几乎是爆炸性的初始增长；低的熔体温度和发泡剂浓度可以增加熔体的黏度，减缓初始增长速度，有助于稳定此阶段的气泡增长。此阶段大约持续 1s，拉伸速率可以超过 $10000s^{-1}$。随着初始增长阶段的完成，在增长气泡周围的发泡剂立即被消耗完毕，距离气泡较远距离的气体分子需要扩散到增长的气泡点处，扩散路径的增加减缓了气泡增长的速率，气泡增长

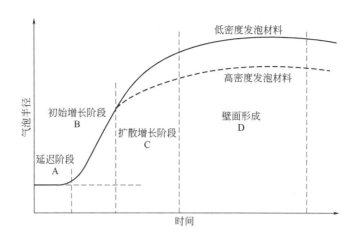

图 1.7　气泡增长的三个阶段

也就步入了第三个阶段，即扩散增长阶段。在这一阶段，尽管聚合物熔体的黏度依然具有影响作用，但控制此阶段速率的主要因素是发泡剂气体扩散到增长气泡点处的速率。由于扩散需要时间，此阶段的气泡增长速率小于初始增长阶段，气泡的尺寸增长幅度减缓。

气泡增长阶段，气相已经形成，增长的动力来自于气泡内压，增长的阻力是聚合物熔体的黏弹性、外压和表面张力。黏性太大或太小都不利于气泡增长，太大会使气泡增长的阻力过大，不利于气泡增长；太小又会使气泡壁面的强度太低无法包住气体。此外，成型工艺条件如温度、压力和剪切速率等，以及成型设备的结构参数如机头的几何形状和尺寸等都对气泡增长有强烈影响，因此对于气泡增长进行精确的理论计算非常困难，目前大多提出理论模型来预测气泡的增长，同时进行相关的实验验证。

现有的气泡增长的模型主要分为三类：①单个气泡增长模型；②细胞模型，即一群不相互连接的气泡增长模型；③成核和增长的组合模型。其中，细胞模型又分为两类：一类是未考虑发泡剂和气体损失影响的封闭体系细胞模型；另一类是考虑发泡剂和气体损失影响的细胞模型。在上述气泡增长模型中，细胞模型与实验数据吻合得非常好。

1.2.4　气泡塌陷和破裂

气泡成核并开始增长后，气、液相共存的体系在热力学上并不是一个稳定的体系。已经形成的气泡可以继续增长，也可以发生并泡、塌陷或者破裂。

图 1.8 描述了气泡增长中气体分子的三种扩散路径：①气体通过泡体表面扩散到大气中；②气体从熔体中扩散到气泡内；③气体从小气泡中向大气泡中扩散。

一个稳定增长的气泡，在热塑性聚合物熔体中的受力遵循式(1.9) 的平衡关系：

$$p_{cell}+\tau(R)=p_{polymer}+\frac{2\sigma}{R} \tag{1.9}$$

式中　p_{cell}——气泡内压；

　　　$\tau(R)$——聚合物熔体应力；

　　　$p_{polymer}$——熔体中的气体压力；

　　　σ——聚合物基体的表面张力。

由图 1.8 和式(1.9) 可知，如果熔体中的气体压力 $p_{polymer}$ 过低，则气泡内的气体将会向熔体扩散，导致气泡塌陷。一旦 $p_{polymer}$ 增加，熔体中的气体将向气泡中扩散，使气泡增长，$p_{polymer}$ 越大，熔体中的气体向气泡内扩散的速度越大，这样就会导致气泡快速增长，如果此时泡孔壁面的强度无法支撑增长的负载（亦即聚合物熔体的黏弹性不足），气泡将会发生破裂，这种情况多发生在图 1.7 所示的气泡初始增长阶段。

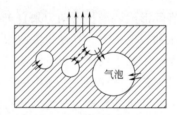

图 1.8　气泡增长中气体分子的扩散路径

另外一种气泡不稳定的情况发生在尺寸不等的相邻气泡间。在外界条件相同的条件下，小气泡中的气体压力要比大气泡中的气体压力大，两者的尺寸相差越大，p_{cell} 的差值也越大。因此小气泡中的气体容易向大气泡扩散，其差值可以用式(1.10) 表示：

$$\Delta p = p_{cell小} - p_{cell大} = 2\sigma \frac{R_大 - R_小}{R_大 R_小} \tag{1.10}$$

式中　$p_{cell小}$、$p_{cell大}$——小气泡内压、大气泡内压；

　　　$R_大$、$R_小$——大泡孔半径、小泡孔半径。

从式(1.10) 可知，气泡的半径差值越大，Δp 越大。Δp 大意味着小气泡中的气体易于向大气泡扩散，使小气泡并入大气泡的可能性增大。因此熔体中泡孔的大小差异越大，气泡的增长就越不稳定。

1.2.5 固化定型

固化定型完成发泡材料的冷却和最后的定型，这一阶段对于发泡材料的最终性能和尺寸稳定性有重要影响。固化即冷却，热塑性聚合物发泡材料固化过程是一个纯物理过程。一般都是通过冷却使熔体的黏度上升，逐渐失去流动性。发泡材料的气泡能否定型，则取决于开始固化的时机和固化的速度。

固化速度主要受到几种因素的影响：

① 冷却速度 泡体的热量通过各种传热途径，散入周围的空气、水或其他冷却介质中。采用较多的是用空气、水或其他冷却介质直接或间接冷却泡体的表面。但是，由于泡体是热的不良导体，冷却时常常会出现表层的泡体已被冷却固化定型，而芯部泡体的温度还很高，假如这时结束冷却定型，虽然外表看泡体已固化定型，但是芯部还处于高温状态，它的热量会继续外传，使泡体表层的温度回升。再加上芯部泡体的增长力，就可能使已定型的泡体变形或破裂。因此，发泡制品的冷却固化必须保证有足够的冷却定型时间。通常用于发泡成型的冷却装置，其冷却强度和冷却效率都应高于普通不发泡的同类装置，这样不但可以使已得到的泡体及时固化定型，减少不稳定因素的影响，而且还有利于提高生产率。但冷却速度也不宜过快，特别是对收缩率较大的聚合物，如果冷却时气泡壁的收缩率过大，气泡中的气体来不及冷缩及向泡壁扩散，气泡壁就有破裂的可能，因此针对不同的聚合物发泡体，采用适宜的冷却速度是至关重要的。

② 气体从熔体中析出 在气泡增长过程中，气体从熔体中离析出来进入气泡，导致气泡壁熔体的黏度上升，加速了固化过程。

③ 发泡剂的分解和汽化 采用物理发泡剂进行的发泡过程中常常包含物理发泡剂的汽化、气体的离析和增长等过程；采用化学发泡剂的发泡过程中化学发泡剂的分解存在吸热或者放热效应；结晶聚合物结晶过程一般都是放热反应，这些因素都会影响泡体的固化速度。

1.3 溶解度、扩散系数和渗透系数对发泡的影响

热塑性聚合物可以采用化学发泡剂和物理发泡剂进行发泡，无论是化学发泡剂分解产生的气体还是物理发泡剂相变产生的气体，在热塑性聚合物熔体中的溶解度、扩散系数和渗透系数对发泡过程都有重要的影响。

在热塑性聚合物发泡过程中，首先要保证足够量的气体溶解在聚合物熔体

中，但一定的温度和压力下气体在熔体中的溶解度是固定的，过量的气体将在熔体中形成空洞，阻止成核的顺利进行，破坏发泡的稳定性，并恶化最终制品的性能。此外，为了避免溶有气体的熔体提前成核（又称预发），导致气泡的不均匀增长，必须始终保证聚合物熔体/发泡剂体系在气泡成核前为均相溶液，即必须保证适量的气体以分子水平溶解在聚合物熔体中。同时，在气泡成核过程中，要求聚合物熔体/发泡剂均相溶液经历快速的压力降低，熔体中气体的饱和压力越大，形成的压力差越大，气泡的成核行为越好，因此获取不同的温度和压力下，不同的发泡剂在聚合物熔体中的溶解度非常必要。

温度和压力对气体在聚合物熔体中溶解度的影响可以用 Henry 定律进行分析，如式(1.11)所示：

$$C_s = H_0 p_s \exp\left(-\frac{\Delta E_s}{RT}\right) \tag{1.11}$$

式中　C_s——气体溶解度；

H_0——溶解度气体常数；

p_s——气体饱和压力；

ΔE_s——气体的溶解热；

R——气体常数；

T——温度。

由于气体的溶解热 ΔE_s 存在差异，不同发泡剂的溶解度随温度和压力的变化趋势不同，不存在统一的规律，需要进行系统的测量。一般而言，在相同条件下，小分子的气体如 CO_2、N_2 等比长链的发泡剂如氟烃、烷烃的溶解度要低很多，如在 200℃、27.6MPa 下，CO_2 和 N_2 在大多数聚合物中的溶解度为 10%（质量分数）和 2%（质量分数），而在 200℃、13.8MPa 下，氟烃（FC11）在聚合物中的溶解度高达 90%（质量分数），烷烃如丁烷或戊烷的溶解度也非常高。此外，在温度恒定的情况下，大多数气体的溶解度随压力的增加而增加，增加了外压，也就增加了溶解在熔体中的发泡剂的量，增加了熔体中的气体压力。

气体在聚合物熔体中溶解度的测量研究近年来取得了一些进展，研究者最近尝试采用一些方程来模拟气体的溶解度，如 Simha-Somcynsky 理论已经被成功用于模拟气体的溶解度，并在大多数气体-聚合物体系中得到了成功应用。

除了气体的溶解度外，气体的扩散系数也是一个非常重要的参数，扩散速率随扩散系数的增加而增加。扩散分为两种情况：在聚合物熔体/发泡剂均相溶液的形成阶段，气体分子要扩散进入高分子的自由体积内；当气泡成核后，自由体积内的气体分子又要从熔体扩散进入气泡核，气泡开始增长。在这两个过程中，气体的扩散系数均具有重要的作用，在均相溶液形成阶段，扩散速率大，可以缩短均相溶液的形成时间；当气泡开始增长时，增长的速率受到气体扩散速率和聚合物熔体的黏弹性影响。随着气泡增长的加速，泡孔壁开始变薄，气泡之间气体的扩散开始增强，已经扩散入泡孔的气体也有可能向外扩散导致气泡收缩甚至塌陷。因此，一定的条件下控制气体的扩散速率是获得优质的泡体结构的一个关键问题。气体的扩散系数如式(1.12)所示：

$$D = D_0 \exp\left(-\frac{\Delta E_d}{RT}\right) \tag{1.12}$$

式中　D_0——扩散系数常数；

　　　ΔE_d——扩散活化能。

温度升高时，气体的扩散系数增加，扩散速率也随之增大。控制温度，可以控制气体在熔体中的扩散速率。目前对于气体扩散系数的研究报道不多，通常认为小分子的气体如 CO_2 和 N_2 的扩散系数要远高于长链分子如烷烃等。根据 Durrill 和 Griskey 的研究，190℃左右时，CO_2 和 N_2 在 PP 熔体中的扩散系数分别为 $4.2\times10^{-5}\,cm^2/s$ 和 $3.5\times10^{-5}\,cm^2/s$。

热塑性聚合物发泡材料制备完毕后，泡孔内充满发泡剂。随着固化定型的完成，发泡剂将扩散出泡孔而空气将扩散进入泡孔，这种相互扩散直至发泡剂完全被空气所替代为止，相互扩散路径如图 1.9 所示。气体透过聚合物的性能称为渗透性，采用渗透系数来定量表征。气体的渗透系数 p_S 取决于两个因素，一个是其在聚合物中的溶解度；另一个是其扩散系数，可由式(1.13)表示：

$$p_s = C_s D \tag{1.13}$$

式中　C_s——溶解度；

　　　D——扩散系数。

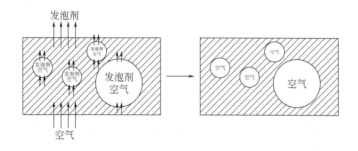

图 1.9　熟化过程中空气和发泡剂的相互扩散示意图

发泡剂的渗透系数是发泡中的一个重要参数。如果 p_s 过高，发泡剂扩散出泡孔的速度过快，将会导致发泡材料发生收缩而影响其尺寸稳定性；如果 p_s 过低，可燃性的发泡剂将会产生安全问题。最为理想的状况是发泡剂的渗透系数和空气相同，而且其具有不燃性，无须考虑安全问题。不同聚合物/气体体系的渗透系数如表 1.1 所示。

表 1.1　不同聚合物/气体体系的渗透系数

聚合物/气体体系	渗透系数/[$10^{10} \times cm^3(STP) \cdot cm/(cm^2 \cdot s \cdot cmHg)$]
PS/CHClF$_2$	0.17
PS/N$_2$	0.79
PS/CO$_2$	10.50
LDPE/CHClF$_2$	5.67
LDPE/C$_2$H$_6$	6.81
LDPE/C$_3$H$_8$	9.43
LDPE/n-C$_4$H$_{10}$	45.40
PP/CHClF$_2$	0.0025
PU/CFCl$_3$	2.00

注：1cmHg＝1333.224Pa。

为了调节发泡剂的渗透速率，通常在发泡配方中增加一些渗透速率调节剂，如一些脂肪酸和酯，它们可以在泡孔表面形成一层薄膜以降低发泡剂在泡孔之间的渗透，而对空气的渗透却不产生影响。

1.4　结晶行为对发泡的影响

热塑性聚合物的结晶行为对于其发泡的气泡成核、气泡增长和稳定、气泡的固化定型均有显著影响，是结晶型热塑性聚合物发泡中所要关注的又一关键问题。

在气泡成核阶段，若熔体在高温下快速结晶，则过早的结晶将使用于成核的发泡剂的浓度降低，减小成核速率，导致成核的初始气泡数量下降，进而影响最终的泡孔密度。

在气泡的增长和稳定阶段，发泡体系的结晶行为对结晶型热塑性聚合物熔体的拉伸黏度有显著影响。结晶可以使黏度迅速增加，提高材料的熔体强度，从而能够稳定气泡的增长过程，遏制气泡的塌陷。

热塑性聚合物发泡材料的定型和固化是一个物理过程，通常都采用冷却的办法使熔体的黏度上升，逐渐失去流动性，直至形成玻璃态或者结晶态。在结晶型热塑性聚合物发泡中，泡沫结构受到熔体结晶的影响，因此，结晶型热塑性聚合物的结晶温度非常重要，如果结晶发生在发泡的早期，即发生在溶解的发泡剂刚扩散出熔体而进入成核的气泡时，那么较早的固化将使推动气泡增长的气体量不足，气泡增长的动力不够，影响发泡倍率和最终制品的密度；如果结晶的速率过快，也将造成上述情况的发生。而如果保持很高的发泡温度，结晶时间较长，则气体向外扩散逃逸的概率增大，发泡剂逃逸将导致发气量不足，影响发泡材料的发泡倍率。因此，发泡体系合适的结晶温度和结晶速率对于结晶型热塑性聚合物发泡具有重要影响。

热塑性聚合物的结晶行为受到分子结构、结晶条件的影响。此外，各种助剂如发泡剂、成核剂等对结晶行为、结晶结构和结晶形态的影响也很大。

1.5 流变性能对发泡的影响

发泡体系包括树脂、发泡剂、成核剂等，它们的基本性能、它们之间的相互作用是发泡得以顺利进行的基础。

在发泡的气泡增长阶段，泡孔壁经历双向拉伸，聚合物发泡体系熔体发生强烈的双向拉伸形变，相同的形变模式也发生在热成型、薄膜吹塑成型、吹塑成型等过程中（如表1.2所示）。

表 1.2 聚合物成型加工中发生的典型拉伸形变

拉伸形变	黏度	图示	工艺过程	特鲁顿比 T_R	应变硬化
单向	η_U		纤维纺丝	3	最大
环向	η_P		压延、线材涂覆	4	中等
双向拉伸	η_B		发泡、薄膜吹塑、吹塑	6	最小

形变过程受到热塑性聚合物发泡体系的熔体拉伸行为的控制，由于形变发生在极短的时间内，熔体的拉伸流动并没有时间完全扩展到稳态水平（即应力随时间保持稳定），因此形变过程中的瞬时拉伸黏度对于发泡过程至关重要。

以挤出发泡为例，图1.10给出了一个典型的挤出发泡过程各个阶段对于发泡体系熔体拉伸黏度要求的示意图。由图1.10可以看出，发泡过程不同阶段中，为了保证气泡的稳定增长，熔体的瞬时拉伸黏度应随时间的增加而增加，这种在一定的应变速率下，熔体拉伸黏度随时间增加而增加的现象称为"应变硬化"现象，如图 1.11 所示。如果拉伸黏度随时间的增加而降低，表现不出"应变硬化"现象，则在气泡增长过程中，泡孔壁的薄弱部位将变得很薄，不能稳定增长，将容易导致气泡破裂和塌陷，泡体中出现较多开孔结构；泡孔壁的厚度和泡孔尺寸发生变化，无法达到均匀分布；制品的表面粗糙，发泡倍率较低，将对发泡制品的力学性能、热性能等造成较为严重的影响，气泡增长过程中的泡孔形态演变如图 1.12 所示。

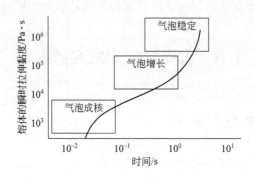

图 1.10　挤出发泡各个阶段的拉伸黏度变化

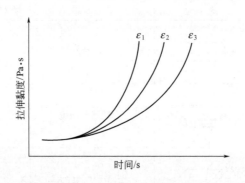

图 1.11　"应变硬化"现象

另外，熔体的黏度受温度的影响非常大，一般而言，假塑性流体的黏度随温度的增加而下降。不同分子结构聚合物的黏度随温度下降的温度区间范围不同。结晶聚合物在温度超过其 T_m 后很窄的温度区间即发生黏度的快速下降，这种现象就对结晶聚合物的挤出发泡产生强烈影响，造成适于挤出发泡成型的加工窗口非常窄。而对于无定形聚合物，其适于发泡成型的黏度范围在很宽的温度范围内可以达到，加工窗口较宽。表 1.3 为不同聚合物挤出发泡的加工窗口。

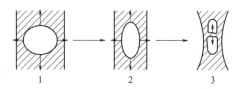

图1.12 气泡增长过程中的泡孔形态演变

1—双向拉伸；2—变形；3—破裂

表1.3 不同聚合物挤出发泡的加工窗口

聚合物	结晶度/%	适于挤出发泡的温度窗口/℃
聚苯乙烯(PS)	0	50
低密度聚乙烯(LDPE)	43	10
聚丙烯(PP)	50	4
高密度聚乙烯(HDPE)	74	2

　　定性或者定量评价热塑性聚合物的"可发性"比较困难，与剪切流变不同，由于测试仪器和方法的局限，聚合物拉伸流变行为的测定非常困难，不易获得可信的拉伸流变数据，所有这些迫使研究者去寻找一些替代方法用于评价给定聚合物的"可发性"。作为一种黏弹性材料，聚合物熔体的力学响应表现出黏性行为和弹性行为，而熔体弹性可以定量对聚合物的"可发性"进行评价。聚合物熔体的弹性高，聚合物熔体就表现出很好的拉伸流变行为，熔体更加耐拉伸，熔体拉伸过程中不易发生断裂，更有利于气泡增长的稳定。熔体弹性的变化与一些黏弹性参数如法向应力差、储能模量、拉伸黏度和可回复应变的变化等息息相关，同时还与一些实际加工参数如挤出胀大和熔体强度的变化有关。熔体强度与挤出胀大类似，为工业上用于表征熔体弹性的常用加工参数，提高所谓的热塑性聚合物的熔体强度亦即提高其熔体弹性。

　　随着加工温度的升高，结晶型热塑性聚合物树脂熔体强度急剧下降，发泡剂分解出来的气体难以保持在树脂中，气体的逸散会导致发泡难以控制；结晶时也会放出较多的热量，使熔体强度降低，发泡后容易破坏气泡，因而不易得到独立气泡率高的发泡体。

　　熔体弹性定义为在应力释放后高分子链回复到其初始尺寸、形状和位置的能力和速率。回复来源于高分子链处于低熵状态下产生的自动回复力，这些低熵态可以通过分子取向获得，在取向或者拉伸过程中，高分子链之间的缠结耦合作为临时的物理交联点，起到类似于橡胶弹性体中的化学交联点的作用。由于缠结耦合受到时间、温度和受力方式的影响，因此弹性回复是一个松弛过程，在给定的外力、温度和观察的时间标尺下，熔体弹性取决于弹性回复松弛时间的长短。松弛时间长，松弛时间分布宽，熔体弹性高；松弛时间短，松弛时间分布窄，熔体弹性低。

分子量及其分布以及聚合物的分子构造（线型分子和支化分子）对聚合物的熔体弹性具有重要影响。这些分子结构参数的改变会导致聚合物熔体弹性回复的松弛时间和松弛时间分布发生改变，从而影响熔体的弹性。基于这种思路，聚合物的熔体弹性（熔体强度）可以通过如下途径进行改性：①在树脂的聚合过程中或者聚合后进行接枝反应，在聚合物主链上引入长的支链。②进行非反应性共混改性，在基体聚合物中引入高分子量的其他组分，以拓宽分子量分布。③进行可控的接枝、交联和降解等反应性改性，拓宽分子量的分布。在上述改性方法中，在聚合物主链上接枝反应引入长的支链对聚合物熔体弹性的影响最为显著。

熔体强度表示熔体能支撑它本身重量的强度，目前主要有 3 种方法用来表征和计算热塑性聚合物的熔体强度。

（1）使用熔体强度测定仪

此方法是最为直接和准确的方法。Rheotens 熔体强度测定仪是一种测定聚合物熔体单轴拉伸的挤出式拉伸流变仪，其结构如图 1.13 所示，相比于 RME 类水平拉伸流变仪，这种仪器可以测定较高应变速率条件下聚合物的瞬态拉伸黏度，并可直接用来测量聚合物的熔体强度、拉伸应力、瞬态拉伸黏度、拉伸应变速率等拉伸流变性能。计算方法如下：已知毛细管直径 D_0，熔体挤出速率 ν_0，夹辊拉伸速率 ν，拉伸比 $\lambda = \nu/\nu_0$，拉伸距离 l，熔体所受的拉伸力 F，根据式（1.14）～式（1.16）则可计算拉伸速率和熔体的单轴拉伸黏度。

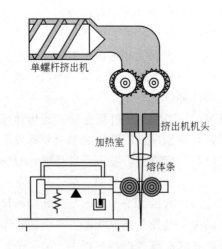

单螺杆挤出机

挤出机机头

加热室

熔体条

图 1.13　Rheotens 熔体强度测定仪示意图

$$\sigma_z = \frac{F}{A_0} \times \frac{\nu}{\nu_0} = \frac{4F\nu}{\pi D_0^2 \nu_0} \qquad (1.14)$$

$$\dot{\varepsilon} = \frac{\nu}{l} \ln\left(\frac{\nu}{\nu_0}\right) \tag{1.15}$$

$$\eta_e = \frac{\sigma_z}{\dot{\varepsilon}} = \frac{4Fl}{\pi D_0^2 \nu_0 \ln\left(\dfrac{\nu}{\nu_0}\right)} \tag{1.16}$$

式中　D_0——毛细管直径；

　　　ν_0——熔体挤出速率；

　　　ν——拉伸速率；

　　　l——拉伸距离；

　　　F——熔体所受拉力。

（2）通过熔体流动速率测试数据进行计算

熔体强度与熔体流动速率的经验公式如式（1.17）所示。由于该方法中的多个参数难以获得精确的数据，所以计算所得的数据准确性较差。

$$MS = 3.54 \times 10^5 \frac{\Delta l^2 r_0}{MF_{230}} \tag{1.17}$$

式中　MS——熔体强度；

　　　l——挤出物直径减小 50% 时的挤出物长度；

　　　r_0——最初从口模露出的挤出物半径（分别测定挤出物产物长度为1/16in、

　　　　　1/4in 和 1/2in 时的挤出物半径后，外推获得，1in＝0.0254m）；

　　MF_{230}——在 230℃、负荷 2.16kg 的条件下，热塑性聚合物的熔体流动

　　　　　速率。

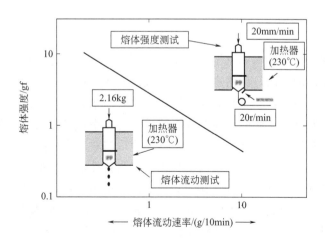

图 1.14　熔体强度和熔体流动速率关系的校正曲线（1gf＝9.80665×10^{-3}N）

（3）定性分析熔体强度的方法

Yoshii 等通过仪器测定了一系列热塑性聚合物树脂的熔体强度和熔体流动速率的关系，发现随着熔体流动速率的提高，熔体强度呈现下降的趋势，如图 1.14 所示，因此可以根据熔体流动速率下降的趋势，定性分析熔体强度的变化情况。

1.6　热塑性聚合物改性的主要类型

1.6.1　扩链改性法

扩链改性法可以分为聚酯扩链改性和聚烯烃扩链改性两种。其中，聚酯扩链改性指热塑性聚酯官能团与扩链剂官能团之间的反应，通常在熔体状态下，通过反应挤出或者反应注塑实现。基本上能够与热塑性聚酯端基迅速反应的双官能团（或者多官能团）的化合物（即扩链剂）都能用于扩链反应。传统热塑性聚酯扩链剂是一些能与羟基或羧基反应或能同时与二者反应的加成型化合物，如酸酐类、环氧衍生物、唑啉类、异氰酸酯类、碳化二亚胺、三代亚磷酸盐等。研究发现，热塑性聚酯与上述扩链剂反应挤出后的集中表现形式是零剪切熔体黏度大幅提升，熔体强度和口模膨胀提高，分子量增大等。热塑性聚烯烃的扩链通常是由引发剂作用在聚烯烃分子链上产生自由基，进而引发小分子单体或分子链在聚烯烃主链上聚合或反应，形成支链。

1.6.2　填充改性法

填充改性法是指采用无机填料（例如滑石粉、蒙脱土等）对热塑性聚合物发泡行为进行改性的方法，目的主要是起到气泡异相成核剂、改善结晶和流变性能的作用。但是普通的物理填料表面惰性大，比表面积大，易团聚。为了提高物理填料与热塑性聚合物之间的界面结合，改善混合效果，研究人员一般会采用偶联剂对物理填料进行表面处理。随着成核剂（物理填料）含量的增加，泡孔密度明显提升，泡孔直径显著减小，且泡孔分布变窄，孔径也更加均匀。物理填料的均匀分散在一定程度上可以调节泡孔的分布。值得指出的是，过量的填料会导致泡沫材料变脆。所有向热塑性聚酯发泡过程中添加的无机粒子都应经过真空干燥，防止水分［即使是 0.005%（质量分数）］的带入造成热塑性聚酯加工过程中发生水解反应。

无机填料作为成核剂对泡孔密度、泡孔尺寸和泡孔尺寸分布具有很大影响,成核剂与熔体和气体形成的液-固、液-气界面可以作为气泡成核的催化剂,降低气泡成核的活化能,当活化能低于聚合物熔体均相成核的活化能时,将在界面处诱发异相成核,从而更加容易产生大量的气泡核。

成核剂的种类有很多,有的成核剂本身就是发泡剂,它起到了发泡和成核的双重作用(发泡剂分解产生热量,成为热点,也作为成核点)。高分子发泡材料制备常用的成核剂有:滑石粉、碳酸钙、硬脂酸钙、硬脂酸锌、苯甲酸钠等。选用这些成核剂需要考虑它们的尺寸、添加量、与基体树脂的混合程度(不要出现团聚现象)等。

一个理想的热塑性聚合物发泡成核剂应当满足以下几点要求:与聚合物中已有的其他助剂及杂质的非均相成核和均相成核相比,理想成核剂的成核对能量的要求更低,否则其他助剂及杂质的成核将在成核剂发挥作用以前耗费发泡剂;成核点要多,并且均匀分散,以保证成核点之间的平均距离足够小,否则将得到双峰分布的气泡尺寸分布;成核点的尺寸和组成应当均匀,以保证气泡成核的均匀。

例如在聚丙烯(PP)挤出发泡中常用的成核剂为滑石粉、苯甲酸钠等。在发泡体系中添加成核剂,可以降低不添加成核剂时所需要的较高加工压力和压力降速率。至于成核剂的类型和规格、添加量的多少、降低压力和压力降速率的程度则取决于发泡体系的性能和加工工艺等诸多因素。C. B. Park、L. K. Cheung和S. W. Song研究了成核剂对PP挤出发泡的气泡成核行为的影响。采用单螺杆挤出机,添加滑石粉作成核剂,研究发现:异戊烷作发泡剂时,气泡成核由滑石粉的用量所控制,而对异戊烷的用量不太敏感。CO_2作为发泡剂时,泡孔密度对CO_2和滑石粉的用量均非常敏感。添加滑石粉后,无论是压力还是压力降速率均不再对泡孔密度产生强烈影响,在相当低的压力降(4~10MPa)和压力降速率下即可得到较高的泡孔密度(达 10^6 cells/cm³)。A. H. Behravesh、C. B. Park、L. K. Cheung和R. D. Venter研究了异戊烷为发泡剂、Hydrocerol(柠檬酸和苯甲酸钠的混合物)为成核剂的PP气泡成核行为。挤出发泡采用单螺杆挤出机,所用树脂为线型PP。研究发现:随着成核剂用量的增加,泡孔密度增加,但成核剂过量时,泡孔密度降低;添加成核剂后,在较低的加工压力下即可得到很高的泡孔密度。Hydrocerol的添加,使体系的成核由异相成核所控制。

成核剂的加入,对发泡体系的熔体强度、结晶行为也会产生影响,因此成核剂的尺寸、用量、类型对于原材料配方、加工工艺和成型设备的选定有重要影响。

1.6.3 共混改性法

由于热塑性聚合物合金(或称共混物)能改善单一热塑性聚合物发泡性能的

不足，因此，热塑性聚合物共混物发泡行为的研究越来越受到人们的关注。热塑性聚合物共混物中，通常一相为基体相（或称连续相），另一相为分散相（或称可调控相，通常也为树脂），与无机材料相比，分散相树脂与基体相的亲和性好，因而热塑性聚合物共混物中分散相较热塑性聚合物复合材料中无机填料有更好的分散效果。同时，第二相树脂的选择类型很多，可以利用第二相树脂不同的性能对热塑性聚合物基体相的发泡行为进行控制。通常而言，制备热塑性聚合物共混物进行发泡研究，主要是达到五个方面的效果：①添加高熔体强度或较好黏弹性聚合物分散相，改善热塑性聚合物基体相的熔体强度和黏弹性；②添加结晶程度不同的聚合物分散相，对整个热塑性聚合物共混物的结晶行为进行调控；③添加发泡剂溶解度高的聚合物分散相，从而实现整个热塑性聚合物共混物对发泡剂溶解度的提升；④通过添加聚合物分散相，对热塑性聚合物共混物的扩散系数进行调控；⑤热塑性聚合物共混物的相界面能为发泡提供气泡成核点，或为结晶过程提供结晶异相成核点。

热塑性聚合物共混物泡孔形态不仅受到相态和黏度比的影响，还受到物理发泡剂在两相聚合物中溶解度和扩散速率的控制。因此，通过控制不同种类和含量的聚合物分散相与基体相进行共混可以制备出不同泡孔形态（闭孔或开孔，单泡孔或复合泡孔）的热塑性聚合物合金泡沫材料。

1.6.4　交联改性法

1.6.4.1　热塑性聚烯烃交联

化学交联法主要有两种：过氧化物交联法和硅烷水解交联法。过氧化物交联法是利用过氧化物受热分解产生的烷氧自由基与热塑性聚烯烃分子上的氢原子发生反应，产生烷基自由基，烷基自由基复合形成交联键。硅烷水解交联法则是利用接枝到热塑性聚烯烃骨架上的有机硅烷在酸性催化剂作用下水解并缩合形成硅氧烷交联键。因为化学交联所用的交联剂来源丰富、易得，所以此法得到较广泛的应用。但聚合物交联反应时，不断增加的熔体黏度使交联剂在聚合物基质中的分散性变差，出现不均匀交联，局部发生"焦烧"现象。过氧化物类交联剂的分解温度与聚合物的 T_m 接近，加工时过氧化物的损失不可避免，造成交联度难以控制；硅烷交联剂分解需要水作引发剂，由于水分的侵入，会造成材料介电性能变差。

辐射交联法是以高能射线（γ射线或电子束）使热塑性聚烯烃产生大分子活性自由基，活性自由基之间互相复合后形成交联键。辐射交联产品具有交联网络分布均匀、质量易于控制、废品率低和生产效率高的特性。与化学交联法相比较，辐射交联法有如下优点：

① 减少环境污染　用辐射交联发泡工艺可以免去化学交联剂分解后产生的有害气体，无毒无味，减少空气污染。

② 发泡过程易于控制　辐射交联法较化学交联法过程易于控制，原材料如基体树脂或发泡剂的选择更加容易。

③ 提高产品质量　在化学交联法中交联剂通过加热在较宽温度范围进行分解，交联过程中难以保证产品的均匀性，且不能控制产品的交联度。而辐射交联法是在同一温度下实现产品交联，因而质地均匀，并可控制产品交联度的大小。

④ 提高发泡速度　辐射交联法可在任意温度下实现产品均匀交联，然后再进行发泡，因此发泡速度比化学交联法快一倍。

⑤ 可生产的产品品种多样　控制辐射的剂量和剂量率，可以方便地得到交联度不同、孔径大小各异、发泡率相差很大的各种泡沫材料。

⑥ 成本随生产规模扩大而降低　随生产规模扩大，产量增加，辐射交联法成本明显下降，而化学交联法成本则不发生变化，辐射交联法成本实际上取决于辐射装置成本。

一般来说，热塑性聚烯烃辐射交联的原理可以认为是：高能射线辐照热塑性聚烯烃时，其大分子主链、侧基或 C—H 键被打断，形成活性自由基，自由基之间相互结合形成交联网络。交联分子链可以形成 H 形及 Y 形的体型结构。按照辐射剂量由低到高，交联反应过程与聚合物结构间的关系分为以下四个阶段：①交联起始阶段，主要受末端基团的影响，表现为有序交联。②交联程度提高，交联主要发生在无定形区域，呈现无规交联。③交联程度进一步提高，晶区表面的分子链参与交联，交联过程表现为无规交联。④晶区完全熔融消失，整个体系处于无定形态，交联呈无序性。

1.6.4.2　热塑性聚酯交联

热塑性聚酯交联改性通常采用有机过氧化物或多官能团扩链剂进行。有机过氧化物一般包括烷基过氧化物、酯类过氧化物和过氧化酮等，一般的添加量在 0.5%～2.0%（质量分数）之间。有机过氧化物通过自由基，夺取热塑性聚酯分子末端上的端羟基和端羧基的活泼氢，使得热塑性聚酯分子链发生交联。有机过氧化物的反应活性过高，在利用有机过氧化物的反应挤出过程中，用量要尤其注意，如果用量过大，会导致热塑性聚酯发生过度交联，不仅因为失去热塑性致使产品失去价值，同时造成设备的电机故障。采用有机过氧化物作为扩链剂，即使用量控制非常小心，也有可能会产生局部的过度交联，使得产品的质量下降。以聚乳酸为例，日本三井化学公司采用 0.5%（质量分数）的 2,6-二甲基-2,5-双（叔丁过氧基）乙烷作为有机过氧化物类扩链剂，对聚乳酸进行单螺杆挤出机反应挤出，结果发现分子量和熔体强度值都显著提高。多官能团扩链剂包括含环氧官能团化合物、含酸酐基团化合物和多异氰酸酯化合物三类。由于热塑性聚酯拥有两个可反应的端基，其与两官能度以上的扩链剂反应可以形成交联网状结构，进而提高热塑性聚酯的黏弹性和可发性。值得指出的是，对于可生物降解聚酯，交联意味着失去部分降解性能。

1.7 热塑性聚合物发泡的主要成型方法

1.7.1 挤出发泡法

挤出发泡法是将含发泡剂的塑料原料加入挤出机中，经螺杆旋转和机筒外的加热，物料被剪切、熔融、塑化、混合，熔融物料从机头口模挤出时由高压变为常压，使溶于物料内的气体膨胀而完成发泡。这种成型方法最突出的特点是连续化生产，通过更换机头就可以生产不同类型的产品。一般的管材、棒材、异形材、板材、膜片等发泡制品都采用挤出发泡成型的方法。

挤出发泡法是将挤出和发泡在挤出机上一次完成的，与常压发泡相比，具有工艺流程简单、生产效率高、产品形态可调范围宽、经济性佳等优点。

常见的挤出发泡有两种类型。一种是挤出物理发泡：将树脂颗粒在挤出机中熔融后，直接将物理发泡剂注入挤出机中部注入口中，经混合后，发泡剂在离开口模后发泡，经定型套后成为制品。另一种是挤出化学发泡：首先将树脂颗粒涂上液体石蜡或环氧丙烷，使发泡剂等粉料黏附其上，然后进入挤出机。螺杆不冷却，定型套用温水连续冷却。发泡剂在靠近机头处分解，物料离开口模时发泡，经定型套后成为制品。

为了获得较好的发泡工艺条件，聚合物熔融温度（T_{melt}）、发泡剂分解温度（$T_{foaming}$）、加工温度（$T_{processing}$）和聚合物分解温度（$T_{degradation}$）四者之间应该满足条件：$T_{melt} < T_{foaming} < T_{processing} < T_{degradation}$。研究表明，机筒温度对发泡制品密度的影响很小。发泡制品密度的大小主要取决于机头温度，随着机头温度升高，聚合物熔体黏度下降，泡孔增长更容易，泡沫制品的密度逐渐增加。但是聚合物熔体黏度下降会引起熔体不能支撑泡孔增长产生的双向拉伸，从而造成泡孔塌陷。

螺杆转速、压力降和压力降速率、成核剂的分散以及发泡机头温度等对于热塑性聚合物挤出发泡的气泡成核和增长速率具有很大的影响，通过合理控制成型工艺，可以对热塑性聚合物挤出发泡的泡体结构和材料性能进行有效控制。

（1）螺杆转速

螺杆转速对于发泡剂和成核剂在热塑性聚合物熔体中的分散和溶解具有重要影响。一般而言，较高的螺杆转速有利于提高混合和扩散的质量，但是过高的螺杆转速也可能导致挤出发泡出现波动，因此需要根据不同的发泡体系优选适宜的螺杆转速。此外，有研究表明：较高的螺杆转速还有利于提高气泡的成核速率。

（2）压力降和压力降速率

无论是均相成核还是异相成核，压力降和压力降速率对于热塑性聚合物挤出发泡的影响很大，压力降越大，压力降速率越快，气泡的成核速率越快，成核的数量越多。

进行合理的机头设计，可以有效控制所得发泡材料的综合性能。

（3）成核剂的分散

成核剂在热塑性聚合物挤出发泡中扮演重要的角色，添加成核剂与否对泡孔密度、泡孔尺寸和泡孔尺寸分布具有很大影响，成核剂与熔体和气体形成的液-固、液-气界面可以作为气泡成核的催化剂，降低气泡成核的活化能，当活化能低于聚合物熔体均相成核的活化能时，将在界面处诱发异相成核，从而更加容易产生大量的气泡核。

为了制备泡孔尺寸分布较窄、泡孔密度较高的热塑性聚合物发泡材料，必须要保证在热塑性聚合物熔体中分布的成核剂的性能均一，成核剂的性能出现小的波动将导致成核速率出现大的波动。如果成核剂的粒径和表面性能不均匀，存在多分布性，则所得泡孔尺寸也将存在多分布性，因为在能量较低的成核点处将优先发生气泡的成核和增长。因此，热塑性聚合物挤出发泡中的成核剂种类及其在熔体中的分散非常重要。

可见，成核剂的分散是一个必须解决的问题。目前，热塑性聚合物挤出发泡中常用的成核剂在分散过程中存在明显的团聚现象，该问题的解决需要从设备和混合方法两个方面进行深入研究。

（4）发泡机头温度

在热塑性聚合物挤出发泡中，为了得到较高发泡倍率、较低密度的发泡材料，必须有效抑制气泡增长过程中的气体损失。发泡剂在高温下的扩散系数非常高，因此，发泡机头的温度过高时，气体非常容易从机头逃逸。此外，随着气泡增长，泡孔壁变薄，气体在气泡之间的相互扩散加剧，造成气体通过泡孔相继扩散出去的可能性加大，导致用于气泡增长的气量降低，发泡材料的密度和发泡倍率均下降。

（5）剪切效应

S. T. Lee 研究了剪切效应对热塑性泡沫成核的影响，研究发现：剪切应力增加，泡孔密度增加，剪切应力在气泡成核过程中比压力降和压力降速率更为重要，尤其是在气体浓度较低时更是如此。

因此，在热塑性聚合物的挤出发泡中，为了获得最大的发泡倍率，需要寻找一个最佳的机头温度。由于不同的发泡体系对于温度的敏感性不同，这个温度也要通过大量的实验进行验证。

综上所述，在不同的树脂种类和用量，发泡剂类型和用量，成核剂种类、尺寸、形状和用量，聚合物熔体中的压力分布，发泡剂在聚合物熔体中的溶解度和分散性，不同的发泡设备，以及加工条件、压力降和压力降速率条件下，影响气泡成核行为的因素不尽相同，热塑性聚合物挤出发泡的成核机理存在较大差异，至于何种成核机理产生的气泡核数量较多，并且易于实现，并无规律可循，需要根据不同的加工设备和工艺条件进行综合的评价。

1.7.2 釜压发泡法

釜压发泡法又称间歇发泡法，其工艺过程：首先将料坯放在预先加热好的高压釜内，然后通入一定量的物理发泡剂，保持一定的釜内压力（又称浸泡压力），釜内温度（又称浸泡温度）一般应在料坯的熔点或黏流转变温度以上，发泡剂气体在熔体中扩散渗透逐渐溶于料坯之中达到平衡后，通过快速卸压或快速升温等手段诱导热力学不稳定状态引发泡孔成核，随着气核周围的发泡剂气体向气核内的扩散造成泡孔的生长，最后通过体系温度的降低，熔体逐渐冷却，泡孔停止生长、定型，从而制得发泡材料。

热塑性聚合物釜压发泡一般可以分为三种类型：

第一种主要是用来生产热塑性聚合物发泡珠粒（比如 PS 珠粒、PP 珠粒、热塑性聚氨酯弹性体珠粒、PLA 珠粒等），该方法主要的步骤为：

① 热塑性聚合物微颗粒的制备 热塑性聚合物与成核剂、抗氧剂、抗静电剂等加工助剂混合后，利用单螺杆或双螺杆挤出机共混挤出，利用丝束牵伸切粒或水下切粒，得到直径约 0.6～1.0mm 的热塑性聚合物微颗粒。

② 物理发泡剂在热塑性聚合物微颗粒中的浸渍 将热塑性聚合物微颗粒、发泡剂及其他助剂加入高压釜中，搅拌均匀的同时调整温度和压力等工艺参数，在一定温度下保持反应釜内压力一段时间。

③ 快速泄压出料 热塑性聚合物微颗粒完成发泡得到热塑性聚合物珠粒，随后进行热塑性聚合物珠粒的清洗、常压烘干等。

④ 加工成型 将热塑性聚合物珠粒于保压罐中保压后，通入一定蒸汽压力的模具热成型，热塑性聚合物珠粒表面微熔融并相互黏结，最终得到成型制品。

与挤出发泡法相比，釜压发泡法具有以下优点：在发泡过程中，热塑性聚合物熔体不会受到螺杆挤压的高剪切作用，聚合物链的缠结结构保证熔体具有足够的强度；在泡孔增长过程中，孔壁的双向拉伸不易发生破裂；在发泡中结晶型热塑性聚合物晶体不会完全熔融,这些残留的晶体起物理交联点的作用,更易得到高发泡倍率和高闭孔率的热塑性聚合物珠粒;无定形聚合物不需添加过氧化物或交联剂进行改性处理,其熔体强度即可满足发泡要求;由于不存在交联结构,因此可循环利用,对环境的副作用小。但该工艺为间歇式,工艺复杂且设备成本高,存在技术壁垒,故得到的热塑性聚合物珠粒的价格较高,应用领域受到限制。利用釜压发泡法得到的结晶型热塑性聚合物珠粒具有多个熔融峰,其中,低温峰有利于后续模压成型过程中降低蒸汽压力及温度,从而降低设备能耗。

第二种主要是用来生产热塑性聚合物发泡片板材,主要步骤是先通过挤出法制备发泡前的片材,然后连续经高压釜和低压釜制备出发泡材料。目前,英国Zotefoams公司在该发泡方法上拥有非常成熟的技术,其工艺方法包含三个步骤:

① 片材挤出 首先将添加剂和聚合物基体进行预混或者通过多组分喂料系统进行预混,最简单的片材配方是由聚合物基体与少量交联剂组成;然后通过单螺杆挤出机或双螺杆挤出机进行熔融混合,泵送到机头生产出 5~25mm 厚的未发泡片材;接着通过烘干装置进行交联反应,这一步的关键是如何得到高纯度和高均匀度的未发泡交联片材。

② 高压釜预发 将步骤①挤出得到的交联片材放入高压釜中,然后注入超临界 N_2,加温加压,通常浸泡温度和浸泡压力高达 250℃和 67MPa,浸泡若干个小时。浸泡时间一般取决于交联片材的厚度,通过快速泄压实现泡孔成核。这一步对发泡设备(高压釜)的要求特别高,尤其是浸泡压力非常高,发泡设备通常需要采用特殊钢材制备。为了限制成核的泡孔长大,需要严格控制压力降速率,并且快速泄压后,一旦压力稳定,立即将片材取出冷却。一般来说,泡孔成核后的交联热塑性聚合物片材的密度会降低 30%左右。

③ 低压釜发泡 将步骤②得到的改性热塑性聚合物片材放入低压釜中,再次加温加压,温度在 150℃左右,压力在 1.5~2MPa,发泡剂可以是空气也可以是 N_2。浸泡一段时间后泄压,由于这个过程没有受到时间、空间及发泡工艺条件的限制,所生产的泡沫材料性能比较均匀。

第三种与第二种的工艺原理和过程类似,只是少了低压釜发泡这一步,它主要用来进行实验原理和泡孔微观形态演变等基础研究,制得的样品多为外观形状不规则的发泡大颗粒。其主要步骤是先通过挤出或密炼压片的方式制备出改性热塑性聚合物片材,然后采用高压釜发泡制备热塑性聚合物发泡材料。

1.7.3 注射发泡法

注射发泡法是将聚合物与化学发泡剂的混合物加入注塑机的塑化机筒加热塑

化混合均匀，或将物理发泡剂直接注入塑化螺杆熔融段末端混合均匀，然后高压高速注入模腔，由于突然降压，使熔体中形成大量过饱和气体，并在模腔内膨胀，冷却定型后得到聚合物发泡材料。通过注射发泡得到具有固态表层/发泡芯层的结构特征的发泡材料产品，可以应用于汽车和组织工程等领域。注射发泡具有许多独特的优点，比如材料利用率高、尺寸稳定性好、生产周期短、能耗更低等。

1.7.4 模压发泡法

模压发泡法的工艺流程包括：将模压设备上的发泡模具升温，待达到发泡温度后，将热塑性聚合物放入模具后合模；待热塑性聚合物颗粒达到可发生黏弹性形变的温度范围后，向模具内充入物理发泡剂或化学发泡剂；充入发泡剂后，保证其在热塑性聚合物粒子中溶胀扩散或分解一段时间；随后模压机在极短时间内开模泄压发泡，即可得到泡孔尺寸和密度可控的热塑性聚合物发泡材料。由于发泡温度在结晶温度和 T_m 之间，可有效地解决基体在较高加工温度下由于熔体强度较低而引起的泡孔塌陷问题。该方法成型周期短，加工效率较高。模压发泡利于制备形状规则的板材和片材，但由于技术所限不利于制备结构复杂的发泡制品，发泡剂种类及用量对模压发泡制品的性能影响较大。

此外，模压发泡法还是制备木塑发泡材料的主要方法之一。木塑复合材料目前因为密度较高，在包装、建筑领域的隔热、减震等应用受到一定限制。通过发泡方法不但可以减小木塑材料的密度，降低成本，同时还可以改善材料的吸声、减震特性，提高发泡材料的力学性能（如硬度和强度）。

模压发泡工艺条件也是影响发泡制品性能的重要参数。模压温度直接关系到发泡材料的成型及性能，合适的模压温度能够成型结构适当、性能优异的泡沫塑料。模压温度过低，树脂基体不能完全熔融，发泡剂分解不彻底；模压温度过高，树脂熔体强度太低，不能包住产生的气体，气泡易团聚，甚至在气体压力的作用下溢出模具，形成泡孔不均且开孔过多的泡沫塑料。

模压压力对制品的结构与性能会产生较大的影响，合适的模压压力有助于形成均匀、细密的泡体结构，且制品表面光滑；模压压力较小，气泡在熔融树脂内，由于气泡压力发生不规则迁移，不利于形成发泡效果好、力学性能优良的试样；而模压压力过大，容易使气泡破裂，气泡团聚，形成大孔，使制品的力学性能不稳定。

1.7.5 滚塑发泡法

滚塑发泡受滚塑成型工艺的特殊性质控制。为了在滚塑成型中形成泡孔结构，聚合物基体需在发泡剂分解前经过熔融和压实形成一个连续的熔融床，发泡剂均匀分散在聚合物基体中。接着通过提高加工温度使发泡剂分解，聚合物中某些地方由于发泡剂气体过饱和开始出现泡孔核，成核的泡孔继续增长，其增长幅度取决于可以利用的发泡剂量和发泡剂气体在聚合物基体中的扩散以及聚合物熔体的流变性能。然后随着泡孔的增长，泡孔壁的厚度和强度逐渐下降，出现泡孔合并，导致粗糙泡孔的出现和泡孔密度的下降，对模塑泡沫的力学性能和热学性能有着很大的不利影响。压力低和温度突变使得滚塑发泡比挤出发泡和注射发泡更不可控。微观层面的理论和实验研究表明，聚合物的流变性能对于控制无压发泡的不同阶段及其发泡材料的结构有着很重要的作用。发泡加工窗口的宽窄取决于熔体黏性和熔体弹性。在本质上，熔体强度和应力应变能够改善泡孔结构的稳定性，高熔体强度的聚合物基体在泡孔增长过程中承受更多的拉伸应力。

发泡体系的规模不会影响发泡过程的基本原理。微观层面的聚合物流变性能对发泡行为的影响机理可以扩展应用到大装备生产中去。在所有不同的发泡设备中，发泡加工窗口的宽度取决于剪切黏度和聚合物熔体的弹性。

1.8 热塑性聚合物泡沫的结构表征

1.8.1 开孔和闭孔结构

按照泡孔结构分类，泡沫塑料可分为开孔泡沫塑料和闭孔泡沫塑料。开孔泡沫塑料的泡孔之间相互连通，相互通气，发泡体中的气相和聚合物相均为连续相，流体可从发泡体内通过。闭孔泡沫塑料的泡孔是封闭的，孤立地分散在发泡体中，只有聚合物相是连续相。二者的泡孔结构如图 1.15 所示。

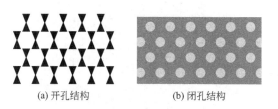

(a) 开孔结构   (b) 闭孔结构

图 1.15　开孔泡沫塑料和闭孔泡沫塑料的泡孔结构

实际的泡沫塑料中两种泡孔结构是同时存在的，即开孔结构的泡沫塑料内带有闭孔结构，闭孔结构的泡沫塑料内带有开孔结构。如果开孔结构的比例超过 $90\%\sim95\%$，则称为开孔泡沫塑料，反之称为闭孔泡沫塑料。闭孔结构对泡沫塑料的力学性能影响较大，属于泡沫塑料制品的重要结构参数。改变聚合物相的化学组成和发泡条件可得到闭孔占优势或开孔占优势的泡沫塑料。

1.8.2 泡孔的微观结构

一个典型的泡沫塑料的结构如图1.16所示。大多数泡沫塑料的泡孔壁为五边形，其余是近似相等数量的正方形和六边形。图1.17给出了采用TESCAN公司的VEGA Ⅱ LMU型扫描电子显微镜（SEM）观察到的挤塑聚苯乙烯（XPS）板材的泡孔结构和形态，从中可以看出其泡孔结构均匀，为五角十二面体，泡孔尺寸约为300μm。

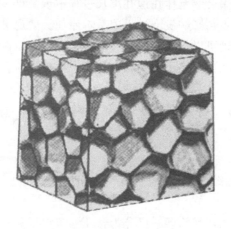

图1.16 泡沫塑料的结构示意图

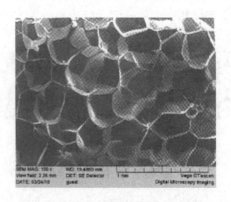

图1.17 XPS板材的泡孔结构

1.8.3 发泡性能的表征

用于描述发泡性能的参数包括表观密度和发泡倍率、闭孔率、泡孔尺寸、泡孔密度、泡孔壁厚等。发泡材料的结构可以从纯粹开孔作为骨架演变到纯粹以完整的闭合泡孔为主体。

1.8.3.1 表观密度和发泡倍率

表观密度的定义是单位体积的泡沫塑料在规定温度和相对湿度时的质量。

一般按照 GB/T 6343—2009《泡沫塑料及橡胶 表观密度的测定》对表观密度进行测试。测试时，试样的总体积应不小于 $100cm^3$，至少要测试 5 块试样，取其平均值。计算方法如式(1.18) 所示：

$$\rho = m/V \tag{1.18}$$

式中，ρ 为表观密度；m 为试样质量；V 为试样体积。

发泡倍率计算方法：

$$发泡倍率 = \frac{\rho_0}{\rho^*} \tag{1.19}$$

式中，ρ_0 为发泡前的表观密度；ρ^* 为发泡后的表观密度。

1.8.3.2 闭孔率

开孔的多少对于泡沫塑料的性能也有重要影响。在泡沫塑料的不同应用领域中，开孔扮演着不同的角色，如泡沫塑料用于气体交换、液体吸收、声音隔绝时，则希望泡沫塑料中的泡孔为开孔。但是开孔的存在会对力学性能、材料的尺寸稳定性和绝热性能产生负面影响，开孔对泡沫塑料性能的影响如表 1.4 所示。

表 1.4 开孔对泡沫塑料性能的影响

开孔的优点	开孔的缺点
快速的气体交换	较低的绝热性能
低的发泡剂残留	较低的力学性能
良好的消声性能	尺寸稳定性差
增强的液体吸附和解吸附性能	较差的漂浮性能
良好的黏合与涂布性能	较低的能量吸收性能

1.8.3.3 泡孔尺寸

泡孔尺寸有两种表征方法：第一种方法是采用水力学半径，泡孔尺寸等于泡孔的横截面面积与横截面的周长之比；第二种方法是取所有泡孔直径的平均值，即从显微镜照片中取许多泡孔直径的平均值。

对于热塑性聚合物泡沫的泡孔直径，一般采用第二种方法进行表征，可采用 Image-Pro 软件对泡孔结构的 SEM 照片进行分析，首先要标注图片显示区域内所有泡孔的直径，标注方式如图 1.18 左侧所示。然后采用下式计算泡孔平均直径（d）。

$$d = \frac{\sum d_i}{\sum n_i} \tag{1.20}$$

式中，d_i 为其中一个泡孔的直径；n_i 为泡孔数目。

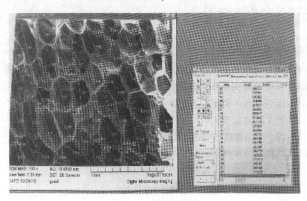

图 1.18　泡孔尺寸的计算方法

1.8.3.4　泡孔密度

泡孔密度是指泡沫单位体积的泡孔数量。泡孔密度是泡孔尺寸和泡沫塑料密度的函数，如式(1.21) 所示。

$$N_c = \frac{1 - \dfrac{\rho^*}{\rho_0}}{d} \tag{1.21}$$

式中，N_c 为泡孔密度；d 为泡孔平均直径尺寸；ρ^* 为泡沫塑料的表观密度；ρ_0 为基体聚合物的密度。

1.8.3.5　泡孔壁厚

相同密度的泡沫塑料可能具有不同的泡孔尺寸，这与泡孔壁厚有关。对于泡沫塑料的单分散性球形泡孔来说，平均壁厚（σ）和泡孔平均直径之间满足式(1.22) 的关系。通过改变泡孔尺寸或泡孔壁厚可以控制泡沫塑料的密度。

$$\sigma = d \left(\frac{1}{\sqrt{1 - \dfrac{\rho^*}{\rho_0}}} - 1 \right) \tag{1.22}$$

第2章
Chapter 2

聚乙烯改性及其发泡材料

2.1　聚乙烯树脂概述

聚乙烯（PE）是由乙烯单体自聚或与少量 α-烯烃共聚制得的。根据制取方法的不同，可以分为高密度聚乙烯（HDPE）、低密度聚乙烯（LDPE）、线型低密度聚乙烯（LLDPE）、超高分子量聚乙烯（UHMWPE）四种。HDPE 属于线型高分子链构造，结晶度在 $60\%\sim90\%$，分子量为 $70000\sim350000$，其与 LDPE 及 LLDPE 相比较，高结晶度和快结晶速度造成 HDPE 发泡难度更大。目前，HDPE 主要用于化学发泡法生产三层共挤发泡片材，应用于钢卷包装等领域。LDPE 属于长支链高分子链构造，结晶度约 $35\%\sim75\%$，分子量为 $19000\sim48000$，长支链结构和较低的结晶度使 LDPE 的熔体强度较高和发泡加工窗口相对较宽，可以用物理发泡法生产珍珠棉等，应用于电子包装材料等领域。LLDPE 属于短支链高分子链构造，结晶度比 LDPE 稍高，外观与 LDPE 相似，透明性较差些，但表面光泽好，具有低温韧性、高模量、抗弯曲和耐应力开裂性、低温下抗冲击强度较佳等优点，一般很少直接用于发泡，多作为第二组分改性发泡行为。UHMWPE 一般指分子量在 1000000 以上的 PE，由于其分子量比较高，塑化比较困难，通常不能单独采用挤出或注射方法发泡，可用于模压发泡，或作为第二组分辅助其他树脂进行发泡。

2.2　聚乙烯发泡改性

2.2.1　聚乙烯特性

PE 属结晶聚合物，HDPE 和 UHMWPE 呈线型分子链构造，LDPE 和 LLDPE 呈支化状分子链构造，受热熔化时大分子间作用力很小，呈现高弹态的温度范围很窄，当 PE 熔融后熔体黏度很低，因此发泡时发泡剂的分解气体不易保持在熔体中，其发泡加工窗口很窄，发泡工艺较难控制。PE 的结晶度大，结晶速度快，由熔融态变至晶态要释放大量结晶热，再加上熔融 PE 热容较大，故冷却至固态所需时间长，不利于气体在发泡过程中保持。此外，PE 的气体透过率高，其中 LDPE 比 HDPE 更容易渗透气体，这些因素都会导致发泡气体在聚合物熔体中的逃逸。

为了克服上述缺点，研究人员通常会采用交联、共混或填充的方法进行改性，以增大树脂黏度，减缓黏度随温度升高而降低的趋势，即调整树脂的黏弹性和熔体强度来适应发泡要求。

2.2.2 交联改性法

PE 树脂在发泡前进行交联改性，目的是使线型的 PE 分子链连接成网状，从而增强 PE 熔体的黏弹性能。目前 PE 交联改性按照工艺类别可以分为化学交联法和辐射交联法两种。

2.2.2.1 化学交联法

采用过氧化二异丙苯（DCP）作为交联剂对 PE 进行交联改性，然后再进行化学发泡是一种非常普遍的 PE 发泡方法。添加少量 DCP 时，熔体强度不仅不能提高，反而下降，但是提高了 HDPE 的结晶速率和结晶度。当 DCP 添加量达到 0.5phr（质量份）时，体系的熔体强度最大，可达 0.127N，结晶度最低。随着 DCP 含量的增加，发泡样品表观密度先下降后上升，主要是由于添加 DCP 后熔体强度提高，DCP 添加量过大后引发交联又会进一步限制泡孔生长。降低交联温度和缩短交联发泡时间有利于形成尺寸较大的泡孔，提高交联温度有利于缩短发泡过程时间。例如，添加 ZnO 和三烯丙基异氰脲酸酯能明显缩短交联发泡的时间，减小泡孔尺寸，并使得泡孔结构更加均匀。

采用硅烷接枝技术可以改变 PE 分子结构，增加 PE 支链，提高 PE 的熔体强度，增大高温下 PE 界面的张力，避免泡体中气体破壁逃逸，发泡体变形而失去发泡的功能。

2.2.2.2 辐射交联法

辐射交联的 LDPE 样片通过物理或化学发泡可以制备交联 LDPE 泡沫。有研究表明，吸收剂量为 50kGy 时交联 PE 泡沫具有最精细的泡孔结构；发泡温度越高，交联 PE 泡沫的孔径越大，泡孔密度越小；饱和压力越高，泡沫的孔径越小，泡孔密度越大。PE 经过辐射交联后热稳定性显著提高，发泡温度范围明显加宽。

为了提高辐射交联的效率，还可以在样品配方中添加一部分化学交联剂作为交联促进剂，然后进行辐射交联以增加 PE 的交联度，最后进行发泡。结果显示，交联促进剂即使在含量很低的情况下也能有效地增加 PE 的交联度，采用这种方法制备的 PE 泡沫还具有复合泡孔结构，如图 2.1 所示。

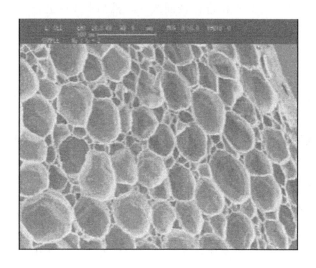

图 2.1　具有复合泡孔结构的交联 PE 泡沫断面的扫描电子显微镜（SEM）照片

辐射交联还可以用来改性回收 PE，制备可再生泡沫。有研究发现，添加 5phr 的回收 PE 能够使泡沫获得较好的性能。随着回收 PE 含量的增加，共混物泡沫的平均泡孔尺寸逐渐增加，各向同性程度逐渐提高。但是，共混物泡沫的拉伸强度、断裂伸长率和撕裂强度逐渐降低。

2.2.3　填充改性法

为了改善 PE 的流变性能和发泡性能，还可以采用填料（如木粉、麦秸、蒙脱土等）与 PE 进行填充复合改性，然后进行发泡。填料的引入可以改善 PE 泡沫的尺寸稳定性、泡孔密度、泡孔尺寸、泡孔尺寸分布、微观结构、力学性能和阻燃性能等。

2.2.3.1　植物纤维填充改性 PE

采用植物纤维对 PE 进行填充改性，制备的微孔泡沫材料具有密度小、成本低的优势。但植物纤维与 PE 之间的相容性较差，导致其在受力过程中不能够很好地进行应力传递以及在加工过程中植物纤维不能够很好地分散，所以在进行 PE 填充改性时，必须要对填充物进行表面改性，以增加其与 PE 基体之间的相容性和界面结合。

木粉是一种常见的植物纤维填料，其表面的化学极性比较大，与树脂的相容性不好。通常需要先对木粉进行表面改性，再进行发泡。有研究人员利用乙烯醋酸乙烯共聚物（EVA）对木粉进行表面改性，然后与 PE 进行混合发泡。木粉与 EVA 可以发生相互作用，使得木粉表面被 EVA 完全包覆，降低木粉的表面化学极性。这种 EVA 包覆层能将木粉表面的粗糙、空隙等缺陷包裹。在 PE 发泡过程中，由于存在 EVA 的包覆层，气泡壁遇到木粉后，气体仍然被 PE 基体包裹，不会引起木粉破坏气泡壁的情况，从而提高了发泡效率，并保证了泡孔的稳定生长。

还有研究采用马来酸酐接枝 PE（MAH-g-PE）作为相容剂提高木粉与 PE 之间的相容性，改善 HDPE/木粉复合材料的发泡性能。研究发现，随着相容剂含量的增加，泡孔平均直径的分布变得不均匀，影响了发泡材料力学性能的提高，验证了 MAH-g-PE 并非提高 HDPE/木粉相容性的理想相容剂。

麦秸作为一种自然纤维，磨成粉后也可以与 PE 混合后进行发泡。随着麦秸粉用量的增加，复合材料的密度先升后降。这是由于在熔体中能发泡的只有基体塑料，而麦秸粉不能发泡。所以，随着麦秸粉用量的增加，复合体系的发泡空间减小，发泡程度降低，使得制品的密度增加。但当麦秸粉用量增加到一定程度之后，熔体的黏度降低，熔体开始破裂形成大的空洞，密度反而有所下降。随着麦秸粉粒度的增加，复合材料的密度亦呈现先升后降的变化趋势。这是因为 40～60 目之间的麦秸粉以大颗粒为主，其表面凸凹不平，在发泡过程中可以提供大量的空穴。由经典成核理论可知，空穴有利于成核，从而形成的泡孔数目较多。60～80 目之间的麦秸粉以纤维状为主，其表面空穴较少，成核所需克服的自由能垒较多，使形成的泡孔数量减少。80 目以上的麦秸粉以粉末为主，其比表面积大，本身就能作为成核剂，有利于形成均匀而致密的泡孔。因此，随着麦秸粉粒度的增加，所形成的气泡的数量先降低后增加，复合材料的密度亦呈现先升高后降低的趋势。

2.2.3.2 蒙脱土填充改性 PE

在发泡过程中，纳米蒙脱土（nano-OMMT）对不同种类 HDPE 的影响作用不同，对于流动性较好的 HDPE，能够在气泡定型和固化过程中起到稳定气泡的作用，提高发泡效果；而对于自身流动性较差的 HDPE，由于 nano-OMMT 在气泡增长的过程中阻碍了气体的扩散，降低了发泡效果。

nano-OMMT 在 LDPE 基体中存在插层和剥离现象。添加 nano-OMMT 可以降低泡沫尺寸，增加泡孔密度，同时也可以提高阻燃性能。引入增容剂

（MAH-*g*-PE）可以改善 nano-OMMT 在 LDPE 中的分散性，进而提高泡孔微观结构的均匀性，改善泡沫制品的力学和热学性能。

2.2.3.3 废胶粉填充改性 PE

废胶粉作为填料与 LDPE 进行共混发泡，当胶粉用量为 50phr 时，共混发泡材料的拉伸强度和断裂伸长率较大，表观密度较小，开孔率达到较大值。胶粉粒径越小，胶粉与 LDPE 的相容性越好，共混发泡材料泡孔细小均匀，形态稳定。

2.2.4 共混改性法

HDPE、LLDPE 为线型分子链或短支链构造，发泡时支化结构和交联度不够，熔体强度低，发泡剂气体容易冲破泡壁逃逸，发泡性能不佳。LDPE 为支链聚合物，熔体强度较大，比较适宜进行发泡。为了改进 HDPE 和 LLDPE 的发泡性能，通常会采用与 LDPE、PS 等其他聚合物共混改性的方法进行发泡。

采用 UHMWPE 与 LLDPE 进行共混，可以极大拓宽 LLDPE 的发泡窗口，使 LLDPE 在远高于其熔点温度（T_m）时依然可以形成微孔结构。同时，少量 UHMWPE 作为分散相添加在 LLDPE 基体中，可以明显提高共混物的黏度，并且随着 UHMWPE 含量增加，共混物的低频剪切黏度增大。由于 UHMWPE 的加入使分子链之间相互缠结增强，分子链之间的相互滑动增加了链段相对运动的阻力，分子量越高，阻力越大。因此，在低剪切频率下，随着 UHMWPE 含量的增加，共混物的储能模量和损耗模量逐渐增强。在聚合物发泡过程中，既要有一定的黏度支撑不至于泡孔壁塌陷，但黏度又不能太高。因此，少量 UHMWPE 的加入在一定程度上提高了 LLDPE 的黏度，有利于泡孔壁的支撑和泡孔结构的保持。有研究表明，将 LDPE 与 HDPE 进行共混改性后的泡沫，相对于纯 HDPE 泡孔较均匀，泡沫多为闭孔。笔者研究团队的实验表明：LDPE 与 HDPE 共混比例在（5∶5）~（3∶7）之间时，有利于 HDPE 发泡性能的提高。

可发性较好的 PS 也是 PE 共混的不错选择，共混后的 LDPE/PS 可以制备微孔发泡材料。随着 PS 质量分数的增加，共混发泡材料的密度逐渐降低。当合金中 PS 质量分数为 15% 时，共混发泡材料的密度最小（0.772g/cm³），发泡倍率最大。

此外，EVA 也可以被用来与 PE 混合后进行交联发泡。随着 EVA 含量的增加，凝胶含量逐步提高，泡孔尺寸增加，泡孔密度下降。而且，辐射交联能够拓宽共混物的发泡温度区间。

2.3 聚乙烯发泡成型方法与工艺

2.3.1 挤出发泡法

PE挤出发泡工艺分为挤出后常压交联发泡与直接挤出发泡两种方法。

2.3.1.1 挤出后常压交联发泡法

PE挤出发泡生产一般采用挤出后常压交联化学发泡的方法。常压发泡的工艺过程包括混炼、挤出坯料、加热交联和发泡。生产流程是：首先将PE、化学交联剂、化学发泡剂和其他助剂均匀混炼，再将此混炼料通过挤出机挤成一定宽度的未交联、未发泡的坯料（即可发性坯料）。混炼与挤坯时的加工温度在PE的T_m以上，但不能使交联剂分解，更不能达到发泡剂的分解温度。

混炼设备可采用双辊混炼机、高速密炼机、挤出机等。混炼机经挤出成坯料后，需将坯料直接送入加热装置中进行交联和发泡，一般采用先交联后发泡的两步加热法，若采用一步加热法则需要增加交联剂的用量。经交联和发泡后坯料的厚度、宽度均有增加。

随着机头温度的升高，发泡材料的断裂伸长率逐渐降低；拉伸强度和表观密度先减小后增大；发泡倍率、吸水率和开孔率先增大后减小。随着压机热压温度的升高，发泡倍率、断裂伸长率、开孔率和吸水率先增大后减小；拉伸强度和表观密度先减小后增大。

2.3.1.2 直接挤出发泡法

PE直接挤出发泡法是指采用挤出机直接进行挤出发泡的方法。如果使用普通单螺杆挤出机，螺杆的均化段要长些，长径比为（20～28）：1，压缩比为（2～2.5）：1，应配备专用机头。如果使用特殊结构机头，严格控制定型套温度，可制得皮层光滑的泡沫产品。如果使用气体或低沸点液体发泡剂时，将其通过高压装置压入挤出机内的熔融物料中，物料由高压区向低压区移动，压缩气体膨胀或易沸液体汽化，致使物料呈现泡沫结构。在直接挤出发泡法中，含发泡剂的树脂熔融物，从机头口模挤出时由高压变为常压，溶于树脂熔融物内的气体膨胀而完成发泡。与挤出后常压交联发泡法相比较，此法也可称作是直接挤出发泡法或一步法，因为挤出机同时完成混料和发泡两个过程，而挤出后常压交联发泡法为二次发泡法，挤出混料与发泡过程分开进行，挤出机只是用来混料，然后进行交联和发泡的成型过程。

该工艺方法的特点是：挤出成型与发泡一次完成，且交联反应和发泡剂分解反应在挤出机内就已基本完成，是完全的一阶工艺。研究表明，HDPE 的熔体强度很低，发泡困难；交联 HDPE 的表观黏度较大，微小的温度变化不会引起熔体黏度发生较大的波动，有利于提高熔体强度和可发性。

挤出机工艺参数的设置对 PE 挤出发泡也有着很大影响：

① 螺杆各段温度的变化对发泡材料的性能有很直接的影响。如果某段温度偏低或偏高，会使发泡剂分解不够或分解过快，使熔体不能在适当的黏弹性范围内发泡，得不到理想的发泡材料。各段的温度应尽可能稳定，尤其是机头的温度控制必须保证在合适范围内。实验过程中发现：当温度高于所给出的范围时，挤出样品炭化，片材强度降低，而且机头出口处烟雾很大；当温度低于所给出的范围时，机头出料不均匀，有小的塑料颗粒没有熔融，两相混合较差。

② 提高螺杆转速，机头压力也随着升高。适当提高螺杆转速，可以使得发泡样品表观密度降低，提高发泡倍率和产量。但是螺杆转速不能太大，容易导致发泡剧烈、成核泡孔破裂，制品表面粗糙，而且使设备的消耗功率增大。具体而言，当螺杆转速较小时，物料在机筒内停留时间长，发泡剂分解程度大，使泡孔数目少而尺寸较大，泡孔结构差。另外，熔体物料内的气体向外部表面扩散逸出的概率也较大，导致制品的表观密度增大。螺杆转速较大时，物料在机筒内停留时间较短，发泡剂分解历时短，发泡剂分解程度小，致使产生气体不足，往往使泡孔数目多而尺寸小，过程进行太快时，挤出口模后再分解的残余发泡剂也得不到完全分解，导致制品表现密度较大。另外，转速太快时也会导致物料塑化不均，造成部分气体逸出。螺杆转速对表观密度的影响存在一个最佳值——螺杆转速 (n) 保持在 $n = 12 \text{r/min}$ 左右为宜。

③ 发泡口模的挤出温度是决定发泡制品密度和泡孔结构的关键因素之一。口模挤出温度较高时，发泡材料在离开口模后迅速收缩，气体大部分逸出；口模挤出温度较低时，发泡材料则能够较好地定型，保持一定的发泡倍率。

④ 挤出发泡的冷却方式也会对发泡效果产生影响。通过对在空气中自然冷却和水中强制冷却研究对比发现，在水中强制冷却发泡制品效果好，它不仅可以改善发泡材料表面质量和泡孔结构，而且可以提高发泡材料的力学性能。

采用具有电荷耦合器的数码相机可以实时监测机头挤出温度和机头口模尺寸对 LDPE 发泡行为的影响。研究发现，机头温度的高低不会影响泡孔密度，实验规律见图 2.2。有研究人员试验了三个机头模具（A、B、C），口模尺寸分别为 $\phi 1 \text{mm} \times 17.8 \text{mm}$、$\phi 1 \text{mm} \times 7.6 \text{mm}$、$\phi 1 \text{mm} \times 0.46 \text{mm}$。结果发现，与机头 A 和 B 相比，机头 C 的挤出泡沫存在熔体破裂的现象（如图 2.3 所示）。正是由于这种情况的发生，导致机头 C 挤出泡沫的发泡倍率低于另外两种机头挤出

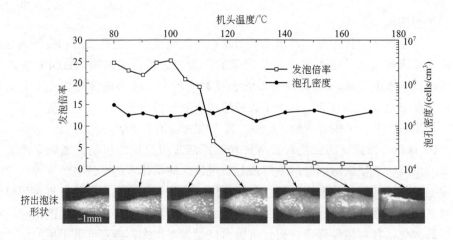

图 2.2　机头温度对 LDPE 挤出泡沫形状、发泡倍率和泡孔密度的影响规律

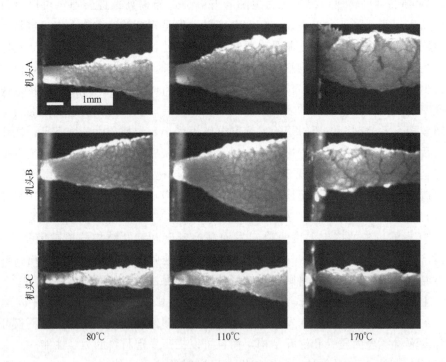

图 2.3　机头口模几何尺寸对泡沫形状的影响

　　泡沫的发泡倍率。这说明机头口模尺寸越小，压力降速率越大，气泡成核速率越大，泡孔密度越大。

　　以 HDPE 和 LDPE 按 7∶3（质量比）的熔融共混物为原料，超临界 CO_2 为物理发泡剂，添加不同种类成核剂以及复合成核剂，可以通过挤出发泡制备聚乙烯合金泡沫材料。成核剂的加入使流变性能变优，CO_2 的溶解度上升，结晶温度上升。且 1.0%（质量分数）滑石粉和 1.0%（质量分数）聚醋酸乙烯酯的复合成核剂发泡效果最佳，制备的聚乙烯共混物泡沫材料平均孔径可达 $254\mu m$，泡孔密度 $6.60\times10^4 cells/cm^3$，发泡倍率 6.02。

采用丁烷和丙烷作为物理发泡剂，马来酸酐接枝聚乙烯（MAH-g-PE）作为增容剂，同时添加不同含量的纳米黏土，可以在单螺杆挤出机上进行 LDPE/纳米黏土的挤出发泡，制备非交联低密度纳米复合泡沫材料。X 射线衍射（XRD）图谱没有显示纳米黏土的特征峰，间接表明纳米黏土在 LDPE 基体中插层和剥离结构的存在。在增容剂的作用下，纳米黏土在 LDPE 基体中的分散性非常好，有效地降低了泡孔尺寸，增加了泡孔密度和泡孔分布的均匀性，改善了泡沫的力学性能和热学性能。同时，纳米黏土在泡孔壁中的存在及良好分散，大幅提高了泡沫的阻燃性能。

将 HDPE 和发泡剂 H（二亚硝基五亚甲基四胺）进行挤出发泡，可以制备精细泡孔结构的微泡泡沫塑料。随着挤出温度、螺杆转速、发泡剂 H 用量的增加，挤出产物的泡孔平均直径降低，泡孔密度增大。当发泡剂 H 质量分数为 14% 时，HDPE 微泡泡沫塑料的泡孔平均直径达到 $65\mu m$。

将 HDPE、偶氮二甲酰胺（AC）与麦秸粉混合，经异向锥形双螺杆挤出机和片材口模可以制备 HDPE/麦秸发泡材料。口模挤出压力降受麦秸粉、AC 发泡剂用量的影响较大。当麦秸粉用量低于 40phr 时，对复合材料体系的加工流动性影响不大；当麦秸粉用量高于 40phr 时，麦秸粉的流动性较差，会严重阻碍链段的运动，导致复合材料的流动性下降。复合材料的 24h 吸水率随麦秸粉用量的增加而增大。随着麦秸粉粒径的减小，复合材料的弯曲强度和拉伸强度增加，冲击强度、密度呈先增加后减小趋势，泡孔结构由疏到密、由大到小。

采用不同挤出成型工艺和 BIH40 化学发泡剂可制备 LDPE 挤出发泡材料。当螺杆转速为 26r/min 时，随着发泡剂含量从 0.5%（质量分数）增加到 2.0%（质量分数），LDPE 发泡材料的发泡倍率逐渐增大，LDPE 的泡孔平均尺寸也增大。当发泡剂质量分数为 2.0% 时，随着螺杆转速从 26r/min 提高到 42r/min，LDPE 的发泡倍率和泡孔平均尺寸均先增大后减小。

以废弃瓦楞纸板纤维和 LDPE 为基体辅以相应的相容剂（MAH-g-PE）、润滑剂（PE 蜡）和 AC 发泡剂，可挤出发泡制备 LDPE/废纸板纤维木塑复合发泡材料。随着废纸板纤维含量的增加，复合材料的熔融指数（MFR）迅速下降。MAH-g-PE 增加了纤维填料与树脂基体之间的相互作用，复合材料的 MFR 随着相容剂用量的增加先降低后升高，其含量的转变点为 15%。PE 蜡对复合材料的综合润滑作用最明显，复合材料的 MFR 随着 PE 蜡的含量呈近线性变化。AC发泡剂的加入降低了复合材料的 MFR，AC 发泡剂的质量分数超过 5% 将使复合材料产生明显的壁滑移。随着 MFR 的增加，复合发泡材料的泡孔逐渐变大，当 MFR 为 1.5g/10min 时，泡孔大小适中且分布均匀。

2.3.2　釜压发泡法

采用不同比例和种类的 LLDPE、LDPE、HDPE 为基础树脂进行熔融挤出，然后将制得的共混物进行釜压发泡可制备 PE 珠粒。HDPE/LLDPE 共混物与 LDPE/LLDPE 共混物的 DSC 曲线明显不同。利用釜压发泡法得到的 PE 珠粒的 DSC 曲线中出现多个熔融峰，这与发泡过程中气体饱和过程及 PE 发生退火效应有关。

将石墨纳米片和膨胀石墨纳米片与 HDPE 混合后进行亚临界 CO_2 釜压发泡制备 HDPE 微孔泡沫，两种碳纳米片的加入可以提高导电性，改善力学性能，

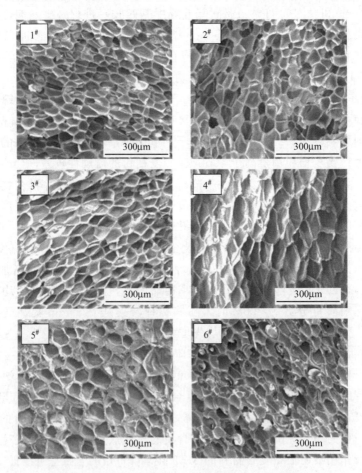

图 2.4　加入不同交联剂的 PE 泡沫泡孔的 SEM 照片

密度下降 20%。同时还可以发现一个很有趣的现象：微孔纳米复合泡沫材料的绝缘-半导体转变向低纳米填料含量过渡。随着两种碳纳米片含量的增加，HDPE 的结晶度先增加后降低，结晶度增加是因为碳纳米片起到了异相结晶成核剂的作用，结晶度的降低是由于碳纳米片含量的增加限制了分子链的运动。

笔者研究团队将 HDPE 和不同含量交联剂 DCP 在转矩流变仪中熔融共混，制备交联 HDPE。然后通过高压釜发泡，制备出不同的 HDPE 发泡材料。研究发现，随着交联剂含量的增加，HDPE 泡沫的泡孔尺寸和发泡倍率先增大后减小。当交联剂含量达到 2phr 时，HDPE 发泡倍率最大，达到 7 以上，如图 2.4 所示。

在这个研究基础之上，可以采用降温与两步降压协同的方法进一步制备具有复合泡孔的 PE 泡沫。如图 2.5 所示，1# 样品形成了均一泡孔，说明在降温阶段和第一次降压阶段并未形成泡孔核，第二次降压才形成了均一的泡孔，这是因为降温阶段虽然伴随着降压，但是降温所用时间太长，降压速率过小，产生的能量不足以形成泡孔核，而第一次降压的压力降也太小，不足以产生形成泡孔核所需的能量；2# 样品出现了很少量的大泡孔，小泡孔仍是主导，第一次降压 3MPa 形成了少量的泡孔核，这些泡孔核在第二次降压时形成了大泡孔，而未形成泡孔核的部分在第二次降压时形成新的小泡孔；3# 样品出现大量大泡孔和小泡孔，样品比较理想，第一次降压形成了较多的泡孔核，但未占据整个样品，给第二次

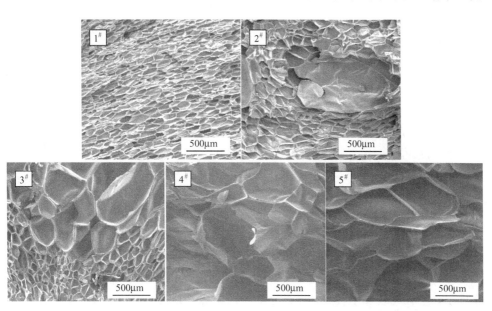

图 2.5　采用降温与两步降压协同方法制备的交联 HDPE 发泡样品的 SEM 照片

第一次压力降：1#—2MPa；2#—3MPa；3#—4MPa；4#—5MPa；5#—6MPa

降压时小泡孔的成核与增长留有空间；4#、5#样品小泡孔消失，只存在大泡孔，这是因为第一次降压的压力降过大，形成了大量的泡孔核，导致在第二次降压时几乎没有未发泡区域进行泡孔成核、增长，因而只形成了大泡孔。

根据上述实验现象提出了相应的机理阐释，如图2.6所示。整个发泡过程包含了泡孔成核、增长；泡孔增长、合并；大泡孔增长、合并，小泡孔成核、增长3个阶段。在降温阶段，由于降温速率太慢，没有形成气泡核；第一次降压小于3MPa时，由于压力降太小，压力降产生的能量小于气体成核所需的吉布斯自由能，气体未能成核；第一次压力降不小于3MPa时，会形成气泡核，在保压阶段，这些气泡核会增长、合并；第二次降压会将釜内压力迅速降至大气压，对于第一次降压小于5MPa的样品，此时大泡孔继续增长、合并，同时会有小泡孔成核、增长，最终形成双峰泡孔结构的发泡材料；而第一次降压不小于5MPa的样品，在第一次降压时，产生了过多的泡孔，使得在第二次降压时，已经没有未发泡区域进行气泡成核，所以第二次降压时只是进行了大泡孔增长、合并，没有新泡孔成核、增长，形成了只有大泡孔结构的发泡材料。

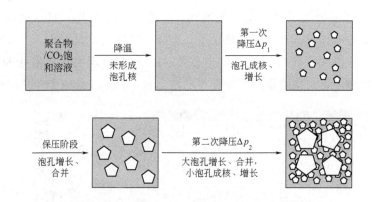

图2.6　两步降压法制备双峰泡孔结构的形成机理图

在LDPE发泡体系中加入少量UHMWPE，可以显著降低LLDPE发泡样品的泡孔尺寸，增加泡孔密度。随着发泡温度升高，LLDPE样品的泡孔结构会发生塌陷现象，加入少量UHMWPE则可提高基体的黏度，起到支撑孔壁防止塌陷的作用，并最终得到均匀的开孔结构。当温度一定时，饱和压力的升高可以降低泡孔尺寸并且得到开孔形貌的泡孔结构。LLDPE/UHMWPE共混物在130℃/28MPa发泡时，孔壁整体呈"面支撑"的结构，而在140℃/28MPa发泡条件下，开孔相貌发生转变，由原来的"面支撑"开孔结构转变成"棒支撑"的三维结构，泡孔壁由原来的"片状"变成了"棒状"，极大地提高了开孔率。

图2.7是采用间歇式微发泡技术制备的LLDPE发泡珠粒。发泡LLDPE的

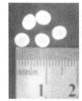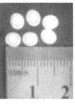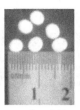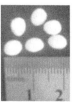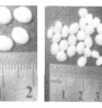

| (a) 原料颗粒 | (b) 中心小幅
变白颗粒 | (c) 中心大幅
变白颗粒 | (d) 光滑胀大颗粒 | (e) 粗糙胀大颗粒 | (f) 小幅粘连
颗粒 |

图 2.7 不同发泡温度下 LLDPE 颗粒的特征

颗粒表观密度随发泡温度的升高先减小后略微增大，当发泡温度为 150℃时表观密度达到最小值。随着饱和时间的延长，发泡颗粒的表观密度先减小后逐渐趋于稳定。饱和时间 10h 比较合理，既能制得较小表观密度的发泡颗粒，又能节省大量的时间，提高效率。随着饱和压力的升高，发泡颗粒的表观密度先减小后增大，18MPa 时发泡颗粒表观密度达到最小值。此时工艺参数路线为饱和压力 18MPa，饱和温度 35℃，饱和时间 10h，以 6MPa/min 的卸压速率卸除压力，在 150℃的烘箱内发泡 2min，制得表观密度为 0.4989g/cm³ 的发泡 LLDPE，比原料颗粒表观密度降低了 45.65%。发泡温度对颗粒表观密度的影响较为敏感，影响幅度相对较大，饱和压力和饱和时间也是通过改变渗透气体量来改变材料的熔融温度（T_m）和玻璃化转变温度（T_g）。因此，颗粒表观密度也受到发泡温度的影响。

采用茂金属催化剂可以合成含有己烯单体的 H-LLDPE 共聚物，H-LLDPE 表现出比含有丁烯单体的 B-LLDPE 共聚物更长的乙烯平均序列长度、更窄的分子量分布、更高的熔体强度。然后采用间歇式釜压发泡可以制备上述两种 LLPDE 发泡珠粒。H-LLDPE 更容易制备发泡珠粒。据推测，采用适中的饱和压力（5MPa）和接近 T_m 的饱和温度制备 PE 珠粒是比较高效的。

采用超临界 CO_2 作为物理发泡剂可以进行间歇式釜压发泡法制备 LLDPE 开孔泡沫。研究表明，当发泡温度高于 T_m 以后泡孔壁开始破裂，开孔结构存在三种可能的类型：①带小孔的开孔；②薄片状泡孔壁；③棒状泡孔壁。发泡温度和饱和压力对开孔泡沫的形成起着至关重要的作用，发泡温度越高，黏度越低，发泡压力和压力降速率越高，泡孔成核和增长越容易，形成薄泡孔壁和泡孔破裂。多壁碳纳米管的加入可以起到异相成核点的作用，获得更小的泡孔尺寸和更大的泡孔密度，阻止泡孔的塌陷。

聚乙烯接枝聚苯乙烯（PE-g-PS）的增容作用及含量对 LLDPE/PS 共混物的发泡行为有着重大影响。共混物中任意一相的质量分数低于 20%时，LLDPE/PS 共混物的微观形貌呈现海岛结构。与纯的 LLDPE 和 PS 相比，这种微观结构有利于改善发泡行为，可以获得更小的泡孔尺寸和更大的泡孔密度，PE-g-PS 的引入不会改变共混物的泡孔形态。当 LLDPE/PS 共混物的配比在 70：30 至 30：70 时，LLDPE/PS 共混物的微观形貌呈现双连续相，表现为很差的可发性，添加 PE-g-PS 可以很好地改善可发性。这一现象与添加增容剂后共混物的熔体黏度变化没有很紧密的联系。合理的解释应为增容剂的加入阻断了 CO_2 由两相界面向大气中扩散的通道。

2.3.3　注射发泡法

PE 注射发泡成型的工艺条件随原料性质、配方以及制品性能指标而改变，一般的工艺条件是：

注塑机机筒的各段温度：尾部 160～170℃，中部 180～240℃，头部 220～260℃，喷嘴 230～260℃。为缩短成型周期，模具温度以低为宜，一般是 45～50℃。注射压力：40～125MPa，塑化时机筒中的背压为 25～80MPa。合模力：30～100t。冷却时间：80～120s。

2.3.3.1　HDPE 注射发泡

不同的工艺参数对化学发泡注射成型法制备的 HDPE 发泡材料的泡孔尺寸、泡孔尺寸分布和泡孔密度等性能的影响较大。注射温度对 HDPE 发泡材料的结构参数影响最大，其次为注射压力。注射温度影响发泡剂分解速率、产气量和熔体强度，并与泡孔的形成和长大（泡孔合并）过程有关。采用注射成型方法可以制备 HDPE/麦秸粉发泡复合材料试样，麦秸粉的加入会降低发泡材料的力学性能，硅烷偶联剂的使用有利于发泡材料力学性能的改善。

2.3.3.2　LDPE 注射发泡

利用二次开模注射化学发泡，制得的 LDPE/无机粉体复合材料发泡样品质量变化明显，力学性能有所提高。其中，以添加纳米蒙脱土的 LDPE 复合材料发泡效果最好，泡孔尺寸和泡孔密度分别为 45.8μm 和 8.05×10⁶ cells/cm³，压缩强度达到 20.68MPa。

不同牌号聚烯烃弹性体（POE）对该复合材料发泡行为的影响很大。加入辛烯含量较高的 POE 的 LDPE 微发泡复合材料的泡孔尺寸均匀、泡孔直径较小，适用于 LDPE 发泡制品的开发。当 LDPE 中弹性体质量分数为 15% 时，发泡质量较为理想，泡孔呈规则的圆形，泡孔尺寸和泡孔密度分别为 35.32μm 和 8.217×10⁶ cells/cm³；当 POE 中弹性体质量分数低于或高于 15% 时，发泡质量较差，不适合 LDPE 复合材料的发泡。

2.3.4 模压发泡法

PE 模压发泡主要以 LDPE 及其合金为主，可以分为一步法和两步法。一步法为模压和发泡同时完成，即在模压后半段泄压时发泡。以空心玻璃微珠为发泡剂载体，采用模压发泡法可以制备 LDPE 发泡材料。该发泡工艺制备的发泡 LDPE 的泡孔分布均匀，孔径较小，但热导率下降较多。以模压化学发泡法制备的 LDPE 发泡保温材料，AC 发泡剂与活化剂的用量比对模压 LDPE 发泡保温材料的密度影响最大，其次是发泡温度。制备 LDPE 发泡保温材料的最优条件为：发泡温度 175℃，发泡压力 10MPa，硬脂酸用量 1.5phr，$m(AC):m(ZnO)=10:1$。

有研究表明，模压化学发泡工艺中发泡助剂和成核剂对 PE 发泡材料性能的影响很大，氧化锌（ZnO）、硬脂酸锌 $[Zn(St)_2]$ 能有效提高 PE 的发泡速率、泡孔结构和回弹性。当以 $ZnO:Zn(St)_2:AC$（质量比）$=0.02:0.04:1$ 复配时，性能最优。当滑石粉的添加量为 3phr，碳酸钙添加量为 1.5phr 时，效果最佳。

以 AC 为发泡剂模压发泡制备 HDPE/LDPE 合金发泡材料，随 HDPE 用量的增加，表观密度、撕裂强度和拉伸强度均逐渐增加。在一定范围内，随 AC 发泡剂用量的增加，表观密度和力学性能先下降后上升。发泡时间 10min 时，表观密度较低，再延长发泡时间，表观密度变化不大。在 0～10MPa 范围内，随模压压力的增加，表观密度缓慢下降。在温度为 170～180℃ 时，随发泡温度的升高，表观密度逐渐下降。SEM 表征结果显示，HDPE/LDPE 共混发泡材料的泡孔分布均匀且多为闭孔。

AC 发泡剂、弹性体三元乙丙橡胶（EPDM）和丁腈橡胶（NBR）、超细 $CaCO_3$ 填料对 LDPE/EVA/弹性体发泡材料性能的影响也很大。当 $m(AC):m(LDPE+EVA)=6:100$ 时，发泡材料的表观密度达到 $0.078g/cm^3$；EPDM 能提高发泡材料的强度，当 $m(EPDM):m(LDPE+EVA)=15:100$ 时，发泡材料的力学性能优异；超细 $CaCO_3$ 可以提高发泡材料的强度，当 $m(CaCO_3):m(LDPE+EVA)=30:100$ 时，发泡材料的泡孔均匀、细密，且性能较好。

有研究表明，LDPE/EVA/炭黑（CB）导电泡沫材料的渗滤阈值为 21.6%。CB 质量分数在 20%～23% 范围内时，材料的导电性能与泡孔结构最佳。在压缩实验中，材料表现出电阻负压力系数效应（NPCR）与电阻正压力系数效应（PPCR）。在定应变循环压缩实验中，压缩频率 $f=0.01Hz$ 比 $f=0.25Hz$ 的电阻变化更稳定，说明高频压缩易对导电网络造成破坏。每周期的电阻曲线均呈

"W"形，说明 NPCR 向 PPCR 转变的行为可逆，该变化被认为与基体的压缩和泡孔壁的拉伸变形有关，由此提出导电泡沫材料压-阻特性模型。

采用二步法模压发泡工艺制造 LDPE 发泡材料：第一步利用模压法得到预发泡型坯；第二步在烘箱中对预发泡型坯进行二次发泡。研究发现，合理控制预发泡型坯的交联度和发泡剂的分解速率是二步法模压发泡工艺的关键，必须使 LDPE 的交联速率与 AC 发泡剂的分解速率相匹配。

木塑复合发泡材料是将化学发泡剂、成核剂、发泡助剂等按一定质量比例混入到木塑复合材料的基础配方中，然后经过塑料成型装置加热熔融形成的一种具有连续均匀分布发泡微孔的复合材料。木塑复合发泡材料是目前出现的一种新型材料，不但具有塑料和木材的性能，而且环保、节省资源，同时还克服了一般木塑复合材料密度大、成本高等的缺陷，改善了隔声隔热性能。木塑复合发泡材料在建筑、汽车内饰、航天、物流、园林、室内装潢等方面逐步得到广泛的应用。

采用秸秆粉、HDPE、AC 发泡剂、MAH-g-PE 等经过模压发泡工艺可制备木塑复合发泡材料。当发泡剂质量分数为 2％，秸秆粉质量分数为 35％，偶联剂质量分数为 3％时，泡孔密度小且分布均匀，制件表面光滑平整，密度最小。

以杨木粉为主要填充剂，AC 与 ZnO 复配物为发泡剂，HDPE 为基体，采用两步模压发泡法可以制备 HDPE/木粉复合发泡材料。随着木粉或者发泡剂含量的增加，复合材料的发泡性能呈现出先增强后减弱的趋势，而吸水率则持续上升，一段时间后达到一个饱和值。当木粉质量分数为 30％时，复合材料的表观密度和含气率达到最大值；当 AC/ZnO 复配发泡剂质量分数在 15％时，复合发泡材料的表观密度、回弹性能表现最优。还有研究人员将汉麻与 HDPE 混合后进行熔融挤出造粒，模压制备表皮；然后将 AC 发泡剂与 HDPE 混合后进行熔融挤出造粒，模压制备芯层；最后将得到的表皮和芯层进行熔融模压发泡，制得具有夹心结构的非对称 HDPE/汉麻复合材料。研究发现，随着发泡剂含量的增加，泡孔密度增大，泡孔尺寸减小。当 AC 质量分数为 1.2％时，夹心发泡板材的表观密度降低了 27％。SEM 照片表明，表层与芯层的界面结合非常牢固。对于夹心发泡板材，无论有没有发泡芯层，它的弯曲模量和弯曲强度只取决于它的表层纤维含量和表层厚度。随着汉麻含量的增加，夹心板材的可变形性下降。研究还表明，比弯曲强度和比弯曲模量主要取决于芯层密度。

以废旧 HDPE、木粉为主要原料，采用模压法可以制备 HDPE 微发泡木塑复合材料。随着木粉粒径增大，材料的表观密度逐渐增大，木粉粒径为 $106\mu m$，交联剂的质量分数为 1.5％时复合材料的物理性能较好，且随着 AC 发泡剂用量的增大，材料的力学性能和表观密度都逐渐降低，当 AC 发泡剂质量分数超过

0.7%时，材料力学性能降低幅度增大。

采用模压发泡法可以制备木质素改性 LDPE 复合泡沫材料。随着木质素用量的增加，泡沫材料的表观密度逐渐降低，比强度则先升高后降低。当木质素用量为 5phr 时，比强度达到最大值（9.96MPa·cm³/g），提高了约 92.6%。TG 分析表明，当木质素用量大于 10phr 时，可以有效改善并提高 LDPE 复合泡沫材料的热稳定性和残炭量。SEM 结果表明，木质素使得 LDPE 复合泡沫材料泡孔分布均匀且细密，平均尺寸均为 40μm 左右，复合材料的发泡性能有所提高。

以 AC 为发泡剂模压制备 PE/麦秸秆发泡复合材料，当模压压力为 10MPa、模压温度为 150℃时，PE/麦秸秆发泡复合材料内部泡孔结构均匀，热导率、表观密度和吸水率较小，麦秸秆和 PE 的界面结合较好，材料较致密。

2.3.5　自由发泡法

以 LDPE 为主体，超导炭黑为导电填料，AC 为发泡剂，采用自由发泡法可以制备永久导电聚烯烃泡沫材料（IXPE）。结果表明，在优选的几种超导炭黑中，当 T-1 添加 50phr，辐照剂量为 13.5r/min＋1.5MeV＋15mA＋2 层时，能得到性能优异的永久导电辐射交联聚烯烃泡沫塑料，体积电阻率可以降到 $10^5\Omega\cdot cm$。笔者采用相同的发泡方法研究了辐射剂量对 PE 发泡材料的影响，并对辐射交联 PE 发泡材料的泡孔形态、力学性能等进行了分析。研究发现：当辐照剂量为 17Hz 时可以得到表面柔软、泡孔均匀的发泡材料，其拉伸强度为 0.55MPa，断裂伸长率为 165%，撕裂强度为 28MPa，压缩强度（25%）为 0.05MPa，压缩永久变形为 5%。对于不同发泡倍率的产品，发泡倍率越高，最佳辐照剂量越小；发泡倍率越低，最佳辐照剂量越大。按照发泡倍率 17 的 IXPE 产品实验方法，均可得到同样辐照条件下的最佳辐照剂量。

将 EVA 和 POE 两种弹性体引入 LDPE 基体中。采用两段式加热连续发泡工艺制备高回弹交联 LDPE，降低泡沫密度，LDPE 及其共混物在交联后拥有更好的弹性，当 LDPE 泡沫密度在 0.031g/cm³ 时，交联 LDPE 的回弹性提高了 54%，满足了运动材料的要求。同时，EVA 的加入还可以降低部分生产成本。

2.3.6　滚塑发泡法

采用 AC 作为发泡剂在双轴滚塑设备上进行线型中密度 PE 的发泡实验，

当 AC 含量从 0.15phr 提高到 1phr 时，泡沫材料的表观密度从 $0.699g/cm^3$ 降至 $0.295g/cm^3$。由于气泡的绝缘作用，发泡材料的导热性能下降，随着 AC 含量的增加，滚塑成型周期逐渐变长。所制得的泡沫材料的拉伸性能与相对密度呈幂次定律关系，冲击强度与相对密度和发泡部分的厚度也存在着一定关系。

2.4　聚乙烯发泡材料制品与应用

PE 泡沫具有诸多良好特性：①密度小、柔性好、富有弹性、具有独立气泡结构。②热导率小，一般为 $0.028W/(m \cdot K)$。③吸水率极小。④耐低温、耐老化性能优异。⑤耐酸、碱、盐、油及有机溶剂，耐腐蚀性优良。⑥尺寸稳定性好，可重复使用。它们被广泛应用于包装、玩具、绝缘材料、浮力设施、缓冲垫、体育、休闲、机械、军事、手工业等领域。

PE 泡沫的发展始于 20 世纪中叶，以美国和日本的研究为主。1941 年美国杜邦公司取得了制备 PE 泡沫的专利。1955 年美国杜邦公司开始生产低发泡 PE 泡沫。1958 年美国陶氏化学公司开始采用无交联挤出发泡工艺实现了高发泡 PE 泡沫的工业化生产，此法在美国一直延续至今。20 世纪 60 年代初，日本三和化工、古河电气和积水化学工业株式会社等先后研制和开发出交联高发泡 PE 泡沫，并从 1965 年开始生产高发泡 PE 泡沫产品。目前，国内大部分生产厂家都以日本开发的技术为基础生产 PE 泡沫。下面具体介绍一下 PE 发泡材料在几个重要领域的应用。

包装领域：高发泡倍率 PE 有良好的缓冲性，能防震防碎，在搬运过程中可减少商品的损坏，既不像聚苯乙烯泡沫塑料那样脆而易损，也不似纸箱那样容易破坏。精密器械常常由于落进包装材料的碎片而影响其精密度，用 PE 泡沫包装，就可避免这类情况发生。PE 泡沫由于耐化学品性好，包装时直接接触商品也不会发生商品生锈腐蚀等情况，因此可缩小包装体积和货物的占地面积，降低搬运成本和仓储费用。

交通运输领域：冷藏卡车、冷藏火车的工作也常利用 PE 泡沫的隔热保温性。此外，利用 PE 泡沫的缓冲性，可把它作为车辆的车门和车厢衬里、座椅内衬材、货架缓冲材等。化学交联 PE 泡沫在汽车领域的应用，主要包括汽车内顶饰、行李箱、地垫、侧围板、隔热垫、门内护板、防水帘、遮阳板、打蜡盘、空调系统等。

建筑工程领域：需用热导率低、吸湿性和透湿性差、不受化学气体和药品腐蚀、不蛀不霉不烂、长期使用不变质、质轻易施工的泡沫塑料作隔热保温材料。

软质的聚氨酯泡沫塑料由于具有开孔结构，吸水、吸湿、透湿，使隔热性降低，不能防潮，不能防止水汽结露，因此不能满足要求。PE 泡沫由于多数具有闭孔结构，热导率低，隔热性好，交联 PE 泡沫的耐候性好，老化和变质情况少，吸湿性差，隔声效果好，化学稳定性好，若是连续挤出成型的发泡片材，则使施工更加方便，工期缩短，造价降低。住房、厂房中应用 PE 泡沫，冬暖夏凉，减少噪声，因此是比较合适的建筑材料。但是 PE 泡沫易燃，在使用上有一定的局限性。

工农业生产领域：在工农业生产上使用管道和储槽极多。管道作为输送气体、液体甚至进行化学反应的设施，要维持一定的温度，防止热损失，寒冬时要防止结冰冻裂，暑夏时要防止热交换，PE 泡沫作为常温和低温的保温材料是合适的。在农业上，PE 泡沫的用处也不少。用 PE 泡沫制作育苗、蔬菜、瓜果等的暖棚，具有结实、保温、耐候性较好，使用年限比不发泡的 PE 和聚氯乙烯膜长等优点。但其紫外线透过率只有 1/2，可用作防寒棚的围壁，用于夜间保温和遮光栽培等。

参考文献

[1] 桂观群. 聚乙烯挤出发泡成型研究 [D]. 上海：东华大学，2012.

[2] 祁宗. EVA 改性木粉/再生聚乙烯复合材料发泡过程的研究 [D]. 北京：北京化工大学，2008.

[3] 高巧春. 稻壳/聚丙烯-低密度聚乙烯微孔发泡复合材料研究 [D]. 淄博：山东理工大学，2009.

[4] 徐成. 低密度聚乙烯/废纸板纤维发泡复合材料的制备及其加工性能研究 [D]. 株洲：湖南工业大学，2012.

[5] 邢哲. 辐照交联聚乙烯的超临界二氧化碳微孔发泡研究 [D]. 湘潭：湘潭大学，2008.

[6] 涂芳. 甘蔗渣/废旧聚乙烯发泡复合材料的制备及研究 [D]. 昆明：昆明理工大学，2007.

[7] 杨娟. 化学交联发泡聚乙烯的发泡过程研究及其泡孔调控 [D]. 上海：华东理工大学，2012.

[8] 张文华. 聚乙烯共混发泡材料的制备及性能研究 [D]. 天津：天津科技大学，2011.

[9] 吴元楠. 木粉/高密度聚乙烯发泡复合材料的研究 [D]. 北京：北京印刷学院，2007.

[10] 杜少忠. 无卤阻燃聚乙烯泡沫的制备与性能研究 [D]. 青岛：青岛大学，2008.

[11] 芦涛，沈烈，方征平. 马来酸酐接枝聚乙烯对高密度聚乙烯/木粉发泡材料泡孔形态及力学性能的影响 [J]. 高分子材料科学与工程，2010，26（3）：27-30.

[12] 邢哲，吴国忠，黄ири荣，等. 用超临界二氧化碳发泡制备辐射交联聚乙烯微孔材料 [J]. 辐射研究与辐射工艺学报，2008，26（04）：193-198.

[13] 蔡剑平. 木粉/聚乙烯复合发泡挤出技术的研究 [J]. 中国塑料，2004（06）：54-57.

[14] 刘本刚，赵哲晗，何路东，等. 不同高密度聚乙烯发泡体系的挤出发泡行为研究 [J]. 中国塑料，2011（03）：70-74.

[15] 廖华勇，陶国良. 高密度聚乙烯/低密度聚乙烯共混材料的模压发泡 [J]. 高分子材料科学

与工程，2013，29（7）：131-134.

[16] 高振棠，柏雪源，蔡红珍，等．HDPE/麦秸粉微孔发泡复合材料挤出工艺的研究［J］．工程塑料应用，2008，36（03）：40-43.

[17] 徐定红，龚维，张纯，等．低密度聚乙烯/聚苯乙烯合金材料的发泡行为［J］．塑料，2012，41（05）：48-51.

[18] 王伟华，罗承绪．丁烷物理发泡聚乙烯的生产与应用［J］．现代塑料加工应用，1999（1）：26-28.

[19] 沈佳虹．巴斯夫发泡聚乙烯产品用于生产耐用型运动垫［J］．国外塑料，2009，27（11）：21.

[20] 项华丽．硅烷交联可发泡聚乙烯材料的研究与应用［J］．上海塑料，2007（02）：27-30.

[21] 徐冬梅，冯绍华，黄兆阁，等．聚乙烯挤出发泡的研究［J］．齐鲁石油化工，2006，34（3）：267-269.

[22] 冯绍华，黄兆阁，左建东，等．聚乙烯挤出发泡的研究［J］．现代塑料加工应用，2003，15（4）：17-19.

[23] 张玉霞，刘本刚，陈云，等．超临界 CO_2 挤出发泡 DCP 微交联高密度聚乙烯研究［J］．中国塑料，2012，26（6）：81-86.

[24] 李德华．丁烷为介质的高发泡聚乙烯生产技术［J］．塑料，1995，24（6）：44-47.

[25] Moscoso-Sánchez F J，Mendizábal E，Jasso-Gastinel C F，et al. Morphological and Mechanical Characterization of Foamed Polyethylene Via Biaxial Rotational Molding［J］. Journal of Cellular Plastics，2015：1-15.

[26] Kord B. Preparation and Characterization of Lignocellulosic Material Filled Polyethylene Composite Foams［J］. Journal of Thermoplastic Composite Materials，2012，25（8）：917-926.

[27] Liu I C，Chuang C K，Tsiang C C. Foaming of Electron-Beam Irradiated LDPE Blends Containing Recycled Polyethylene Foam［J］. Journal of Polymer Research，2004，11（2）：149-159.

[28] Wang B，Wang M，Xing Z，et al. Preparation of Radiation Crosslinked Foams from Low-density Polyethylene/Ethylene-vinyl Acetate（LDPE/EVA）Copolymer Blend with a Supercritical Carbon Dioxide Approach［J］. Journal of Applied Polymer Science，2013，127（2）：912-918.

[29] Jin W，P C L，Park C B. Visualization of Initial Expansion Behavior of Butane-Blown Low-Density Polyethylene Foam at Extrusion Die Exit［J］. Polymer Engineering and Science，2011，51（3）：492-499.

[30] Zhang H，Rizvi G M，Park C B. Development of An Extrusion System for Producing Fine-Celled HDPE/Wood-Fiber Composite Foams Using CO_2 as A Blowing Agent［J］. Advances in Polymer Technology，2004，23（4）：263-276.

[31] 杨经涛，奚志刚．发泡塑料制品与加工［M］．北京：化学工业出版社，2012.

[32] 李绍棠，迪特·肖尔茨．泡沫塑料：法规、工艺和产品技术与发展［M］．北京：化学工业出版社，2011.

[33] 胡广洪．微细发泡注塑成型工艺的关键技术研究［D］．上海：上海交通大学，2009.

[34] 莫文江，刘何琳，张纯，等．POE 对 LDPE 发泡行为的影响［J］．现代塑料加工应用，

2014，26（1）：37-40.

[35] 张纯，于杰，何力，等．注塑工艺参数对 HDPE 化学发泡行为的影响［J］．高分子材料科学与工程，2010，26（10）：107-111.

[36] 杨美玲．化学发泡麦秆粉/HDPE 复合材料注塑制品机械性能研究［D］．郑州：郑州大学，2012.

[37] 张文华．聚乙烯共混发泡材料的制备及性能研究［D］．天津：天津科技大学，2011.

[38] 张焱，熊传溪．模压法制备物理发泡聚乙烯塑料的研究［J］．上海塑料，2005，129（1）：27-30.

[39] 李垂祥，杨雷，李树军，等．影响 LDPE 模压发泡保温材料质量的因素［J］．塑料助剂，2011（02）：42-45.

[40] 廖华勇，陶国良．高密度聚乙烯/低密度聚乙烯共混材料的模压发泡［J］．高分子材料科学与工程，2013，29（7）：131-134.

[41] 王洪，张隐西．低密度聚乙烯二步法模压发泡的研究［J］．塑料工业，1997（s1）：69-72.

[42] 郭鹏，徐耀辉，张师军，等．聚乙烯发泡材料的研究进展［J］．石油化工，2015，44（2）：261-266.

[43] Guo P，Liu Y，Xu Y，et al. Effects of Saturation Temperature/Pressure on Melting Behavior and Cell Structure of Expanded Polypropylene Bead ［J］. Journal of Cellular Plastics，2014，50（4）：321-335.

[44] Lee E K. Novel Manufacturing Processes for Polymer Bead Foams ［J］. School of Graduate Studies - Theses，2010.

[45] Behravesh A H，Park C B，Lee E K. Formation and Characterization of Polyethylene Blends for Autoclave-based Expanded-bead foams ［J］. Polymer Engineering and Science，2010，50（6）：1161-1167.

[46] 王占嘉，屈中杰，陈鹏，等．具有双峰泡孔结构的交联聚乙烯发泡材料的制备［J］．塑料工业，2016，44（10）：104-108.

[47] 关吉勋，杨学军．聚乙烯的注射发泡成型及其填充制品性能［J］．云南化工，1993（01）：48-50.

[48] 王伟，刘秀川，龙国荣．发泡助剂和成核剂对聚乙烯发泡材料的影响［J］．现代塑料加工应用，2016，28（5）：38-40.

[49] 吴华，王益龙，谷俊津，等．热致发泡法制备高密度聚乙烯微泡塑料研究［J］．现代塑料加工应用，2016，28（2）：12-15.

[50] 高峰，万辰，刘涛，等．HDPE/LDPE 共混物超临界 CO_2 挤出发泡成核剂的优选［J］．高分子材料科学与工程，2016，32（12）：104-108.

[51] 连荣炳．LDPE/EVA/弹性体发泡材料的研究［J］．上海塑料，2016（1）：42-45.

[52] 葛正浩，司丹鸽，张双琳．聚乙烯/秸秆粉发泡木塑复合材料的压制成型及性能［J］．塑料，2015，44（04）：115-118.

[53] 李环环，王伟，王鹏飞，等．高倍率化学交联聚乙烯发泡材料的制备［J］．塑料，2015，44（05）：112-115.

[54] 高振棠，蔡红珍．添加剂含量对麦秸/聚乙烯微发泡复合材料加工与耐水性能的影响［J］．林业工程学报，2015，29（04）：110-112.

[55] 刘智峰，李妍凝，孔维龙，等．超临界 CO_2 微孔发泡 PE-LLD/PE-UHMW 共混物 [J]．工程塑料应用，2015（03）：65-71.

[56] 王伟，王鹏飞，张萌萌．永久导电辐射交联聚烯烃泡沫塑料的开发与研究 [J]．塑料工业，2015，43（03）：136-139.

[57] 曾广胜，黄鹤，张礼，等．HDPE/杨木粉复合发泡材料的制备及其性能研究 [J]．塑料工业，2015，43（10）：66-70.

[58] 高振棠．麦秸粉粒径对微发泡木塑复合材性能的影响 [J]．福建林业科技，2015（3）：67-69.

[59] 张聪，秦柳，张惠敏，等．基于超临界 CO_2 间歇法制备超轻 LLDPE 颗粒 [J]．塑料，2015，44（03）：14-16.

[60] 冯钠，李季，徐静，等．木质素改性 LDPE 复合泡沫材料性能与微观结构研究 [J]．塑料科技，2015，43（05）：61-64.

[61] 晏翎，刘清亭，胡圣飞，等．低密度聚乙烯/乙烯-醋酸乙烯酯/炭黑导电发泡材料的压阻特性 [J]．高分子材料科学与工程，2014，30（12）：76-80.

[62] 张晓黎，杨扬，朱永轩，等．发泡剂与螺杆转速对 PP 等挤出发泡性能的影响 [J]．工程塑料应用，2014（12）：42-46.

[63] 刘何琳，张纯，刘卫，等．无机粉体对 LDPE 复合材料发泡行为及力学性能的影响 [J]．现代塑料加工应用，2014，26（4）：32-34.

[64] 刘庄，黄旭江，张翔，等．HDPE 微发泡塑木复合材料的制备及其性能研究 [J]．化工新型材料，2014（3）：71-73.

[65] 廖华勇，陶国良．高密度聚乙烯/低密度聚乙烯共混材料的模压发泡 [J]．高分子材料科学与工程，2013，29（7）：131-134.

[66] 王伟，王鹏飞，杨小兵，等．辐射交联度对聚乙烯发泡材料性能的影响 [J]．现代塑料加工应用，2013，25（3）：28-31.

[67] 曾广胜，林瑞珍，徐成，等．发泡废纸板纤维/LDPE 复合材料的加工流变性及泡孔形态 [J]．复合材料学报，2013，30（02）：89-93.

[68] 常萧楠，何春霞，付菁菁，等．模压压力和温度对聚乙烯/麦秸秆发泡复合材料的影响 [J]．工程塑料应用，2015，43（12）：48-53.

[69] 刘何琳，张纯，刘卫，等．微发泡 LDPE 复合材料发泡行为的研究 [J]．塑料科技，2013，41（05）：57-60.

[70] Guo P，Xu Y，Lu M，et al．Expanded Linear Low-density Polyethylene Beads：Fabrication，Melt Strength，and Foam Morphology [J]．Industrial and Engineering Chemistry Research，2016，55（29）.

[71] Wang J，Zhang L，Bao J．Supercritical CO_2 Assisted Preparation of Open-cell Foams of Linear Low-density Polyethyleneand Linear Low-density Polyethylene/Carbon Nanotube Composites [J]．高分子科学（英文版），2016，34（7）：889-900.

[72] Wang W，Gong W，Zheng B．Improving Viscoelasticity and Rebound Resilience of Crosslinked Low-density Polyethylene Foam by Blending with Ethylene Vinyl Acetate and Polyethylene-octene Elastomer [J]．Journal of Vinyl and Additive Technology，2016，22（1）：61-71.

[73] Zhang G，Wang Y，Xing H，et al．Interplay between the Composition of LLDPE/PS Blends

and Their Compatibilization with Polyethylene-graft-polystyrene in The Foaming Behaviour [J]. Rsc Advances, 2015, 5 (34): 27181-27189.

[74] Emami M, Vlachopoulos J, Thompson M R, et al. Examining the Influence of Production Scale on the Volume Expansion Behavior of Polyethylene Foams in Rotational Foam Molding [J]. Advances in Polymer Technology, 2015, 34 (4): 21507.

[75] Baseghi S, Garmabi H, Gavgani J N, et al. Lightweight High-density Polyethylene/Carbonaceous Nanosheets Microcellular Foams with Improved Electrical Conductivity and Mechanical Properties [J]. Journal of Materials Science, 2015, 50 (14): 4994-5004.

[76] Kavianiboroujeni A, Cloutier A, Rodrigue D. Mechanical Characterization of Asymmetric High Density Polyethylene/Hemp Composite Sandwich Panels with and without A Foam Core [J]. Journal of Sandwich Structures and Materials, 2015, 17 (6): 885-889.

第3章
Chapter 3

聚丙烯改性及其发泡材料

3.1 聚丙烯树脂概述

聚丙烯（PP）是以丙烯为单体通过聚合反应合成的一种聚合物，其结构式为：

$$-\!\!\left[CH_2\!-\!CH\right]_n\!\!-$$
$$\qquad\qquad\ \ CH_3$$

PP 通常为半透明无色固体，无毒、无味，密度小，强度、刚度、硬度、耐热性均优于 HDPE，具有良好的电性能和高频绝缘性能，但低温时变脆、不耐磨、易老化，适于制作一般机械零件、耐腐蚀零件和绝缘零件。常见的酸、碱、有机溶剂对它几乎不起作用，制品可与食品接触。由于结构规整而高度结晶化，故 T_m 高达 167℃，耐热，制品可用蒸汽消毒是其突出优点。PP 的密度为 0.90g/cm³，是最轻的通用塑料。

PE 和聚苯乙烯（PS）发泡材料早已实现了工业化生产，并应用到国民经济的各个方面，而作为半结晶型热塑性塑料家族重要成员的 PP 发泡材料的发展却较为缓慢，与 PS 和 PE 相比，PP 具有很多独特的优点：①PP 的弯曲模量大约是 1.52GPa，远远高于 PE 的 207MPa，因此 PP 发泡材料的静态载荷能力优于 PE。②PP 的 T_g 低于室温，其中的无定形区在室温下处于高弹态，而无定形 PS〔玻璃化转变温度（T_g）为 105℃〕在室温下处于玻璃态，因此 PP 发泡材料的抗冲击性能优于 PS 泡沫材料。③PS 发泡材料在 105℃ 以上使用时，发生软化和变形；发泡 PE 仅能耐 70～80℃ 的温度，PE 发泡材料很少在 100℃ 以上使用，而 PP 发泡材料的热变形温度比较高（123℃），耐高温性能优良，可以在高温环境中使用。④PP 具有非常优良的耐化学品性能，可以与 PE 媲美。⑤由于侧甲基的存在，PP 易于发生 β 降解，且 PP 发泡材料便于回收利用，其环境友好性优于其他发泡材料。⑥PP 发泡材料具有显著的隔热性，热导率比 PE 发泡材料低，其热导率不会因潮湿而受影响。⑦PP 发泡材料具有良好的回弹性，且具有高冲击吸收能力。PP 发泡材料可用来承受高载荷，其对重复冲击的防护能力比 PS 发泡材料或聚氨酯（PU）发泡材料更优越。⑧PP 发泡材料具有尺寸形状恢复稳定性。PP 发泡材料受到多次连续冲击和翘曲变形后会很快恢复原始形状，而不会产生永久变形。正是基于上述优点，PP 发泡材料在许多工业领域的应用，尤其是在包装工业、汽车工业、建筑工业、体育休闲等领域的应用极具竞争力，前景非常广阔。

3.2 聚丙烯发泡改性

随着加工温度的升高，PP 树脂熔体黏度急剧下降，发泡剂分解出来的气体难以保持在树脂中，气体的逸散会导致发泡难以控制；结晶时也会放出较多的热量，使熔体强度降低，发泡后气泡容易破坏，因而不易得到独立气泡率高的发泡体。若能使 PP 树脂在发泡之前交联，使其熔体黏度随着温度升高而降低的速度变慢，从而在较宽的温度范围内具有适当的熔体黏度。

改善 PP 发泡质量的途径：一是使 PP 部分交联，二是对 PP 进行共混改性，三是直接使用长链支化 PP（又称高熔体强度 PP）。交联 PP 的发泡已于 1980 年实现了工业化，共混改性的方法很早也就被应用在生产实际中，而高熔体强度的 PP 于 1994 年推出，并已成功用于生产发泡 PP 片材。

3.2.1 交联改性法

交联改性法分为两步法和一步法。两步法是将 PP、交联剂、发泡剂和其他助剂先进行共混挤出，然后再进行水浴或辐射交联，最后升温制得发泡塑料。一步法是将 PP、交联剂、发泡剂和其他助剂进行共混挤出，在挤出的过程中直接进行适当的交联，并使发泡剂分解，生产出泡沫塑料。但这种方法要求对挤出过程中的反应程度进行准确的控制，故难度较大。目前已有多家企业和研究机构正在研究或已经研究出交联发泡 PP 的生产工艺，这其中大多数为两步法生产工艺，少数能够采用一步法连续挤出。

将线型 PP 与甲基丙烯酸乙酯（EMA）共混，以 1,5-戊二醇作为交联剂使甲基丙烯酸乙酯发生交联，以 CO_2 作发泡剂，能够制得泡沫弹性体。在线型 PP 中加入多官能团单体，在挤出过程中再加入季戊四醇三丙烯三酯（PETA）和过氧化物，进行交联，可制得 PP 泡沫。通过控制挤出过程中 PP 的交联度，可以制得低发泡的 PP 泡沫。扬子石化公司研究院采用有机过氧化物交联剂、PP 和聚乙烯组合物在混炼挤出过程中进行微交联，材料可用于热成型，加工各种制品，用于汽车、家电、家具和建筑等行业。中国石油化工股份有限公司北京化工研究院研究了低辐照剂量辐照交联生产发泡 PP 材料及制品的技术并申请了专利，发泡倍率为 8～25。他们通过将合适熔体流动指数的 PP 原料与各种助剂混合造粒，然后压片、辐照交联，最后放入烘箱中发泡，得到发泡 PP 片材。瑞士 Alveo 公司近几年来也一直生产辐射交联 PP/PE 泡沫，主要用于汽车工业中。

3.2.2　共混改性法

采用共混改性的方法同样也能提高体系的发泡性能。将 PP 与其他聚合物进行共混改性或是在聚合物中加入相应的助剂，可以获得发泡状况较好的 PP 泡沫材料。

将 PP 与具有长支链结构的 LDPE、聚丁烯（PB）共混，或与橡胶类的弹性体共混能够提高 PP 的熔体强度，制得适当发泡倍率的 PP 泡沫塑料。日本积水化学工业株式会社（Sekisui Chemical）报道了采用合适熔体强度 PP 与 PB 混合树脂挤出成型高发泡 PP 的工艺。

但是，由于共混物的添加量很大，这会在很大程度上降低 PP 泡沫塑料的力学性能和耐高温性能，从而使泡沫塑料丧失应有的优势。因此，采用共混体系进行发泡的研究相对较少。

3.2.3　扩链改性法

20 世纪 80 年代，研究者大多采用交联和共混技术来提高 PP 的熔体强度。但是，交联度的控制比较困难，而且凝胶的存在影响了 PP 的回收利用，实践证明交联并不是一种很好的选择，而共混改性技术需要添加其他树脂，如 PE 等，为了得到合适的熔体强度，所添加树脂的量甚至要超过基体树脂 PP，因此也无法充分利用 PP 的优点。1991 年，比利时一家公司率先推出了长链支化 PP，商业名称为高熔体强度 PP（HMSPP），这种支化树脂的熔体强度很高，可以成功地用于发泡、热成型及挤出涂布等方面。

美国陶氏化学公司的 D114.00 树脂的 MFR 为 0.5g/10min，密度为 0.9g/cm^3，熔融温度为 164℃。该树脂具有很好的加工性能、优良的耐冲击和耐穿刺性能，能够生产薄膜和发泡片材，其性能参数如表 3.1 所示。

表 3.1　美国陶氏化学公司的 D114.00 树脂的性能参数

	性能	单位	测试方法	测试结果
物理性能	熔体流动速率(230℃,2.16kg)	g/10min	ISO 1133	0.5
	密度	g/cm^3	ISO 1183	0.9

	性能	单位	测试方法	测试结果
拉伸性能	弯曲模量	MPa	ISO 178	1600
	屈服拉伸强度	MPa	ISO 527-2	31
	屈服拉伸伸长率	%	ISO 527-2	9
	拉伸模量	MPa	ISO 527-2	1550
热性能	热变形温度 B(0.45MPa)	℃	ISO 75/B	105
	维卡软化点 A(10N)	℃	ISO 306/A	152
冲击强度	CHARPY(缺口)冲击强度(23℃)	kJ/m²	ISO 179-1/1eA	68
	CHARPY(缺口)冲击强度(0℃)	kJ/m²	ISO 179-1/1eA	30
	CHARPY(缺口)冲击强度(—20℃)	kJ/m²	ISO 179-1/1eA	8

美国埃克森美孚公司推出的新型 PP 是 MFR 为 0.25g/10min 的均聚树脂，通过采用新的催化剂及反应器技术，使其分子量分布加宽，从而使新型树脂的挤出性能类似 MFR 为 1～3g/10min 的普通树脂，而且抗熔垂性能很好，适于真空成型加工。日本 Chisso 公司推出的具有高熔体强度的 PP，牌号为 Expan PP，同传统 PP 相比，在同一熔体流动速率下，其熔体张力高出 2～10 倍，且 Expan PP 的熔体强度对温度及 MFR 不太敏感，当熔体温度从 191℃ 上升到 249℃ 时，熔体张力仅有微微下降，具有良好的加工性能。奥地利 PCD 聚合物公司开发的无规 PP 共聚物 B6033 树脂具有高的熔体强度，在拉伸方面既不发脆，也不断裂，具有高的耐温性、水汽阻隔性及平衡的力学性能。很多公司也相继推出了支化的长链支化 PP，如阿克苏·诺贝尔、三星公司等。北京化工研究院 2001 年底通过辐照支化方法研制出了支化型 HMSPP，熔体强度能够提高 50% 以上。以这种 HMSPP 为原料，采用挤出和注射方法可制备发泡 PP。

3.3 聚丙烯发泡成型方法与工艺

3.3.1 挤出发泡法

挤出成型具有很高的生产效率，并且容易实现自动化。早期的 PP 发泡片材多为采用交联工艺的两步挤出发泡成型方法所制备。将 PP 树脂与发泡剂、交联剂、成核剂等进行充分混合，然后在挤出机上挤出为片材，随后将未发泡的 PP 片材进行交联，再在发泡炉中进行发泡成型，交联可以采用辐射交联和化学交联两种方法，树脂在发泡之前的交联可以使其熔体黏度随着温度升高而降低的速度变慢，从而在较宽的温度范围内具有适当的熔体黏度。交联还可同时提高发泡材料的力学性能，PP 交联发泡材料比未交联的 PP 发泡材料耐热温度提高30~50℃，抗蠕变性能提高 100 倍，其拉伸强度、弯曲强度、冲击强度也都大幅度提高，耐油、耐磨性也获得很大改善。这种方法将混料和发泡分开进行，挤出机仅仅进行发泡组分的混合，如图 3.1 所示。

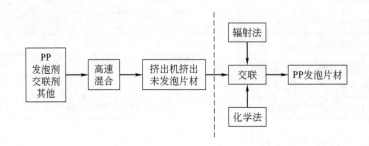

图 3.1 两步法的 PP 挤出交联发泡成型示意图

近年来，PP 的直接挤出发泡片材成型方法受到广泛重视。直接挤出发泡法是在挤出机内直接完成发泡各个组分的混合、熔融和发泡过程，又可以称之为一步挤出发泡成型法。根据所采用发泡剂的不同，直接挤出发泡成型法又可以分为物理发泡和化学发泡两种方法。不管采用哪种方法，相同的控制要素是建立足够高的机头压力来抑制发泡体系在挤出口模附近提前发泡，一旦发泡体系进入口模，就会释压发泡成型，如图 3.2 所示。

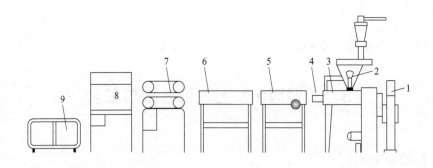

图 3.2 PP 直接挤出发泡成型示意图
1—螺杆温度调节装置；2—加料装置；3—挤出机；4—机头；5,6—冷却；
7—牵引装置；8—切割装置；9—收卷装置

国外从事 PP 挤出发泡片材生产的企业有英国的 Zotefoam 公司，美国的 Pregis 集团，日本的 Furukawa Electric 公司和 Sekisui Chemical 公司。英国的

Zotefoam 公司生产的 Propazote® PP 泡沫片材是一种微交联的 PP 泡沫塑料，该产品的生产采用两阶工艺，即首先挤出 3mm 厚的不发泡样片，然后用过氧化物将其交联或者采用辐射交联，之后将其切成一定的长度，再将其置于高压釜中（压力高达 69MPa），使其受热受压，同时使 N_2 溶入其中。一定时间后将片材移到一个低压釜中，使气体从体系中逸出，这时片材膨胀到原来的 22 倍左右，其中有 10% 的闭孔结构，密度为 $0.3g/cm^3$。Propazote® 可耐高温，有利于进行消毒，也可以进行回收，主要用于医疗行业和汽车工业。该公司后续推出了 MicroZOTE® PP 发泡片材。MicroZOTE® 是一种闭孔的、非交联的微孔泡沫，采用 MuCell® 挤出技术生产，该产品采用单阶的单螺杆挤出机生产，采用 N_2 或 CO_2 作为发泡剂，MicroZOTE® 发泡片材具有很好的平整度和外观、无毒无味、力学性能优异，且获得了 PDA 的认可，其产片的密度范围为 $0.05 \sim 0.25g/cm^3$，宽度最大可达到 1250mm。美国的 Pregis 集团生产的 Microfoam® PP 发泡片材可在 $-150 \sim 120℃$ 的温度下稳定使用，可用于汽车工业、航空航天、家具包装、电子产品包装、建筑管线防护等领域。日本 Furukawa Electric 公司生产的 EFCELL 低倍率发泡片材，产品密度在 $0.3 \sim 0.5g/cm^3$ 之间，可应用于文具、电子产品包装等领域。日本 Sekisui Chemical 公司生产的 PP 非交联发泡片材具有耐热、耐冲击、耐水、耐化学品等优点，可用于轻质产品防碰伤运送托盘、包装缓冲材料、大小型 LCD、HDD 包装的相关零部件等领域。

国内从事 PP 挤出发泡片材生产的企业主要有东莞市苡能塑胶科技有限公司、东莞市峄董塑胶科技有限公司、山东中宏塑业有限公司、合肥会通新材料有限公司、天津润生塑胶制品有限公司、特浦文体用品（深圳）有限公司、汕头市贝斯特科技有限公司、成都奥派高塑制业有限公司等企业，挤出发泡 PP 片材主要用于文具、包装和汽车配件等方面。

随着 PP 挤出发泡研究工作的深入，PP 的直接挤出发泡片材成型方法得到了广泛的应用，使用烷烃类、氟利昂类发泡剂已经能够得到性能优异的挤出发泡制品。今后，使用 CO_2、N_2 等惰性气体作为发泡剂，采用直接挤出发泡法生产高倍率的 PP 发泡片材将成为 PP 挤出发泡的发展方向。

以 CO_2 和异戊烷作发泡剂，线型 PP 和支化 PP 为发泡基体，挤出发泡采用单螺杆挤出机，发泡体系中不添加任何成核剂，气泡成核主要由热力学不稳定性所控制。研究发现：线型 PP 的初始气泡成核数量高于支化 PP，但气泡的塌陷现象比较严重；支化 PP 的初始气泡成核数量低于线型 PP，气泡塌陷现象非常不明显。压力越高（20MPa 以上），挤出发泡的泡孔密度越高（达 10^6 cells/cm^3）。

采用串联单螺杆挤出机，用正丁烷作为发泡剂，滑石粉作为成核剂进行 PP

挤出发泡，研究发现：纯线型 PP 的泡孔密度为 $3 \times 10^5 \, \text{cells/cm}^3$，纯支化 PP 的泡孔密度为 $8 \times 10^6 \, \text{cells/cm}^3$，随着支化 PP 用量的增加，泡孔密度也随之增加。

Khemani 对聚合物挤出发泡的主要影响因素进行了总结，如图 3.3 所示。可以看出，聚合物、发泡剂、成核剂、助剂、挤出机、机头和螺杆对挤出发泡均有显著影响。以下分别从发泡体系的性能、加工设备和工艺条件等方面重点介绍影响 PP 挤出发泡的主要因素。

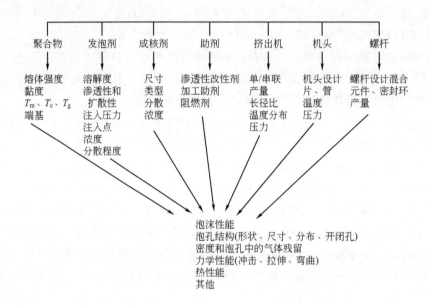

图 3.3　影响热塑性聚合物挤出发泡的主要因素

3.3.1.1　PP/纳米黏土的挤出发泡成型

纳米黏土对 PP 性能的影响近年来已经引起众多研究者的关注。黏土颗粒具有厚度为 1nm、宽度为 100nm、初始层间距为 1nm 的片层所组成的"堆栈"结构，这种结构具有极大的比表面积，通过不同的制备方法和加工工艺，PP 分子链可以插入这些片层之间，形成黏土颗粒尺寸达纳米级（一维尺寸在 100nm 以下）、黏土片层层间距增大的所谓"插层结构"，一个典型的熔融插层过程如图 3.4 所示。通过熔融插层，在 PP/纳米黏土复合材料中均匀分散的纳米级黏土颗粒以及这种插层结构为材料性能的改善带来了契机。大量的研究表明：通过适当的加工方法，添加适量黏土的 PP/纳米黏土复合材料，其力学性能、热性能、阻燃性能、气体阻隔性能均可以得到不同程度的改善，其中尤以阻燃性能和气体的阻隔性能提高较为显著。

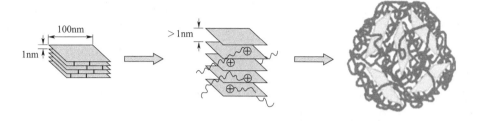

图 3.4　PP/纳米黏土复合材料熔融插层过程示意图

　　然而，由于黏土颗粒较大的比表面积和较强的粒子间相互作用使得粒子间极易团聚结块，难以在 PP 基体中均匀分散。PP 是一种非极性高分子，而纳米黏土具有强极性，两者的相容性较差，因此 PP 在纳米黏土片层"堆栈"结构中的插层也比较困难。如何获得插层结构，使纳米黏土颗粒均匀分散在线型 PP 基体中对于线型 PP/纳米复合材料的制备非常关键。

　　人们一般认为，PP/纳米黏土复合材料有常规复合材料、"插层型"纳米复合材料、"剥离型"纳米复合材料三种，而常用的制备方法有溶液插层法、熔融插层法及原位插层法。目前，国内外研究较多的是采用熔融插层法制备 PP/纳米黏土复合材料。

　　由于 PP 是有机非极性材料，黏土是无机极性材料，两者间相容性较差，制备过程中存在复杂的热力学与动力学共同作用，使得聚合物/黏土复合材料的插层和剥离结构及其性能受到各种因素影响。近几年人们研究发现，几个重要影响因素包括：

　　① 原材料　PP 基体、黏土、官能基团相容剂是材料的主要组成，对复合材料有着极大的影响。其中包括：PP 分子链结构、分子量和熔体流动性；黏土的种类、有机化处理、离子交换能力（CEC）；不同官能团的相容剂、相容剂的分子量、接枝率等。

　　② 加工设备　在制备过程中物料的剪切和流动对发泡材料结构及性能影响很大，使得加工设备成为影响聚合物挤出发泡的又一个重要因素，比如设备的种类（如单螺杆挤出机、双螺杆挤出机）、螺杆结构（如螺杆类型、长径比）、电场作用、磁场作用、射线辐射等。

　　③ 加工工艺　包括制备工艺（一次造粒和二次造粒）、螺杆转速、机筒温度、物料停留时间等。

　　（1）PP 基体分子链结构的影响

　　PP 基体分子链结构不同，尤其是链上带极性基团的 PP 基体，利于基体进入黏土层间。在热力学上，极性高分子链在插层过程中与黏土片层以及有机阳离子链形成相互作用，熔变（ΔH＜0）比较大，高分子链容易进入层间。因此，人们尝试在 PP 分子链上引入一些极性基团研究其对复合材料的影响。T. C. Chung 制备了具有 Cl、OH、NH_2 功能基团的 PP，并用其制备 PP/黏土复合材料，发现 PP-t-Cl，PP-t-OH 和 PP-t-NH_3^+ 功能基团含量虽低，但 Cl^-、OH^-、NH_3^+ 极性离子基团很好的活性和氢键作用，使其与黏土中的 Li^+、Na^+ 等有着较强离子交换能力，在黏土层表面作用，有利于 PP/黏土插层或剥离。此外，Z. M. Wang 和 T. C. Chung 等使用茂金属催化剂一步法制备官能基团 PP，通过合适的反应条件、链转移剂和催化体系，有效地制备带有 OH 或 NH_2 基团的全同立构 PP，通过实验证实这种具有极性官能基团的 PP 可更好地制备剥离型 PP/纳米黏土复合材料。而 J. M. Pastor 和 O. Picazo 等人使用两种均聚 PP，其中一种主链上带抗静电及润滑基团，另一种不带极性基团，同样得出分子链上带极性基团的 PP 基体插层效果好。

（2）PP 基体分子量的影响

聚合物的分子量对熔融插层的影响主要体现在插层动力学上，理论上，重均分子量（M_w）小，PP 熔体黏度小，流动性好，利于高分子链进入层间。Edwin Moncada 等人对这一观点进行了验证，他们分析了不同分子量的 PP 基体的材料结构和性能的影响。从其实验数据得出，对于 PP 基体，分子量小 MFR 大的插层效果和力学性能都比分子量大 MFR 小的要好，说明分子量小，利于高分子链进入层间。

分子量大，熔体黏度大，流动性相对差，不利于高分子链进入层间，但这样的分子链一旦进入层间却有利于层状结构分层，得到剥离结构复合材料。W. Gianellia 等人使用 MFR 分别为 0.5g/10min、6g/10min、25g/10min 的三种均聚 PP，以及 MFR 分别为 0.4g/10min、1.5g/10min、12g/10min 的三种 PE-PP 共聚物制备纳米黏土复合材料，通过 XRD 对其形态结构观察，发现对于均聚 PP，使用 MFR 分别为 0.5g/10min、6g/10min 得到的层间距更大，分层更宽，说明熔融指数小的 PP 其分子链可较好地撑开黏土片层；而 MFR 为 25g/10min 均聚 PP 的衍射信号更强，这说明熔融指数大的 PP 进入层间的分子链更多。对于共聚 PP，其结论也是一样。分析得出，对于 PP 的均聚物和共聚物，其分子量小 MFR 大有利于插层，而分子量大 MFR 小则有利于破坏层堆积结构得到部分剥离或剥离结构。通过对比还发现，均聚 PP 比共聚 PP 具有更好的插层效果和力学性能。

这些研究表明，带极性基团的 PP 与黏土有较好的相容性，可得到插层或剥离结构的复合材料。PP 分子量小，熔体黏度小，流动性好，利于高分子链进入层间；而分子量大，熔体黏度大，流动性差，虽不利于高分子链进入层间，但分子链一旦进入层间却利于层状结构分层。

（3）黏土种类的影响

黏土为晶质黏土矿物，具有 2：1 型结构，每层厚度约 1nm，层间距约 1nm，由两个硅氧四面体和处于其间的八面体通过共用活性氧的方式相互连接构成有序的片层，具有一定的阳离子交换能力（CEC）。由于黏土如钠蒙脱土、锂蒙脱土和海泡石等为无机极性材料，其自身与非极性的 PP 相容性差，直接熔融混合很难得到插层或剥离结构，需要对黏土进行有机化处理。常用有机阳离子（如烷基铝离子）交换其层间用来平衡电荷的 Na^+、K^+ 等金属阳离子，进入片层间，降低黏土表面能，使黏土由亲水性转变为亲油性，且层间距增大，既有利于插层中黏土片层的剥离分散，又能改善黏土与聚合物相容性，提高材料插层剥离结构与性能。在许多研究中，研究者一致认为黏土的有机化处理是一个关键因素，把其作为制备 PP/纳米黏土复合材料的重点进行研究。

研究发现，对黏土进行有机化处理能有效地改善复合材料的结构及其性能。L. Cui、D. R. Paul 等人分别用未经有机化处理的钠离子蒙脱土和经季铵盐表面处理的蒙脱土制备 PP/纳米黏土复合材料，发现未经有机化处理的钠离子蒙脱土没有剥离结构，经季铵盐表面处理的蒙脱土复合材料具有较好的剥离结构，且其性能尤其是力学性能明显优于未改性的钠离子蒙脱土复合材料。可得出，黏土有机化处理对材料影响很大。

而对于不同的黏土，由于其层间平衡离子不同，有机化处理方法不同，使得其层结构有着差别，对材料的形态结构和性能也有不同影响。J. M. Pastor 和 O. Picazo 等人分别采用 Nanocor 生产的商业化有机改性蒙脱土和 BENESA 生产的十八烷基铵离子处理的蒙脱土制备 PP/黏土纳米复合材料，发现由于十八烷基铵离子处理的蒙脱土与 PP 相容性不同，效果不如 Nanocor 生产的商业化有机改性蒙脱土。Edwin Moncada 等分析了蒙脱土（montmorillonite）、天然锂蒙脱土（natural hectorite）、合成锂蒙脱土（synthetic hectorite）对复合材料形态结构和性能的影响，发现对于不同的蒙脱土，其插层效果和性能不同。

离子交换容量是黏土的一个重要的参数，也是影响复合材料性能的一个重要因素。不同的黏土其层间阳离子交换能力（CEC）不同，CEC 越小其改性黏土的层间距越小。Andreas Leuteritz 等用四种不同 CEC 的黏土 ［Nanofil 757（CEC＝75mmol/100g）、Nanofil 918（CEC＝100～110mmol/100g）、Cloisite Na^+（CEC＝95mmol/100g）、Somasif ME100（CEC＝80mmol/100g）］来比较不同 CEC 对材料形态和性能的影响。实验得出：Nanofil 918（CEC＝100～110mmol/100g）纳米复合材料的插层效果最好。而对于力学性能，CEC 最大的蒙脱土复合材料的冲击强度最大，CEC 最小材料的冲击强度最小。另外，F. Chavarria 和 K. Nairn 等人通过离子交换处理蒙脱土，不同程度地降低其离子交换能力，并观察用它们所制备的 PA-6 和 PP/PP-g-MA 纳米复合材料的形态和弹性模量特征，研究发现，离子交换能力的减小导致剥离程度的降低和弹性模量的增加。推测其结果，可能是受减少电荷过程中层间电荷及电荷分布所影响。

对于黏土影响，对其进行有机化处理是非常有效的，而处理后的黏土 CEC 越大，越有利于插层和剥离。

（4）相容剂的影响

插层和剥离是极其复杂的热力学与动力学过程，对黏土的有机化处理可在一定程度上改善其与基体的相容性，但仅靠处理黏土并不能得到理想的复合材料。目前，人们经常采用加入相容剂来改善 PP 和黏土的相容性，相容剂的分子结构一般为接枝或嵌段结构，这样，分子链上一部分具有极性，此部分链一般较短，能与有机蒙脱土形成较强的相互作用；分子链上另一部分与 PP 具有很好的相容性，或能够形成较强的相互作用。

人们对相容剂的作用研究证明相容剂的使用具有很大的作用。Martin Bohning 通过介电松弛谱图发现 PP-g-MA 显示电解质活跃松弛过程，认为作为相容剂，马来酸酐基团优先位于聚合物和黏土片层的界面区域，这就使得这一区域的分子活动性得到显著的加强。Dirk Kaempfer 等人用间同立构 PP 制备 PP/蒙脱土纳米复合材料，研究相容剂对其效果的影响，发现马来酸酐接枝 PP 对纳米复合材料有较大影响。W. Lertwimolnun 和 B. Vergnes 研究了马来酸酐接枝 PP 的加入及其用量在 PP/黏土复合材料中的作用，结果表明，马来酸酐接枝 PP 的加入可增大黏土的分散程度，在一定量内随着加入量的增加黏土层分散性提高。

此外，不同官能团的相容剂、相容剂的分子量、接枝率等都会对复合材料的结构与性能有不同的影响。

由于不同官能团具有不同的极性和分子间相互作用，因此，不带同官能团的相容剂对 PP/纳米黏土复合材料有着不同的影响。D. R. Paul 等制备二元或三元氨基 PP-g-NH$_2$、PP-g-NH$_3^+$ 并与 PP-g-MAH 比较了对纳米复合材料相容性的影响，发现 PP-g-NH$_3^+$ 比 PP-g-NH$_2$ 的剥离效果好，但都不如 PP-g-MAH。C. Varela 和 C. Rosales 等人使用了 PP-g-MAH、马来酸二乙酯接枝 PP（PP-g-DEM）、马来酸氨基甲酰接枝 PP（PP-g-UMA）这三种不同的相容剂制备 PP/Clay 纳米复合材料，同样得出 PP-g-MAH 作为相容剂的效果最好，PP-g-UMA 次之，PP-g-DEM 最差。目前常用的相容剂也是 PP-g-MAH。

同一种官能团的相容剂，分子量和接枝率不同，其效果也不同。F. Perrin Sarazin、M. T. TonThat 等研究了两种不同的 PP-g-MAH（一种重均分子量为 9.1×10^3，马来酸基团接枝率为 3.8%；另一种重均分子量为 3.3×10^5，马来酸基团接枝率为 0.5%），发现不同分子量和接枝率的 PP-g-MAH 可得到不同的插层效果：低分子量高接枝率的 PP-g-MAH 与黏土具有较强的相互作用可容易地进入层间得到插层结构，推测由于与 PP 的相容性较差使得其分散性不好而得不到剥离结构；高分子量低接枝率的 PP-g-MAH 可得到部分剥离结构，由于高分子量使得其与 PP 具有较好的相容性，接枝基团又可与黏土相互作用，有利于黏土剥离与分散。而 Y. Wang 和 Y. C. Li 等人通过 PP-g-MAH 和改性黏土制备复合材料，对比了 PB3150（重均分子量为 3.3×10^5，马来酸基团接枝率为 0.5%）、PB3200（重均分子量为 1.2×10^5，马来酸基团接枝率为 1.0%）、PB3000（马来酸基团接枝率为 1.2%）三种具有不同分子量和接枝率的 PP-g-MAH 对复合材料结构与性能的影响，发现由接枝率高且分子量低的 PP-g-MAH 得到的复合材料黏土分散性好，但低分子量却降低了其力学性能和热学性能。这些研究证实，接枝率高有利于黏土分散。另外，分子量和接枝率的影响，要考虑两者中哪一个因素占主导作用，F. Perrin Sarazin 研究两种分子量相差较大的相容剂时，发现分子量是主要的影响因素。

（5）加工设备的影响

熔融插层法是 PP 在高于其软化温度下加热，在静态条件或剪切力作用下直接插层进入蒙脱土的片层间。这就需要设备能提供足够的剪切外力，以利于 PP 进入黏土层间，因此熔融混合的设备对复合材料的形态及性能也有着十分重要的影响。

不同的加工设备种类，剪切效果相差很大，得到的材料结构与性能也不同。常用的混合设备是挤出机、注塑机等。Alexandre Vermogen 等人选用了三种挤出机（单螺杆挤出机、双螺杆挤出机、设计的具有适当剪切力的优化螺杆挤出机）进行对比得出，单螺杆挤出机的插层效果较差，双螺杆挤出机能得到较好的插层结构，而设计的具有适当剪切力的优化螺杆挤出机则可得到剥离结构。而 J. Li 等人使用了双螺杆挤出机、单螺杆挤出机、具有外部流动混合器的单螺杆挤出机，同样发现在相同的工艺条件下，由于其混合强度高，双螺杆挤出机和具有外部流动混合器的单螺杆挤出机的分散效果优于单螺杆挤出机，可增加材料的剥离结构。其螺杆结构见图 3.5。总体上来说，双螺杆设备剪切作用要优于单螺杆设备，如有特殊要求，还可以对设备、螺杆进行设计，以达到较好效果。

同样的挤出机或注塑机，螺杆设计及其构型对设备的混炼效果影响很大，可通过螺杆构型设计来提高设备的剪切作用。L. Zhu 和 M. Xanthos 分别用高剪切速率螺杆和低剪切速率螺杆制备 PP/层状黏土纳米复合材料，来研究不同剪切应力对黏土的分散程度的影响。双螺杆挤出机的螺杆结构如图 3.6 所示。

图 3.6 中，高剪切速率螺杆加速混合块后部有一段长 20mm 的螺杆元件翻转输送物料，提高剪切；在低剪切速率螺杆中，加速混合块后部是一段长 10mm 的螺杆元件。实验证明，高剪切速率螺杆的剥离效果好。但要考虑的是，过高的剪切速率和物料在螺杆中停留时间过长会造成分子链的断裂分解，使得剥离效果

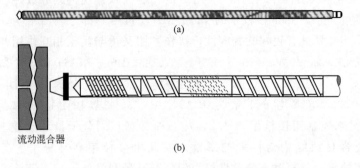

(a)

流动混合器

(b)

图 3.5 不同设备种类的螺杆

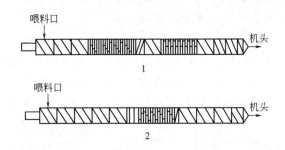

图 3.6 双螺杆挤出机的螺杆结构

1—高剪切速率螺杆；2—低剪切速率螺杆

反而不理想。

除了传统的加工设备外，不少研究者还在传统设备的基础上进行改进，以提高加工效果。人们发现电场有利于破坏黏土的堆积结构，使得聚合物链进入黏土片层间。由于电场对黏土表面离子的引力作用不同，电场种类的不同其机理也不同。Do Hoon Kim 等人提出在交流电场下，由于范德华力和静电斥力使得黏土表面离子束缚力破坏而得到剥离结构，而在直流电场下，由于典型的电荷流动性得到插层结构。这意味着我们可以通过控制电场和流场来得到插层或剥离结构纳米复合材料。Jun Uk Park 和 Seung Jong Lee 等人在双螺杆挤出机上加电熔融管，通过所产生的电场得到剥离结构的 PP/纳米黏土复合材料，通过分析证实电熔融管的电场作用可增强黏土的分散，提高材料性能。图 3.7 为电熔融管双螺杆挤出机。

此外，人们还提出通过射线辐照来改善材料形态结构。Hongdian Lu 和 Yuan Hu 等人研究了伽马射线对黏土纳米复合材料的形态及其性能的影响。Naima Touati 和 Mustapha Kaci 等人发现不同强度伽马射线对熔融插层制备的

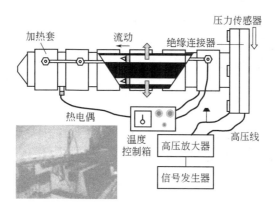

图 3.7 电熔融管双螺杆挤出机

PP/纳米蒙脱土复合材料进行辐射处理可改变纳米复合材料的结构、形态、热学性能等。

（6）加工工艺的影响

不同加工工艺的剪切、混合和塑炼效果都不同。混合方法、螺杆转速、机筒温度等加工工艺，都会对复合材料的插层和剥离产生影响。而操作和控制上的困难，使得人们对加工工艺的研究还相对较少。

J. Li 等采用了不同的混合方法：一步法，直接熔融制备 PP/纳米黏土复合材料；两步法，先熔融制备 PP-g-MAH/黏土母料，再用母料制备 PP/PP-g-MAH/黏土复合材料。研究发现，微观结构上，两步法制备的材料微观分散性好，一步法分散不均匀。另外，黏土的分散性与混合强度和物料停留时间有关，长的停留时间有利于插层和剥离。

一般来说，高的螺杆转速和低的机筒温度剪切力大，可改善纳米复合材料中黏土的分散。Y. H. Lee 和 C. B. Park 的结论证实这一影响因素。M. Modesti 等人通过研究不同工艺条件对 PP/蒙脱土纳米复合材料热学性能的影响，同样认为高的螺杆转速和低的机筒温度在混合过程中对聚合物熔体具有更高的剪切力作用，影响复合材料的结构与性能。在他们的另一文献中用同向双螺杆挤出机熔融插层法制备 PP/纳米黏土复合材料，目的在于研究相容剂和工艺条件对改性黏土在 PP 基体中分散程度的影响，发现机筒温度是一个很重要的参数：使用低加工温度，其熔体黏度和剪切力就高，相应的剥离效果提高。另外，高的剪切速率和低的机筒温度制备的材料其拉伸模量提高。由于螺杆转速的提高使得其剪切压力提高而物料停留时间却缩短，总体上剪切压力对材料力学性能的影响要大于停留时间的影响。

（7）纳米黏土含量的影响

笔者在单螺杆挤出机上进行了线型 PP/纳米黏土复合材料的挤出发泡。发泡过程中的螺杆转速保持在 60r/min，HP40P 的用量为 1phr，考察不同纳米黏土含量对于发泡材料泡体结构的影响。

表 3.2 和图 3.8 为所得线型 PP/纳米黏土复合材料发泡后的泡体结构参数和泡孔形态的 SEM 照片。

表 3.2　线型 PP/纳米黏土复合材料发泡后的泡体结构参数

试样编号	本体密度 /(g/cm³)	HP40P 用量 /phr	泡孔直径 /μm	黏土用量 /phr	泡孔密度 /(cells/cm³)
1#	0.700	1	174.6	0.2	4.3×10^4
2#	0.747	1	166.8	0.5	5.2×10^4
3#	0.732	1	140.7	1	6.4×10^4

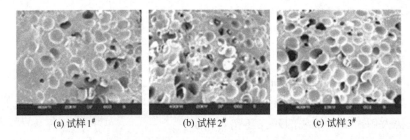

(a) 试样1#　　　　　(b) 试样2#　　　　　(c) 试样3#

图 3.8　线型 PP/纳米黏土复合材料泡孔形态的 SEM 照片

从表 3.2 和图 3.8 可以明显看出，随着纳米黏土用量的增加，发泡材料的泡孔密度随之提高；线型 PP/纳米黏土复合材料挤出发泡中并未出现气泡的严重塌陷和破裂，泡孔形态与线型 PP/长链支化 PP 共混体系挤出发泡中的泡孔形态类似。这意味着纳米黏土添加到线型 PP 中，可以有效遏制线型 PP 挤出发泡中气泡的严重塌陷和破裂；线型 PP/纳米黏土/HP40P 亦可组成有效的 PP 挤出发泡体系。

可以认为：①纳米黏土颗粒的加入可以有效提高线型 PP 的熔体强度，由于熔体强度的提高，使得发泡过程中气泡的增长过程稳定，PP 熔体能够有效抵抗气泡增长过程中拉伸应力的作用，气泡不易破裂；②由于纳米黏土具有有效的气体阻隔性，可以阻挡气体分子在气泡之间的扩散和向大气中的扩散，从而有效避免了气泡的塌陷。

3.3.1.2　PP 发泡珠粒（EPP）的挤出发泡成型

挤出法生产 EPP 是在传统挤出发泡装置后连接一个水下切粒装置。PP 颗粒与发泡剂等助剂经过挤出机均匀混合后在口模出口处由于压力骤降而发泡，发泡的材料通过水下切粒装置被切割定型成尺寸均一的发泡珠粒。挤出法优点是可连续生产、效率高、珠粒尺寸均匀，缺点是生产过程中的工艺参数难以控制。此外，由于 PP 在温度低于 T_m 时几乎不流动，而当温度高于 T_m 后，熔体强度又急剧下降，所以适宜的发泡温度区间很窄（约为 4℃），挤出法对 PP 的熔体强度要求较高，一般要用改性的熔体强度较高的 PP，这些缺点限制了挤出法的应用与发展。

德国 Berstorff 公司研发的 Schaumex® BEADS 生产线目前比较成熟，采用挤出法生产发泡珠粒的工艺。采用丁烷作发泡剂，高熔体强度 PP（HMSPP）为原料，可以生产发泡倍率约 60 倍，直径为 $3\sim5\mathrm{mm}$，密度为 $15\sim100\mathrm{kg/m^3}$ 的 EPP，其装置见图 3.9。

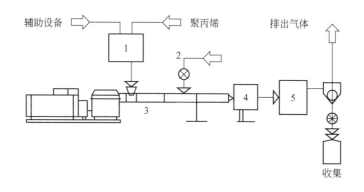

图 3.9　Berstorff 公司生产挤出发泡珠粒过程

1—计量和预混装置；2—气体注入系统；3—挤出发泡设备；4—水下切粒装置；5—干燥装置

3.3.2　釜压发泡法

由于釜压发泡法的可操作性强，对于温度、压力、时间、泄压速率等关键参数的控制较为准确，多被用于进行聚合物物理发泡的机理研究。PP 釜压发泡与 PE 非常相似，也是主要集中在两个方面。

第一方面，普通的高压釜发泡，与其他材料的釜压发泡类似，发泡釜内无搅拌桨和常压液体介质（如水等），发泡样品尺寸较小且形状不规则，多用于研究原料配方、工艺条件等对发泡性能的影响。

原料配方（包括填料、助剂、第二组分等）对 PP 釜压发泡性能的影响非常大。离子液体作为一类由有机阳离子和有机或无机阴离子组成的有机熔融盐，具有低 T_m、"零"蒸气压、高热稳定性和化学稳定性等优点，是一种新型的环境友好介质，可以用作发泡助剂增塑发泡 PP 基体，降低 PP 熔体的黏度，在较低的温度下实现可发性。

在 PP 中加入 β 成核剂，不仅能够提高 PP 的结晶速率和 β 晶型含量，而且 β 成核剂能在 PP 熔体中起异相成核作用，促使产生大量低势能点，有效增加了气泡成核点数量，同时通过改善釜压发泡工艺条件，有利于得到泡孔密度大、泡孔尺寸小的发泡材料。β 成核剂能有效诱导 PP 产生大量 β 晶，且 β 晶含量随着 β 成核剂添加量的增加而不断增加。加入 β 成核剂有助于产生大量气泡成核点，较好地改善了泡孔成核。当 β 成核剂质量分数低于 0.3% 时，随着 β 成核剂含量的增加，泡孔尺寸减小，泡孔密度增大。

在 PP 釜压发泡熔体中引入无机成核剂将对泡孔密度、泡孔尺寸以及泡孔尺寸分布产生很大的影响，成核剂与熔体形成的液-固界面可以降低气泡成核的活化能，作为气泡成核的催化剂，当活化能低于聚合物熔体均相成核的活化能时，将在界面处诱发异相成核，从而更加容易产生大量的气泡。有研究表明：在釜压发泡过程中，碳酸钙作为气泡成核剂的效果要优于蒙脱土和滑石粉。成核剂粒径越小，体系的成核点越多，发泡时产生的气泡核越多，所得到的 PP 泡沫的泡孔密度越大，但是由于纳米碳酸钙更容易出现团聚现象，直接导致最终发泡制品产生泡孔破裂以及发泡倍率的降低。

将第二相聚合物加入 PP 基体中改善 PP 釜压发泡性能，也是一种常用的影响 PP 发泡性能的方法。将超高分子量聚乙烯（UHMWPE）与 PP 共混，可改善 PP 的发泡性能。研究发现，随着 UHMWPE 含量的增加，发泡材料的平均泡孔直径先减小后增大，泡孔密度则是先增大后减小，在 UHMWPE 质量分数为 20% 时，泡孔尺寸形态最佳，其平均直径最小（$8.443\mu m$），泡孔密度最大（$10.6\times10^9 cells/cm^3$）。向 PP 中加入 HDPE 可有效改善泡孔结构，与饱和温度为 120℃ 相比，在 140℃ 时得到的泡孔密度更大，泡孔直径更小，泡孔分布更均匀。在 PP 中加入 PS 可以改善泡孔结构；随着 PS 含量的增加，泡孔平均直径逐渐增大，泡孔密度逐渐减小；PS 分散相分布较均匀时，更有利于产生均匀分布的泡孔结构。通过均聚 PP 和嵌段 PP 共混，在相同的发泡条件下，共混比例为70：30 时，共混体系发泡材料的泡孔尺寸明显减小，泡孔密度明显增加，并且没有发生明显的泡孔塌陷，发泡性能得到有效提高。

釜压发泡法也可以用于制备微孔发泡木粉/PP 复合材料。研究发现，在 PP 发泡木塑复合材料中能够产生一种不完善的 α 晶型，结晶度明显减小，熔融温度升高。添加 4%（质量分数）滑石粉后，未发泡木粉/PP 复合材料的结晶度随之增大，而微孔发泡木粉/PP 复合材料的结晶度随之减小。

发泡工艺条件对 PP 釜压发泡性能也有着显著的影响。降低饱和温度和增大饱和压力会使泡孔尺寸减小、泡孔密度增大。这是因为在较低温度和较高压力下，超临界 CO_2 在 PP 熔体中的溶解度增大，产生更多的气泡成核点，使泡孔数量显著增加。并且随着温度降低，PP 熔体强度增大，气体扩散速率降低，不易发生泡孔合并，泡孔密度增大。

饱和时间较短时，吸收物理发泡剂的量不够，很多泡孔生长不完全，会出现少量没有泡孔的区域。饱和时间较长时，溶解的物理发泡剂的量增加，有利于泡孔的长大，但在泡孔生长的过程中，又由于 PP 的熔体强度低，产生了泡孔合并。

发泡温度通过影响 PP 的结晶速率、熔体的黏弹性以及发泡剂在 PP 熔体中的溶解度和扩散系数等来控制泡孔结构和发泡倍率。在 PP 釜压发泡过程中，提高发泡温度会使 PP 熔体的黏度和表面张力降低，黏度和表面张力的降低会使气泡在膨胀过程中的阻力减小，气泡生长的速度加快，泡孔合并加剧，从而使泡孔直径增大。当发泡温度较低时，由于 PP 是半结晶聚合物，发泡剂气体只能溶解在无定形区，无法进入晶区，由于 PP 的弹性模量和硬度较高，其变形能力非常弱，因此生成的泡孔直径很小；而温度逐渐上升到熔融温度附近时，晶区将被破坏，可以吸收更多的气体，在晶区和非晶区进行溶解和扩散，此时 PP 的变形能力得到提高，因此得到的泡孔直径较大，又由于 PP 的熔体强度低，熔体不能完全裹住气体，发泡剂气体容易冲破泡孔壁而导致产生一定程度的开孔结构。

高的压力降速率和发泡压力可以产生更好的泡孔结构，压力降速率越高，产生的热力学不稳定性越大，成核的驱动力就越大；发泡压力越高，物理发泡剂的溶解度越大，可供成核气体越多，最终成核速率越高。

第二方面，釜压发泡珠粒（也称釜压发泡泡珠），发泡釜内有搅拌桨和常压液体介质（如水等），发泡产品为球形珠粒，后续可以通过模塑工艺制成不同形状的泡沫塑料工件，多用于研究发泡珠粒的制备和模塑制品的构建及性能。

釜压发泡法是生产 EPP 珠粒的常规生产方法，即将 PP 树脂、分散介质、分散剂和发泡剂一同置于高压釜中，升温至树脂软化但不熔融的状态，同时提高压力，充分搅拌，维持压力一定时间，以确保发泡剂充分浸润基体树脂，然后在维持压力的状态下打开阀门，将粒子置于常温、常压下，这时由于压力和温度的突然变化，诱发体系出现热力学不稳定性，从而引发粒子迅速膨胀，得到粒径尺寸均匀一致的可发性珠粒。通常反应釜的温度设定在 100～160℃ 之间，压力在 1～10MPa 之间，停留时间为 30～180min。

将用上述方法制备的珠粒添加到模塑机的模腔内，高温蒸汽从两个方向注射到模腔中软化和熔化珠粒表面，蒸汽渗入珠粒内部凝结。卸压时，珠粒内凝结的水瞬间汽化，与内部的空气一同膨胀，在高温下使珠粒相互黏结，随温度降低，珠粒间的界面固化，形成完整的成型体。以蒸汽作为加热介质是首选，因为其易于控制且导热量高。EPP 珠粒和 EPP 珠粒泡沫的常规制备过程如图 3.10 所示。

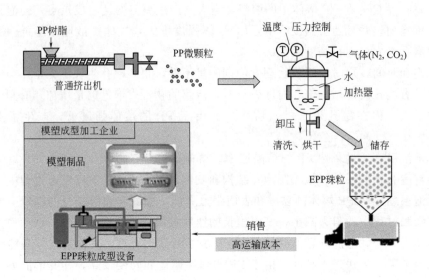

图 3.10　EPP 珠粒和 EPP 珠粒泡沫的常规制备过程

PP 属于结晶型聚合物，温度高于 T_m 后熔体强度会迅速下降，导致发泡成型较为困难。釜式法发泡温度在 T_m 附近 $-2\sim4℃$，粒子处于熔融且能保持的状态。低于该温度范围，存在大量晶体，气体很难渗入晶区，熔体强度较高，抑制了泡孔的成核和增长；高于该温度范围，晶体熔融，熔体强度过低，粒子无法保持形态，粒子之间会粘连，孔壁因无法承受泡孔生长的张力而破裂、合并。因此，精准的温度控制是工艺参数控制的重点。

釜压发泡的 EPP 通常均具有双峰熔融行为。高温熔融峰的出现是因为在发泡过程中气体浸渍期间，PP 颗粒中有未熔的晶体进一步完善而形成了熔融温度高于 PP 原始 T_m 的晶体结构；低温熔融峰的出现是气体浸渍期间 PP 中已溶化的晶体在释压后的冷却过程中重结晶的缘故。EPP 制件模塑成型的蒸汽温度通常选在 EPP 的低温晶体和高温晶体的熔点之间，在成型时 EPP 的低温晶体熔化以促进珠粒间的粘接，而高温晶体不熔化以保证发泡珠粒的泡孔形态和模塑制品的力学性能。因此，EPP 有合适的双熔融峰的晶体结构是确保 EPP 制件有好的粘接和精密尺寸的前提。

有研究发现，EPP 的发泡特性与发泡温度及压力是密切相关的。当发泡温度为 133.6℃，发泡压力在 $2\sim4MPa$ 范围内时，EPP 的发泡倍率和泡孔密度均随发泡压力增大而增大；当发泡压力为 4MPa，发泡温度在 $133.6\sim140℃$ 范围内时，随着发泡温度的提高，EPP 的发泡倍率和泡孔尺寸增大，泡孔密度降低，表面的光滑程度变差。

PP 木塑复合材料也可以进行釜压发泡制备珠粒，研究表明，PP/木粉发泡珠粒的泡孔密度和发泡倍率均高于纯 PP 发泡珠粒。随着木粉含量升高，其泡孔密度和发泡倍率先增大后减小。当木粉质量分数为 10% 时，复合材料珠粒发泡效果最佳，发泡倍率为 10.4，平均泡孔直径、泡孔密度分别为 67.69μm、5.8×10^7cells/cm^3。

3.3.3　注射发泡法

注射发泡成型是将 PP 与发泡剂等各种助剂混合均匀后加入注塑机机筒内，经过加热塑化并进一步混合均匀，然后在高压、高速下注入模腔，使熔体中形成的大量过饱和气体因突然降压而离析成核并发泡成型。在注射发泡成型过程中，采用高注射速率和低注射压力可以避免在注射过程中的提前发泡和泡孔合并，可制备泡孔尺寸在 20~30μm 且泡孔结构分布均匀、冲击韧性增幅超过 125% 的 PP 泡沫材料，目前应用较多的是二次开模法。注射发泡法是制备 PP 微孔泡沫材料的主要方法之一，多以化学发泡为主，受 PP 本征特性、原料配方、注射工艺参数等因素的影响。

在 PP 注射发泡过程中，本征特性对气泡的长大和定型过程、气体在基体中的扩散具有明显的影响；MFR 太大的材料气体扩散过快，导致基体材料包不住气体，发泡倍率低；MFR 太小的材料气体扩散困难，致使大量气体聚集在一起而形成大泡孔；熔体强度越高的材料，发泡时阻碍泡孔长大的趋势越明显，所得到的泡孔细小而均匀。

在 PP 注射发泡过程中，加入无机填料（滑石粉、蒙脱土、各种纤维、云母片、云母粉、针状硫酸镁、球形二氧化硅等）可以起到异相成核作用。当滑石粉的质量分数为 5% 时，获得泡孔细小、均匀且致密的微发泡材料。随着滑石粉质量分数的增加，由于滑石粉在基体中的分散性较差，产生团聚，从而泡孔直径增大、数量降低。加入蒙脱土和纳米二氧化硅可以显著减低 PP 发泡材料的泡孔直径，提高泡孔密度，使 PP 发泡材料的微孔尺寸分布变窄。此外，纤维（碳纤维、芳纶纤维、碳酸钙晶须等）的加入也可以改善 PP 微发泡复合材料的泡孔参数，其中碳纤维的改善效果较好。

在 PP 注射发泡过程中，加入第二相有机成分（橡胶粒子、竹粉等）也可以起到异相成核作用，显著增加泡孔密度，减小泡孔尺寸，降低泡孔尺寸分布。

注射行程反映了熔体填充量的变化，直接影响到制品减重的变化和泡孔的生长空间。注射行程越长，熔体填充量越大，平均泡孔半径减小趋势明显。这是因为当熔体填充量增大时，泡孔生长空间减小，泡孔生长阻力增大，因此泡孔平均半径减小；相反在熔体填充量减小但还没有产生欠注射时，泡孔生长空间大，生长阻力小，此时容易生成较大的泡孔。

注射速度直接决定了 PP 在喷嘴或浇口处的成核情况，是微发泡注射成型的关键因素。当单相溶液以一定的速度通过浇口注入模具时，浇口处便产生成核作用。在较大的压力降的状态下，超临界流体在聚合物熔体中的溶解度降低，迅速从聚合物熔体中溢出，一方面使现存的气泡长大，另一方面便形成了新的气泡。

螺杆转速对 PP 注射发泡制件的影响有两方面：一方面提升螺杆转速会增加剪切速率，能够提升超临界流体在聚合物熔体中的混合效果；另一方面，随着螺杆转速的增加，螺杆旋转时的停留时间随即缩短，从而不利于超临界流体和聚合物熔体的混合。前人实验表明，在连续稳定的注气工艺条件下，只要能满足最短的气体注入时间，螺杆转速越高越好。

熔体温度对超临界流体在聚合物中的溶解主要产生两方面的影响，提高温度会提高超临界流体在聚合物熔体中的熔融速率，但同时随着温度的升高，超临界流体在聚合物熔体中的溶解度下降。

模具温度对制品的发泡倍率有一定影响，一般随模具温度的降低而下降，提高模具温度可以改善熔体在模具中的流动条件，还可以改善制品的表面质量，提高制品的发泡倍率。但是冷却定型的时间将延长，不利于提高劳动生产效率。

二次开模距离能有效地控制 PP 材料的发泡过程，二次开模距离越小，体系的发泡过程越容易自发进行。当二次开模距离 $L=5.3\text{mm}$ 时，体系中的吉布斯自由能小于零，发泡过程不可能自发进行；当二次开模距离 $L=4.3\text{mm}$ 时，PP 体系的发泡质量最理想，泡孔平均直径为 $21.6\mu m$，泡孔密度为 $5.6\times10^6\text{cells/cm}^3$，能够获得泡孔细小、均匀的微发泡 PP 材料。

除上述讲到的常规注射发泡，对 PP 还可以进行结构注射发泡。PP 结构注射发泡可以分为低压发泡注射成型、高压发泡注射成型、双组分发泡注射成型、反压发泡注射成型四种。

3.3.4 模压发泡法

PP 模压发泡法多以化学发泡剂为主，采用两步法或三步法进行发泡。采用电子加速器辐射 PP 可以使 PP 内部的分子链之间发生交联反应，提高 PP 的熔体强度和发泡倍率。但交联反应的发生同时会导致凝胶的出现，凝胶含量过高会限制泡孔增长和发泡基体材料的二次加工使用，因此，控制好交联反应程度和凝胶率对于 PP 发泡是一项非常重要的工艺条件。辐射交联 PP 通常与交联助剂、辐照气氛及吸收剂量有着密切的联系。将辐射交联后的 PP 进行模压化学发泡是目前一种很常见的 PP 模压发泡法。有研究发现，当辐射交联 PP 材料的凝胶质量分数为 $35\%\sim55\%$，发泡剂质量分数为 30% 时，可以取得良好的发泡效果。发泡温度 $210\sim260℃$、模压压力 $10\sim12\text{MPa}$、模压时间 $7\sim15\text{min}$ 时，具有良好的发泡性能，泡沫泡壁薄，形成闭孔结构，泡孔均匀，外观规整，表观密度为 $0.032g/cm^3$。使用化学交联剂进行适度交联的 PP，所得的 PP 发泡制品泡孔密度较大，泡孔的合并和塌陷现象明显降低，并且适度交联的 PP 在纳米碳酸钙含量较大时所得的发泡制品泡孔密度较大。

为了改善普通 PP 熔体强度不足的问题，将 HMSPP 与普通 PP 及部分助剂在双螺杆挤出机上进行造粒，然后与化学发泡剂经二辊开炼制成未发泡片层，最后在模压机上进行模压发泡也是非常常见的一种 PP 模压发泡方法。有研究表明，在普通 PP 中添加 10%（质量分数）以内的 HMSPP 即可得到泡孔尺寸均匀、泡壁薄、外观规整的 PP 发泡制品。

3.3.5 自由发泡法

自由发泡法是一种分步进行的没有外部加压的化学发泡工艺方法，首先进行 PP 树脂改性和片材的制备，然后在烘箱中进行自由发泡。

将 PP 树脂、辐照敏化剂和其他助剂混合均匀，在双螺杆挤出机上造粒；然后与发泡剂或发泡剂母粒混合均匀，在单螺杆挤出机或二辊开炼机上挤出或压延片材；接着将片材运用电子加速器进行辐照，取出后在干燥箱中进行热处理，消除辐照后样品中的自由基；最后将片材在电热鼓风干燥箱中进行发泡，得到发泡片材，这是进行 PP 自由发泡的一种常见的工艺方法。有研究表明，辐照敏化剂含量、发泡剂含量和辐照剂量的变化会引起材料交联程度的变化，从而影响 PP 熔体强度，导致泡孔结构形态不同。

3.3.6 滚塑发泡法

滚塑旋转发泡成型是将预先配好的定量原料加入模具并密封紧固，再置于加热炉中不断旋转，直至聚合物基体熔融并流延到模具的型腔表面，同时发泡剂分解使熔体发泡并胀满型腔而得到 PP 泡沫制品。旋转发泡成型过程中的泡孔合并对最终制品的性能至关重要，这同时也和 PP 基体的黏度和发泡成型温度密切相关。Pop 等一方面通过减小 PP 的粒料尺寸和添加发泡促进剂来促进发泡剂的分解；另一方面采用降低成型温度或引入支化 PP 的措施来提高基体的熔体强度以抑制泡孔合并，制备出了泡孔均匀细密且发泡倍率为 3 的 PP 泡沫材料。他们发现，通过改变加料顺序来优化工艺，可以一步成型得到表面为实体、芯部为泡沫的复合结构材料，大大降低了此类材料的生产周期，改善了其力学性能。利用旋转发泡成型工艺可制备出具有完美曲面的 PP 泡沫制品，但由于此工艺的应用颇受限制，国内还未见相关文献报道，相关工艺和设备的开发及应用还是空白。

3.4　聚丙烯发泡材料制品与应用

PP 发泡材料以其优良的力学性能、耐热性能、尺寸稳定性和环境友好性而在汽车领域、包装领域、建筑领域、绝缘和工业应用、体育休闲等诸多方面得到了广泛应用，具有广阔的市场前景。

（1）汽车领域

PP 发泡材料除具有高耐热性、高冲击能吸收能力、良好的回弹性和热成型性外，还有可回收再生的优点，可用于制备汽车保险杆、汽车内饰材料和其他的零部件。

现代汽车保险杠大多是由合成树脂包覆 PU 或 PS 发泡芯材所制备的。发泡芯材是影响汽车保险杠性能的重要材料，通常要求芯材具有良好的能量吸收性能和耐冲击性能，同时芯材的质量要比较小。PP 发泡材料目前已经在汽车保险杠上得到了应用：美国已开始生产用于汽车保险杠的 PP 珠粒发泡材料；日本 JSP 公司生产的非交联发泡保险杠已被丰田公司所采用；法国标致公司已为其 306 车型配备了由 EPP 制备的保险杠系统。

采用 PP 发泡材料制备的保险杠芯材质量比 PU 保险杠芯材小 40%～50%，且吸能性高；两者的耐冲击力基本相等，但 PU 受 5 次冲击后受到破坏，而发泡 PP 芯材受到 7 次冲击后无破损。同时，以 PP 发泡材料为芯材的保险杠还具有良好的耐热性、尺寸稳定性和容易回收的特性。

在汽车内装饰材料方面，PP 发泡材料由于其良好的热焊接性，可用于汽车顶板、控制箱和防震板等构件中。PP 发泡片材可与 PP、丙烯酸-丁二酸-丙烯腈共聚物（ABS）等内层材料及聚氯乙烯等表层材料通过黏合剂或加热贴合、真空成型后可制作地毯支撑材料、隔声板、门衬和行李架等。PP 发泡材料还可用于制造方向盘、行李舱内衬、空调机的蒸汽阻隔板、侧护板、门内板吸能保护垫、缓冲垫、头枕和工具箱等。在需要较高工作温度的领域，PP 发泡材料比 PE 发泡材料更有利，如可用于遮阳板、仪表的保温板及车门间温度易升高的地方等。

PP 发泡片材还可用于汽车门的隔水层或隔声板、豪华轿车后置发动机分隔间。采用玻璃毡片增强的硬质 PP 发泡板可以用于汽车发动机护罩、承重的地板和备用胎外罩等。

（2）包装领域

PP 发泡材料是理想的食品包装材料。目前美国、日本、德国等国家已认定 PP 发泡材料为绿色包装材料，如德国对采用 PP 发泡片材制备的包装盒等制品使用了绿色标志。PP 发泡片材因其特殊的热稳定性和热绝缘性而成为 PS

发泡材料在高级食品包装中的替代品。与 PS 和 PE 发泡材料相比，PP 发泡材料可在微波炉中使用，而且能耐沸水。热成型的盘子的低温抗冲击性好，可在深冷环境中使用，手感舒适、柔软。密度为 $0.5 \sim 0.7 g/cm^3$、厚度为 $0.5 \sim 1.5mm$ 的 PP 发泡片材是制备高刚性和良好热绝缘性餐具（盘子、碗）的理想材料。

PP 发泡材料是理想的缓冲包装材料。缓冲包装材料对能量吸收性能要求很高。PP 模压发泡制品可用于承受高载荷，其对重复冲击的防护能力比可发性聚苯乙烯模塑制品或发泡 PU 更为优越。因此 PP 发泡材料可用于计算机、高级医疗器具、精密仪器、照相机、玻璃陶瓷、工艺品、各种家用电器等的防震缓冲包装，以免在运输过程中遭受损伤及破坏。此外，PP 发泡材料还具有可直接回收、质地柔软并且不会损伤被包装物表面的优点。

PP 发泡材料是优良的一次性包装材料。近年来随着经济的发展和人们生活水平的提高，一次性的 PS 发泡材料在我国的应用增长迅猛，由此引起的"白色污染"问题已引起人们的高度重视。联合国环保组织已经决定停止使用 PS 发泡材料。根据《中国消耗臭氧层物质逐步淘汰的国家法案》，我国也已确定全面消除 PS 发泡材料生产中使用的氯氟烃化合物。因此，耐油性好、隔热、保温、可降解的 PP 发泡餐盒将成为 PS 发泡餐具的理想替代品。

（3）建筑领域

PP 发泡材料可以作为保温、隔声效果好的建筑材料。由于 PP 发泡材料具有低的热导率、低的水蒸气透过率、高的能量吸收性及压缩性，使其适于填充不平坦表面的空隙，如作为屋顶、墙壁、混凝土板、公路的伸缩缝中的填料、密封剂保持物、密封条等的材料。PP 发泡材料通过减小热和湿气的损失可以促进混凝土的凝固。利用其低热导率，PP 发泡材料可用于普通建筑的屋面衬垫材料，PP 发泡衬垫可以减弱多层建筑的声音传播。

利用其保温效果好的特点，PP 发泡材料还可望应用于外墙内保温和外墙外保温、屋顶倒置保温（即在屋顶的结构层上，先铺防水层，再铺保温隔热层，使防水功能长期有效，解决屋顶渗漏的问题）及地板辐射采暖的隔热层。在工程建筑（包括公路、铁路、水利等领域）中，PP 发泡材料可望作为保温隔热层用于防止路基被其下面的土壤冻胀损坏。PP 结构发泡材料（芯层发泡、表面光滑，简称 CD 板）的表面无须刨削加工，可用加工木材的工具和加工方法来加工，且具有可焊接、不吸水、不腐烂、不霉变，表面可以复合织物、金属片、薄膜、木纹片或膜，可用回收料来加工等特点。用 CD 板制备的建筑模板，不吸水、不粘水泥、透气性好，深得建筑施工人员的喜爱。此外，结构发泡的低发泡 PP 板材还可用作塑料野营房的门板、墙板和屋面板等。在 PP 发泡材料中加入增强纤维可以制得 PP 合成木材，PP 合成木材具有如下优点：

① 强度高 具有天然木材的弯曲强度及弹性模量，因此具有天然木材那样的承载能力。

② 热胀性低 其线胀系数与天然木材、钢、水泥相仿，低于铝和纤维增强塑料，更低于 ABS、PS、PU 等结构发泡材料。

③ 蠕变低 密度为 $0.47g/cm^3$ 的 PP 合成木材的蠕变模量是密度为 $0.62g/cm^3$ 的 PS 结构发泡材料的 $3\sim4$ 倍，与天然木材相仿，而其耐室外暴晒性则优于天然木材。

（4）绝缘和工业应用

PP 发泡材料的热导率比 PE 发泡材料低，绝热性能优良，因此可以作为高级保温材料使用，如蒸汽管、空调管的保温材料已经开始使用 PP 发泡材料。PP 发泡材料还可用于石油化工管道的保温材料，自来水管防冻保温套，以及热水管、暖房、储槽的热绝缘材料等。

由于 PP 发泡材料具有高耐热性，国外广泛将其用于 PS 发泡片材耐热性达不到要求的场合，如用作 $90\sim120℃$ 热载体循环蓄电池的隔热材料、发动机室和车间的隔热材料、暖气管的保温套等。

与 PS 发泡材料不同，PP 发泡材料容易弯曲，从而能够对各种工业罐和管道进行热绝缘。此外，PP 发泡材料还可用作工业垫圈、封油环、防震垫等。

（5）体育休闲

PP 发泡材料是水上漂浮救生器材的理想材料，可用于救生衣、救生圈芯材、冲浪板、海滨浴场的游泳打水材料以及水池罩等；PP 发泡材料还可用于制作体操毯、壁垫和运动垫等。

表 3.3 详细列出了 PP 发泡材料在汽车、包装、建筑、工业、体育休闲等领域应用的具体状况。

表 3.3 PP 发泡材料的详细应用状况

应用领域	主要性能	应用实例
缓冲包装	能量吸收性、表面柔软	计算机、高级医疗器具、精密仪器、声像材料、照相机、玻璃陶瓷、工艺品、各种家用电器包装用的角垫、衬垫、鞍垫、封装物、装箱插入物、覆盖片
食品包装	卫生无毒、耐食用油、化学稳定性、耐热性	盘、碟、碗、盒、盆、饮料杯、瓶用密封垫、肉品包装、微波炉餐具、一次性餐具
热绝缘	低热导率、耐热性	热水管、暖房、储藏室的绝缘，太阳能水加热器、空调保温管、高温蓄电池的隔热材料，发动机室和车间的隔热材料，暖器保温套、汽车顶棚、冷却器的隔热材料，液态气体的保温材料
汽车	轻质、热成型性、能量吸收性、耐热性、隔声	头枕、仪表板、门衬、方向盘、轮胎罩、行李舱内衬、座位靠背装饰、遮阳板、保险杠芯材、空调阻隔板、地毯支撑材料、顶板、侧护板、门内板吸能保护垫、缓冲垫、消声内插件、后置发动机分隔间、发动机护罩

应用领域	主要性能	应用实例
建筑	低热导率、低水蒸气透过性、吸声	密封剂支持物、伸缩缝填料、密封条、固化毯、铺地材料、屋顶衬料、建筑模板、合成木材
体育休闲	漂浮性、低吸水性、能量吸收性	救生衣、滑水带、冲浪板、游泳救护品、水池罩、体操毯、壁垫、运动垫、野营毯
工业应用	可压缩性、耐油性、漂浮性	垫圈、封油环、防震垫、浮筒、油栅、环状浮袋、护舷材

参考文献

[1] Rodriguez F. Principles of Polymer Systems [M]. New York：Hemisphere Pub. Corp，1989.

[2] Nojiri A，Sawasaki T，Koreeda T. Crosslinkable Polypropylene Composition [P]. US 4424293，1984.

[3] Alteepping J，Nebe J P. Production of Low Density Polypropylene Foam [P]. US 4940736，1990.

[4] 龚维，何颖，张纯，等. 二次开模距离对微发泡 PP 材料发泡行为的影响 [J]. 塑料科技，2011，39（12）：38-41.

[5] Yoshii F，Makuuchi K，Kikukawa S，et al. High-Melt-Strength Polypropylene with Electron Beam Irradiation in the Presence of Polyfunctional Monomers [J]. Journal of Applied Polymer Science，1996，60：617-623.

[6] Pesneau I，Champagne M，Gendron R，et al. Foam Extrusion of PP-EMA Reactive Blends [J]. Journal of Cellular Plastics，2002，38：421-440.

[7] 刘涛，张薇，张师军. 发泡珠粒 PP 材料的发展 [J]. 合成树脂及塑料，2004，21（4）：65-67.

[8] 龚维，张纯，何颖，等. 本征特性对聚苯乙烯及 PP 发泡行为的影响 [J]. 塑料助剂，2012（2）：44-48.

[9] 乔金梁，魏根栓，张晓红，等. 一种辐照发泡交联 PP 材料及其制备方法 [P]. CN1346843A，2002.

[10] Shirat Hidetomo. Production of Polypropylene Foam [P]. JP05032813，1993.

[11] 柳翼. 发泡用高熔体强度 PP 工业生产及其应用 [J]. 广东化工，2016，43（6）：71-72.

[12] Schaumburg M. High-Melt-Strength PP [J]. Plastics World，1997，55（7）：12.

[13] Khemani. K C. Polymeric Foams [M]. American Chemical Society：Washington D C，1997.

[14] Schlund B，Utracki L A. Linear Low Density Polyethylene and Their Blends：Part 3. Extensional Flow of LLDPE's [J]. Polymer Engineering and Science，1987，27（05）：380-386.

[15] Schlund B，Utracki L A. Linear low Density Polyethylenes and Their Blends：Part 5 Extensional Flow of LLDPE Blends [J]. Polymer Engineering and Science，1987，27（20）：1523-1529.

[16] Naguib H E，Park C B，Reichelt N. Fundamental Foaming Mechanisms Governing the Volume Expansion of Extruded Polypropylene Foams [J]. Journal of Applied Polymer Science，2004，

91 (4)：2661-2668.

[17] Durrill P L，Griskey R G. Diffusion and Solution of Gases in Thermally Softened or Molten Polymers：Part Ⅰ. Development of Technique and Determination of Data [J]. Aiche Journal，1966，12 (6)：1147-1151.

[18] Durrill P L，Griskey R G. Diffusion and Solution of Gases into Thermally Softened or Molten Polymers：Part Ⅱ. Relation of Diffusivities and Solubilities with Temperature Pressure and Structural Characteristics [J]. Aiche Journal，1969，15 (1)：106-110.

[19] Naguib H E，Park C B，Panzer U，et al. Strategies for Achieving Ultra Low-density Polypropylene Foams [J]. Polymer Engineering and Science，2002，42 (7)：1481-1492.

[20] 王鹄，马秀清. 成核剂对 PP 釜压发泡的影响 [J]. 中国塑料，2015，29 (03)：75-78.

[21] Spitael P，Macosko C W. Strain Hardening in Polypropylenes and Its Role in Extrusion Foaming [J]. Polymer Engineering and Science，2004，44 (11)：2090-2100.

[22] Yang H H，Han C D. The Effect of Nucleating Agents on the Foam Extrusion Characteristics [J]. Journal of Applied Polymer Science，1984，29 (12)：4465-4470.

[23] Cheung L K，Park C B. Effect of Talc on the Cell-population Density of Extruded Polypropylene Foams [J]. ASME，1996，76：81-90.

[24] Naguib H E，Park C B，Lee P C. Effect of Talc Content on the Volume Expansion Ratio of Extruded PP Foams [J]. Journal of Cellular Plastics，2003，39 (39)：499-511.

[25] Park C B，Cheung L K，Song S W. The Effect of Talc on Cell Nucleation in Extrusion Foam Processing of Polypropylene with CO_2 and Isopentane [J]. Cellular Polymers，1998，17 (4)：221-250.

[26] Behravesh A H，Park C B，Cheung L K，et al. Extrusion of Polypropylene Foams with Hydrocerol and Isopentane [J]. Journal of Vinyl and Additive Technology，1996，2 (4)：349-357.

[27] Park C B，Cheung L K. A study of cell nucleation in the extrusion of polypropylene foams [J]. Polymer Engineering and Science，1997，37 (1)：1-10.

[28] 吴舜英，徐敬一. 泡沫塑料成型 [M]. 北京：化学工业出版社，2000：83.

[29] 张玉霞，袁明君. PP 发泡技术进展 [J]. 中国塑料，1999，13 (04)：1-10.

[30] Uhlmann D R，Chalmers B，Jackson K A. Interaction between Particles and a Solid-liquid Interface [J]. Journal of Applied Physics，1964，35 (10)：2986-2993.

[31] Colton J S，Suh N P. Nucleation of Microcellular Foam：Theory and Practice [J]. Polymer Engineering and Science，1987，27 (7)：500-503.

[32] Colton J S，Suh N P. The Nucleation of Microcellular Thermoplastic Foam with Additives，Part Ⅰ：Theoretical Considerations [J]. Polymer Engineering and Science，1987，27：485-492.

[33] Colton J S，Suh N P. The Nucleation of Microcellular Thermoplastic Foam with Additives，Part Ⅱ：Experimental Results and Discussion [J]. Polymer Engineering and Science，1987，27：493-499.

[34] Behravesh A H，Park C B，Cheung L K，et al. Extrusion of Polypropylene Foams with Hydrocerol and Isopentane [J]. Journal of Vinyl and Additive Technology，1996，2 (4)：

349-357.

[35] Lee S T. Shear Effects on Thermoplastic Foam Nucleation [J]. Polymer Engineering and Science, 1993, 33 (7): 418-422.

[36] Amon M, Denson C D. A Study of the Dynamics of Foam Growth: Analysis of the Growth of Closely Spaced Spherical Bubbles [J]. Polymer Engineering and Science, 1984, 24: 1026-1034.

[37] Amon M, Denson C D. A Study of the Dynamics of Foam Growth: Simplified Analysis and Experimental Results for Bulk Density in Structural Foam Molding [J]. Polymer Engineering and Science, 1986, 26: 255-267.

[38] Shafi M A, Joshi K, Flumerfelt R W. Bubble Size Distributions in Freely Expanded Polymer Foams [J]. Chemical Engineering Science, 1997, 52 (4): 635-644.

[39] Li J, Ton-That M T, Tsai S J. PP-based Nanocomposites with Various Intercalant Types and Intercalant Coverages [J]. Polymer Engineering and Science, 2006, 46 (8): 1060-1068.

[40] Ratnayake U N, Haworth B. Polypropylene Clay Nanocomposites: Influence of Low Molecular Weight Polar Additives on Intercalation and Exfoliation Behavior [J]. Polymer Engineering and Science 2006, 46: 1008-1015.

[41] Chung T C. Metallocene-mediated Synthesis of Chain-end Functionalized Polypropylene and Application in PP/Clay Nanocomposites [J]. Journal of Organometallic Chemistry, 2005, 690 (26): 6292-6299.

[42] Wang Z M, Han H, Chung T C. Synthesis of Chain-End Functionalized PP and Applications in Exfoliated PP/Clay Nanocomposites [J]. Macromolecular Symposia, 2005, 225 (1): 113-128.

[43] GarcíA-López D, Picazo O, Merino J C, et al. Polypropylene-clay Nanocomposites: Effect of Compatibilizing Agents on Clay Dispersion [J]. European Polymer Journal, 2003, 39 (5): 945-950.

[44] Moncada E, Quijada R, Lieberwirth I, et al. Use of PP Grafted with Itaconic Acid as a New Compatibilizer for PP/Clay Nanocomposites [J]. Macromolecular Chemistry and Physics, 2006, 207 (15): 1376-1386.

[45] Gianelli W, Ferrara G, Camino G, et al. Effect of Matrix Features on Polypropylene Layered Silicate Nanocomposites [J]. Polymer, 2005, 46 (18): 7037-7046.

[46] Cui L, Paul D R. Evaluation of Amine Functionalized Polypropylenes as Compatibilizers for Polypropylene Nanocomposites [J]. Polymer, 2007, 48 (6): 1632-1640.

[47] GarcíA-López D, Picazo O, Merino J C, et al. Polypropylene-clay Nanocomposites: Effect of Compatibilizing Agents on Clay Dispersion [J]. European Polymer Journal, 2003, 39 (5): 945-950.

[48] Moncada E, Quijada R, Lieberwirth I, et al. Use of PP Grafted with Itaconic Acid As a New Compatibilizer for PP/Clay Nanocomposites [J]. Macromolecular Chemistry and Physics, 2006, 207 (15): 1376-1386.

[49] Leuteritz A, Pospiech D, Kretzschmar B, et al. Polypropylene-Clay Nanocomposites: Comparison of Different Layered Silicates [J]. Macromolecular Symposia, 2005, 221 (1): 53-62.

[50] Chavarria F, Nairn K, White P, et al. Morphology and Properties of Nanocomposites From Organoclays with Reduced Cation Exchange Capacity [J]. Journal of Applied Polymer Science, 2010, 105 (5): 2910-2924.

[51] Böhning M, Goering H, Andreas Fritz, et al. Dielectric Study of Molecular Mobility in Poly (Propylene-graft-maleic Anhydride) /Clay Nanocomposites [J]. Macromolecules, 2005, 38 (7): 2764-2774.

[52] Mlynarčiková Z, Kaempfer D, Thomann R, et al. Syndiotactic Poly (propylene) /Organoclay Nanocomposite Fibers: Influence of the Nano-filler and the Compatibilizer on the Fiber Properties [J]. Polymers for Advanced Technologies, 2010, 16 (5): 362-369.

[53] Lertwimolnun W, Vergnes B. Influence of Compatibilizer and Processing Conditions on the Dispersion of Nanoclay in a Polypropylene Matrix [J]. Polymer, 2005, 46 (10): 3462-3471.

[54] Varela C, Rosales C, Perera R, et al. Functionalized Polypropylenes in the Compatibilization and Dispersion of Clay Nanocomposites [J]. Polymer Composites, 2010, 27 (4): 451-460.

[55] Perrin-Sarazin F, Ton-That M T, Bureau M N, et al. Micro and Nano-Structure in Polypropylene/Clay Nanocomposites [J]. Polymer, 2005, 46 (25): 11624-11634.

[56] Wang Y, Chen F B, Li Y C, et al. Melt Processing of Polypropylene/Clay Nanocomposites Modified with Maleated Polypropylene Compatibilizers [J]. Composites Part B Engineering, 2004, 35 (2): 111-124.

[57] Vermogen A, Karine Masenellivarlot A, Séguéla R, et al. Evaluation of the Structure and Dispersion in Polymer-Layered Silicate Nanocomposites [J]. Macromolecules, 2005, 38 (23): 9661-9669.

[58] Li J, Ton-That M T, Leelapornpisit W, et al. Melt Compounding of Polypropylene-based Clay Nanocomposites [J]. Polymer Engineering and Science, 2007, 47 (9): 1447-1458.

[59] Zhu L, Xanthos M. Effects of Process Conditions and Mixing Protocols on Structure of Extruded Polypropylene Nanocomposites [J]. Journal of Applied Polymer Science, 2010, 93 (4): 1891-1899.

[60] Kim D H, Cho K S, Mitsumata T, et al. Microstructural Evolution of Electrically Activated Polypropylene/Layered Silicate Nanocomposites Investigated by in Situ, Synchrotron Wide-angle X-ray Scattering and Dielectric Relaxation Analysis [J]. Polymer, 2006, 47 (16): 5938-5945.

[61] Kim D H, Park J U, Cho K S, et al. A Novel Fabrication Method for Poly (propylene)/Clay Nanocomposites by Continuous Processing [J]. Macromolecular Materials and Engineering, 2006, 291 (9): 1127-1135.

[62] Lu H, Hu Y, Kong Q, et al. Influence of Gamma Irradiation on High Density Polyethylene/Ethylene-vinyl Acetate/Clay Nanocomposites [J]. Polymers for Advanced Technologies, 2004, 15 (10): 601-605.

[63] Touati N, Kaci M, Ahouari H, et al. The Effect of γ-Irradiation on the Structure and Properties of Poly (propylene)/Clay Nanocomposites [J] . Macromolecular Materials and Engineering, 2007, 292 (12): 1271-1279.

[64] Lee Y H, Park C, Sain M. Strategies for Intercalation and Exfoliation of PP/Clay Nanocom-

posites [C]. SAE 2006 World Congress and Exhibition，2006.

[65] Modesti M，Lorenzetti A，Bon D，et al. Thermal Behaviour of Compatibilised Polypropylene Nanocomposite：Effect of Processing Conditions [J]. Polymer Degradation and Stability，2006，91（4）：672-680.

[66] Modesti M，Lorenzetti A，Bon D，et al. Effect of Processing Conditions on Morphology and Mechanical Properties of Compatibilized Polypropylene Nanocomposites [J]. Polymer，2005，46（23）：10237-10245.

[67] 李春艳. 聚丙烯（PP）挤出增强结构发泡成型的研究 [D]. 北京：北京化工大学，2008.

[68] 何继敏. 聚丙烯挤出发泡过程的理论和实验研究 [D]. 北京：北京化工大学，2002.

[69] 郑云生. ⁶⁰Co-γ 辐照制备聚丙烯发泡珠粒 [D]. 北京：北京化工大学，2007.

[70] 李博轩，余坚，丁运生，等. [C_{14}MIM] Br 离子液体对聚丙烯超临界 CO_2 发泡性能的影响 [J]. 高等学校化学学报，2010，31（05）：861-863.

[71] 陈逸新，曹贤武. β 成核剂对聚丙烯发泡材料的结晶行为和发泡性能的影响 [J]. 塑料工业，2016，44（3）：63-68.

[72] 李浩，宋永明，王海刚，等. 滑石粉对微孔发泡木粉/聚丙烯复合材料结晶行为及泡孔结构的影响 [J]. 复合材料学报，2017（8）.

[73] 王传宝，应三九，肖正刚. 竹纤维改性聚丙烯超临界 CO_2 发泡性能的研究 [J]. 高分子学报，2011（12）：1419-1424.

[74] 赵武学，何力，朱艳，等. 竹粉对微发泡聚丙烯发泡行为的影响 [J]. 现代塑料加工应用，2010，22（4）：49-51.

[75] 龚维，刘克家，张纯，等. 无机粉体对微发泡聚丙烯复合材料力学行为的影响 [J]. 高分子通报，2011（12）：109-114.

[76] 龚维，鲍安坤，李宗华，等. 碳酸钙晶须对微发泡聚丙烯材料发泡行为的影响 [J]. 塑料，2010（3）：79-81.

[77] 段焕德，王昌银，王醴均，等. 三相存在下聚丙烯/纤维复合发泡材料的力学性能 [J]. 高分子材料科学与工程，2016，32（2）：71-77.

[78] 曹太山，何力，张纯，等. 纳米蒙脱土对聚丙烯微孔发泡行为的影响 [J]. 塑料，2009，38（6）：28-30.

[79] 胡圣飞，胡伟，陈祥星，等. 木粉/聚丙烯木塑复合泡沫材料吸能特性 [J]. 复合材料学报，2013，30（5）：94-100.

[80] 胡伟，陈祥星，李慧，等. 模压法制备高发泡聚丙烯/木粉复合泡沫材料 [J]. 塑料助剂，2012（5）：37-43.

[81] 胡圣飞，陈哲，范体国，等. 聚丙烯珠粒发泡研究进展 [J]. 高分子材料科学与工程，2016，32（4）：184-190.

[82] 张倩，何继敏. 聚丙烯结构发泡注塑成型研究进展 [J]. 塑料科技，2008，36（5）：78-81.

[83] 高长云. 聚丙烯交联发泡结构和性能的研究 [J]. 塑料工业，2009，37（1）：42-44.

[84] 吴清锋，周南桥，ChulB Parkh. 聚丙烯和弹性体 SBS 共混物的微孔发泡研究 [J]. 现代塑料加工应用，2009，21（5）：19-22.

[85] 陈明杰，马卫华. 聚丙烯共混体系结晶行为及发泡性能研究 [J]. 工程塑料应用，2014（8）：1-5.

[86] 刘有鹏，张师军，郭鹏，等. 聚丙烯发泡珠粒的双熔融峰形成及影响因素 [J]. 石油化工，2013，42（9）：1019-1022.

[87] 熊业志，刘月香，胡圣飞，等. 聚丙烯发泡珠粒的结晶熔融行为与发泡特性 [J]. 高分子材料科学与工程，2016，32（9）：49-53.

[88] 杨继年，许爱琴. 聚丙烯发泡成型技术的研究进展 [J]. 机械工程材料，2012，36（8）：1-5.

[89] 李彩凤，应三九，肖正刚. 聚丙烯/纳米二氧化钛复合材料的超临界流体微孔发泡 [J]. 高分子材料科学与工程，2012，28（7）：124-127.

[90] 熊业志，王学林，张荣，等. 聚丙烯/木粉釜压珠粒发泡研究 [J]. 塑料工业，2016，44（5）：62-65.

[91] 许红飞，黄汉雄，王建康. 聚丙烯/聚苯乙烯共混物超临界流体微孔发泡的研究 [J]. 塑料，2008，37（2）：14-18.

[92] 赵丽萍，殷嘉兴，张祥福，等. 聚丙烯/滑石粉微发泡材料力学性能及发泡行为的研究 [J]. 上海塑料，2016（3）：55-58.

[93] 孙晓辉. 聚丙烯/高密度聚乙烯共混物超临界流体的微孔发泡 [J]. 塑料，2010，39（6）：56-59.

[94] 陈哲，胡圣飞，张荣，等. 聚丙烯/超高摩尔质量聚乙烯釜压发泡材料的研究 [J]. 塑料工业，2016，44（11）：99-103.

[95] 夏青，信春玲，赖进枝，等. 基于非连续超临界 N_2 注气系统的聚丙烯发泡注塑工艺参数 [J]. 塑料，2012，41（3）：73-76.

[96] 杨霄云，王爱东. 化学交联模压发泡聚丙烯的研究 [J]. 合成材料老化与应用，2011，40（1）：24-28.

[97] 张壮，许治昕，郑安呐，等. 工艺温度对超临界 CO_2 发泡聚丙烯泡孔结构的影响 [J]. 华东理工大学学报：自然科学版，2010，36（5）：655-661.

[98] 刘涛，张薇，张师军. 高发泡倍率聚丙烯泡沫材料的研制 [J]. 合成树脂及塑料，2005，22（6）：24-27.

[99] 彭朝荣，刘思阳，张婧，等. 高发泡倍率辐射交联聚丙烯泡沫的制备 [J]. 塑料工业，2010，38（11）：76-79.

[100] 刘有鹏，吕明福，郭鹏，等. 釜式法制备聚丙烯发泡珠粒研究进展 [J]. 合成树脂及塑料，2012，29（6）：44-48.

[101] 钟果平，崔志鹏，张丽叶. 辐照交联聚丙烯发泡材料的制备工艺 [J]. 塑料，2010，39（1）：12-15.

第4章
Chapter 4

聚苯乙烯发泡剂替代技术及其发泡材料

4.1 聚苯乙烯树脂概述

聚苯乙烯（PS）是由苯乙烯聚合而成的热塑性树脂，其具有包括全同、间同和无规在内的三种立构。它主要分为通用级 PS、高抗冲级 PS 和发泡 PS，属五大通用热塑性合成树脂之一。

PS 成品呈无色透明状，一般为非晶态的无规立构聚合物，具有无毒、无味、高透光率和高透明度等特点。PS 易于着色，加工性能优异，并且具有较强的刚性，出色的耐腐蚀性，价格相对低廉。因此，PS 在制造餐具、汽车用零部件、包装减震材料、建筑材料、塑料玩具、家用电器及各种日用品方面的应用非常广泛。

由于 PS 属于无定形聚合物，其发泡成型加工窗口比较宽，可以通过温度变化有效调控 PS 熔体强度。所制得的 PS 泡沫具有封闭的泡体结构，综合性能十分优异，如绝热性能优异持久、吸水率较低、尺寸稳定性好、抗蒸汽渗透性优良、压缩强度高等，在诸多领域得到了广泛应用。因此，在 PS 发泡研究方面，PS 原料自身无须改性，更多的研究集中在发泡剂的替代技术上。

4.2 发泡剂替代技术

在 PS 发泡历史上，最先被采用的发泡剂是氯氟烃（CFCs），因其对臭氧层的破坏力很强，在 1987 年《蒙特利尔协议》签订以后被禁止使用。随后出现的新一代发泡剂是氢氯氟烃（HCFCs），如 HCFC-142b。HCFCs 尽管对臭氧层破坏力很小，但并不是零臭氧消耗值的气体。2010 年前后，HCFCs 也逐渐被世界各国禁止使用。

目前，可以被利用的替代发泡剂有 CO_2、氢氟烯烃（HFO）、氢氟烃（HFC）以及它们的混合物等。这些发泡剂中，CO_2 具有来源广、无毒无害、对环境友好等优点，被看作是替代 HCFC-22 和 HCFC-142b 发泡剂的优先选择，但 CO_2 也存在聚合物中的溶解度比较低，扩散系数比较高，加工时需要较高的压力的缺点。HFC 具有无毒、不燃、分子量低、渗透系数小等优点。HFC 具有在 PS 熔体中溶解度低，增塑效果差的缺点；但与 CO_2 相比，HFC 又具有热导率和渗透率低的优点，有利于泡沫材料绝热性能的提高。

4.2.1 CO₂及其组合发泡剂发泡技术

CO_2 作为一种新型发泡剂，近年来被人们当作一种 CFC 和 HCFC 发泡剂的替代物。CO_2 作为 PS 发泡的物理发泡剂是当前研究的热点之一，具有以下优点：

① 来源广泛，价格低廉　石化企业和酿造企业的副产物中含有大量的 CO_2，经提纯后即可使用，天然 CO_2 气井也能产出 CO_2 气体，CO_2 的价格仅为 1000 元/t，远低于烃类发泡剂和氢氟类发泡剂。

② 安全　CO_2 为惰性发泡剂，无色无味，没有毒性，与烃类发泡剂相比没有燃烧极限，没有易燃易爆的安全问题。

③ 环境友好　CO_2 的全球变暖潜值（GWP）为 1，远低于氢氟烃发泡剂，对环境影响小。

在 PS 进行超临界 CO_2 挤出发泡过程中，工艺参数的调控是非常重要的。有研究表明，挤出机口模拉伸收敛对减小泡孔尺寸、增大泡孔密度有促进作用。挤出机口模温度对泡孔形态的影响较大，温度越高，泡孔尺寸越大，且合并现象越明显。随着挤出机口模压力的升高，泡孔尺寸出现先减小后增大的趋势。CO_2 的注气流量对复合材料的挤出发泡行为影响较为明显。一般情况下，注气流量存在一个最佳值，可使泡孔形貌较好。

为了探明 PS 进行超临界 CO_2 挤出发泡过程中发泡剂溶解度受温度和压力的影响，有研究发现，PS/CO_2 溶液的临界压力随着温度的上升而增大，即在较高的温度下聚合物熔体自由体积的增大使得气泡更容易成核。而溶液的临界压力一般在 $6 \sim 7MPa$ 左右，所以实验过程中机头压力至少要保持在 7MPa 以上才能防止提前发泡（亦称预发泡）。

不同类型添加剂对 PS 超临界 CO_2 挤出发泡也会产生很大的影响。单脂肪酸甘油酯（GMS）母粒作为泡孔稳定剂的添加会降低树脂的黏度。母粒中含有的多组分 GMS 和少组分 EVA 共同影响制品的表观密度、平均泡孔直径、泡孔密度等参数。在 GMS 添加量为 1.05%（质量分数），EVA 添加量为 0.45%（质量分数）时，制品的平均泡孔直径最小，泡孔密度最大。添加国外复合阻燃剂母粒或国产六溴环十二烷阻燃剂母粒都会降低树脂的黏度，国产阻燃剂的降黏效应更强，但体系的黏度并不随复合阻燃剂添加量的增加而持续下降，而是呈现先下降后上升的趋势。在国外复合阻燃剂质量分数为 3.5% 时，发泡制品的表观密度和平均泡孔直径最小，泡孔密度最大，开孔率较低。阻燃剂的添加对于PS具有明显的阻燃效果，国外复合阻燃剂质量分数在3.5%时，氧指数达到最大值，而自熄时间在阻燃剂质量分数为7%时达到最小值。

不同的发泡工艺条件对PS的釜压发泡材料性能也有着重要影响。随发泡温度的升高，PS发泡试样泡孔尺寸增大，泡孔密度下降，而泡沫表观密度呈现先降低后升高的趋势，发泡倍率与此相反；延长保压时间和增大保压压力，可提高试样的发泡效果。

不同类型的填料对PS超临界CO_2釜压发泡有着很大的影响。研究表明，加入氧化石墨烯不仅可以提高PS树脂基体的T_g、储能模量、热稳定性，还可以起到异相气泡成核剂的作用，提高泡孔密度，降低泡孔尺寸。在PS树脂中加入纳米石墨也可以起到类似的作用，而且采用原位聚合方法制备的PS/纳米石墨复合材料的发泡效果更好，可以被用来制备微孔泡沫。

但是CO_2作为单一发泡剂存在以下缺点：①沸点较低，T_m下的蒸气压高，造成加工装备的系统工作压力较高。一般而言，采用CO_2作为发泡剂，系统工作压力为20MPa甚至更高。②由于系统的压力高，导致发泡过程中的压力降Δp过大，造成膨胀的速度快，对PS树脂的性能和品质提出了严格要求，品质较差的回收料开孔率高。③溶解度较低，扩散和渗透系数高，导致制品的密度高，通常无法达到30倍的发泡倍率，通过提高系统压力的措施增加溶解度提高了对PS物料的性能要求。④由于具有沸点低的特性，加工过程中极易发生预发泡，对制品的表面质量提出挑战。⑤较宽和较厚的制品的成型非常困难，1200mm宽的挤塑发泡聚苯乙烯（XPS）板材和厚度超过80mm的制品加工比较困难。⑥CO_2发泡剂的储存、输送和计量有一定难度。⑦CO_2的热导率高，对制品的绝热能力造成不利的影响。

基于以上原因，要利用CO_2作为发泡剂时，需要进行一定的发泡剂组合，以弥补CO_2发泡剂单独使用时的不足。CO_2组合发泡剂具有以下三个突出优点：①对聚合物有增塑作用；②良好的低温加工性；③对泡体结构有调控性。

能够与CO_2组合的其他发泡剂通常多为醇类或酮类，通过多台注入泵计量、混合在一起后进行发泡，来达到预定的性能要求。组合发泡剂的应用能够有效降低成本，满足不同的发泡能力需要，提高溶解度，降低扩散系数，降低系统压力，使成型加工工况更加稳定和可靠，提高产品的性能（例如尺寸稳定性、绝热性能），保护环境，以及满足国家和行业发展的需要等。

目前，可以与CO_2混合后进行PS挤出发泡的其他组分发泡剂有乙醇、丙酮、水或氟代烃等。其中，以乙醇和CO_2混合作为复合发泡剂进行PS挤出发泡的研究相对较多，技术亦相对成熟，制得的XPS泡沫表观密度低至25kg/m³，CO_2与乙醇的混合比例一般在（3:7）~（1:1）之间。

为了探明乙醇作为发泡剂某一组分对 PS 发泡过程的影响，有人曾采用 CO_2 和乙醇混合物作为物理发泡剂对 PS 挤出发泡行为的影响进行研究。研究发现，随着发泡剂总含量的增加，熔体黏度明显下降，反映到应力-剪切速率曲线上，显示为应力-剪切速率曲线向高速率方向移动，如图 4.1 所示。

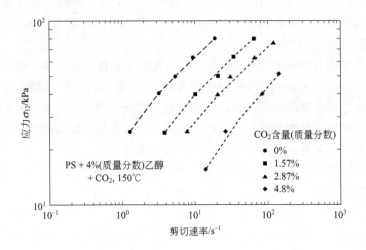

图 4.1　150℃下，采用不同含量乙醇和 CO_2 组合与 PS 共混后的应力-剪切速率曲线

　　一般而言，发泡剂的加入会增加聚合物分子链的间距，削弱分子链间作用力进而起到增塑的效果。由于 CO_2 和乙醇的分子量十分相近（CO_2 为 44，乙醇为46），可以推测出乙醇分子中羟基产生的极性不影响它与 PS 之间的相互作用。而 CO_2 对 PS 的增塑程度则表现出十分有趣的现象，即存在一个逾渗值，当 CO_2 质量分数大于 4% 以后，其对 PS 的增塑程度会受到限制。假如将 CO_2 与乙醇混合后，这种限制将失效，表现出与乙醇一样的增塑效果。通过研究发现，任何发泡剂混合后对 PS 增塑导致的 T_g 下降曲线的斜率是一个常数，这表明各自发泡剂的增塑作用是一个简单的数学加和。

　　采用游标卡尺测量挤出发泡样品的径向膨胀尺寸，可以表征不同发泡剂组合比例及发泡样品距机头距离对发泡样品径向膨胀尺寸的影响。有研究表明，随着 CO_2 质量分数的增加，泡孔增长起始阶段会逐渐提前。当 CO_2 质量分数超过 2% 以后，其变化对泡孔增长起始阶段的影响变弱。当 CO_2 质量分数达到 3% 时，径向膨胀尺寸达到极值。乙醇在组合发泡剂中的加入及含量变化对气泡成核与气泡增长起始时间没有影响，但对最终膨胀尺寸有较大的影响，还能减弱泡沫制品表面的褶皱问题。

　　有读者可能会提出可不可以单独使用乙醇作为发泡剂进行 PS 挤出发泡的问题。其实，单独使用乙醇作为物理发泡剂进行 PS 挤出发泡不是理想的选择，因为乙醇发泡制品的密度最低（只能达到 $125kg/m^3$），一般泡孔直径在 $1mm$ 以上。如果单独使用 CO_2 作为物理发泡剂进行 PS 挤出发泡，则表现出与乙醇不同的现象：起初，随着 CO_2 质量分数的增加（在 2%以内），泡沫制品密度大幅下降。CO_2 质量分数继续增加，可能会出现泡孔变形（破裂或开孔现象增加），但泡孔尺寸会进一步减小。当 CO_2 质量分数超过 4%以后，受溶解度的限制，会出现很多破裂的泡孔。因此，为了克服 CO_2 和乙醇在发泡过程中各自存在的缺点，通常考虑采用二者复合发泡剂的形式进行 PS 挤出发泡。

为了提高高温高压下 CO_2 在烷基醇类中的溶解性，有研究人员将丙醇与 CO_2 的混合物作为物理发泡剂对 PS 进行挤出发泡研究。他们提出，热塑性聚合物的发泡过程一般包括熔体中发泡剂均相溶液的形成，压力降诱发的气液两相的分离，熔体中泡孔的增长，泡孔冷却定型。压力-体积-温度-组成四者之间相互关系的定量试验测试是分析多元组分体系的有效方法。另外，由桑切斯和拉康姆发明的热力学物态方程模型是研究发泡剂二元组分相互作用参数的工具。

采用 CO_2 与乙醇组合物理发泡剂对 PS 进行连续挤出发泡，提高 CO_2 的用量更有利于增大泡孔成核数量和减小泡孔尺寸，而提高乙醇用量可以增大泡孔尺寸，提高发泡剂总量，有利于降低泡沫表观密度。加入两种成核剂（滑石粉和碳酸盐类成核剂）后发现，滑石粉和碳酸盐类成核剂都能够起到良好的气泡成核作用，可以获得较小的泡孔尺寸和较高的泡孔密度，从而降低材料的热导率，提高材料的压缩强度。碳酸盐类成核剂的成核效率明显高于滑石粉，而且不会因为添加量过大造成发泡板材性能的下降，添加 0.5phr 碳酸盐类成核剂时，PS 挤出发泡板的表观密度达到 $0.044g/cm^3$，泡孔密度达到 $1.9 \times 10^7 cells/cm^3$，压缩强度达到 2.77MPa。

除了将 CO_2 与醇类混合作复合发泡剂外，采用物理发泡剂和化学发泡剂混合后的组合发泡剂进行 PS 连续挤出发泡成型，也是一个不错的发泡形式。其中，物理发泡剂 CO_2 作主发泡剂，用于 PS 发泡有利于环保；化学发泡剂作助发泡剂，可以弥补 CO_2 在发泡过程中的损失并改善泡孔形态，还有可能起到气泡成核剂的作用。

在高温下，CO_2 的扩散系数很大，大部分气体扩散到大气中。化学发泡剂在受热的情况下分解产生气体，在一定程度上弥补了发泡过程中的物理发泡剂的不足，使样品有更大的泡孔尺寸和发泡倍率。有研究表明，当发泡温度为 120℃，CO_2 注气量为 5mL/min，化学发泡剂用量为 3phr 时，样品具有最佳的泡孔形态，发泡倍率为 18.4，泡孔密度为 $3.5 \times 10^6 cells/cm^3$。

由于乙醇是一种易燃易爆物质，所以实际加工中有一定的安全风险。水作为一种新型发泡剂，兼具无毒、易得、无副产物等优点，是一种较理想的绿色发泡剂。采用水和 CO_2 作为复合发泡剂进行 PS 发泡也是一种不错的发泡方法。有研究表明：CO_2/水复合发泡剂比纯 CO_2 在 PS 中的吸附量多，这有利于制备低密度的 PS 发泡材料；使用 CO_2/水复合发泡剂，相比于单独使用 CO_2，得到的 PS 发泡制品的表观密度减小，泡孔直径增大，泡孔密度降低；使用 CO_2/水复合发泡剂在适宜的条件下制备出的 PS 发泡材料的表观密度最低为 $0.058g/cm^3$，泡孔直径分布在 $15\sim100\mu m$ 之间，泡孔密度分布在 $1.8\times10^8\sim37.5\times10^8 cells/cm^3$ 之间。

4.2.2 HFC-134a 及其组合发泡剂发泡技术

在 XPS 制备中，组合发泡剂的引入起初是为了复制 CFCs 的物理性质。例如将 HCFC-142b 和 HCFC-22 混合，或者将 HCFC-142b 和氯乙烷混合来代替 CFC-12。

HFCs（如 134a）臭氧消耗值（ODP）为 0，与 CO_2 相比，化学结构上更接近 CFC-22 和 HCFC-142b，具体物理性质见表 4.1。但是 HFC-134a 在 PS 熔体中的溶解度很低，单独作为发泡剂无法得到低密度的 XPS 制品。

表 4.1　HFC-134a 和 CO_2 的基本物理性质

基本物理性质	HFC-134a	CO_2
分子量	102.3	44.01
沸点/℃	-26.4	-78.45
临界温度/℃	101.3	31.05
临界压力/MPa	4.06	7.38
饱和压力(25℃)/Pa	0.66	6.43
热导率(25℃)/[mW/(m·K)]	13.6	16.6
ODP	0	0
$GWP_{100年}$	1300	1

值得提出的是，在 PS 挤出发泡过程中，HFC-134a 作为物理发泡剂是一种超临界状态。实验证明，在典型的挤出发泡工况（150℃，7MPa）下，仅有 8%（质量分数）的 HFC-134a 能溶解到 PS 熔体中，而 HFC-134b 能溶解超过 12%（质量分数），CO_2 能溶解大约 3%（质量分数）。HFC-134a 对 PS 的增塑效果与 HCFC-142b 在相同发泡剂浓度下对 PS 的增塑效果相当。

不同的螺杆构型对采用 HFC-134a 作为物理发泡剂进行 PS 挤出发泡有很大的影响，图 4.2 列举了四种不同的螺杆构型。

从图 4.2 可以看出，螺杆 1 中的分布混合是通过齿轮元件和齿形元件完成的，螺杆 3 和 4 中强烈的混合作用主要通过齿形元件后面的捏合块来完成，螺杆 2 作为对比，没有加入任何混合元件。为了阻止发泡剂向喂料斗方向逃逸，在注入口上游阶段加入了一段反向螺纹元件。

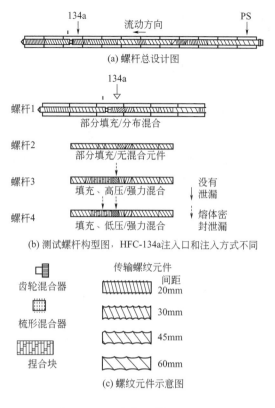

图 4.2　不同螺杆及其构型示意图

研究表明，螺杆 1 的混合效果及发泡剂的溶解是最好的。螺杆 2 的实验结果最差。由于螺杆 3 中含有捏合块，使得 PS 熔体与发泡剂混合比较好，但是存在熔体密封性差的缺点。螺杆 4 同样存在熔体密封性差的缺点，物理发泡剂注入量一般不能大于 4%（质量分数）。

在 HFC-134a 组合发泡剂技术方面，可以将 HFC-134a 与 CO_2 进行组合，组合后发泡剂在 PS 熔体中存在一个最大极限值。添加 HFC-134a 超过 7phr，或者添加 CO_2 超过 2phr 会导致泡沫材料泡孔尺寸急剧减小，开孔率和泡孔塌陷增多。

水也可以与 HFC-134a 作组合发泡剂，水可以起到三方面的作用：一是能够增加发泡剂的气体物质的量；二是不会显著降低泡孔尺寸；三是水分子量比较低，性质较温和且不可燃。但是水在 PS 熔体中的溶解度非常低，一般在 0.3phr以下。

还有文献报道称，将环戊烷与 HFC-134a 混合可以有效提高发泡剂在 PS 熔体中的溶解度，并且能够降低泡沫板材的表观密度，同时降低生产成本。

4.2.3　HFO 发泡技术

HFO 分子中至少含有一个双键，这个双键能够与对流层或平流层中的羟基自由基或者其他小分子反应，然后在光辐射下很快消失，它的生命周期很短。HFO 的大气寿命比普通的烯烃要长一些，但对温室效应的影响很小。

碳原子数在 2～4 的 HFO 作为绝缘发泡剂替代 HFC-134a 是有很大可能性的。选择 HFO 作为发泡剂的标准通常包含以下七个方面：①无毒；②ODP 为 0，GWP 很小；③不燃或难燃；④较低的分子量，以保证发泡所需要的足够的含量；⑤高温下在熔体中有较高的溶解度；⑥低温下在熔体中具有较低的溶解度，以减少增塑作用和增加泡沫尺寸稳定性；⑦低扩散速率，以保证泡沫的长期热导率。

研究表明，HFO-1261zf 具有良好的溶解性和较高的扩散系数，即使在很高的添加量的情况下，HFO-1261zf 作为物理发泡剂也能生产出规则的大泡孔和低密度泡沫，是一种发泡性能优异的发泡剂。HFO-1243zf 和 HFO-1234ze 也是替代 HFC-134a 不错的发泡剂。组合发泡剂能够减少泡孔成核，同时控制泡孔形态。HFO-1234yf 在 PS 熔体中的溶解度不是很高，不太适合作 HFC-134a 的单一替代发泡剂。HFO-1225 及其同分异构体有剧毒，也不适合作为 XPS 泡沫的物理发泡剂。

笔者研究团队曾采用乙醇和 CO_2 组成的双组分发泡剂制备 XPS 泡沫板材，采用 HFO-1234ze 作为第三组分发泡剂，考察了发泡温度和 HFO-1234ze 用量对 XPS 泡沫板材性能的影响。研究发现，当发泡温度为 120℃时，泡沫的综合性能最优；HFO-1234ze 的加入在 XPS 泡沫板材制备中不会诱发明显的成核，而且会促进泡孔的增长；加入 HFO 可以显著降低 XPS 的热导率。

4.3　聚苯乙烯共混发泡材料

4.3.1　PS/聚烯烃共混发泡

在 PS/聚烯烃共混发泡体系中，不同的 PS 含量会导致不同的共混体系相态结构，其与发泡性能有着非常密切的关系。在这些共混发泡体系中，尤以 PS/PP 和 PS/聚甲基丙烯酸甲酯（PMMA）共混发泡居多。

4.3.1.1　PS/PP 共混发泡

将 PS 和 PP 进行共混发泡过程中发现：①由于两相相容性较好，PP 可以很均匀地分散在 PS 中；②PS 相和 PP 相的界面结合较弱，两相之间存在很高的界面张力，结晶型的 PP 可以充当 PS 发泡过程中的气泡异相成核剂，提高泡孔数量，降低泡沫尺寸；③PP 相可以作为 CO_2 的"储存器"，能够提高 CO_2 穿越相界面的扩散速率；④在 PS/PP 共混体系中加入纳米黏土可以进一步改善共混体系的发泡性能，随着纳米黏土用量的增加，平均泡孔尺寸减小，泡孔密度增加，可以制得微孔泡孔塑料；⑤CO_2 在 PP 中的溶解度较 PS 中的溶解度高，引入 PP 能够提高整个共混物对 CO_2 的溶解度。

通过在 PS/PP 共混体系中添加不同长度 PS 分子链的聚丙烯接枝聚苯乙烯（PP-g-PS）作为增容剂调控分散相的形态结构，进而控制发泡性能也是一个常用的改性方法。PS 和 PP 的界面处有较低的气泡成核能垒，界面相容性增加后，能有效降低发泡剂气体逃逸，从而为泡孔增长保留足够的气体，PS 共混物发泡试样的发泡倍率增加。

4.3.1.2　PS/PMMA 共混发泡

第一种制备 PS/PMMA 共混发泡体系的方法是将 PS 和 PMMA 直接熔融共混后进行发泡。由于 CO_2 在 PMMA 中的吸附量远高于其在 PS 中的吸附量，所以在 PS 中加入 PMMA，有利于发泡体系 CO_2 溶解度提高，并且 CO_2 在 PS/PMMA 共混物中的稳定性较好。CO_2 在 PS/PMMA 共混物中的溶解度随温度的升高，先增大后减小。PS 泡沫制品的表观密度随着 PMMA 含量的增加，呈现出先减小后增大的变化趋势。与纯 PS 泡沫制品相比，PS/PMMA 共混泡沫的表观密度仍然比较低。

第二种制备 PS/PMMA 共混发泡体系的方法是先将甲基丙烯酸酯（MMA）与偶氮二异丁腈（AIBN）混合，再把 PS 颗粒加入其中，混合均匀后倒入模具中加热引发 MMA 聚合，形成 PMMA 与 PS 的共混物体系，最后通过 CO_2 快速泄压法制备泡沫材料。可以通过改变发泡温度和 PS/MMA 混合比例控制泡孔成核数量和泡孔尺寸，降压速率越快，泡孔尺寸越小，泡孔密度越大。还可以通过调节交联剂的含量控制 PMMA 相的弹性变化，进而实现 PMMA 相和 PS 相泡孔成核速度不同，最终得到小泡孔在 $10 \sim 30 \mu m$、大泡孔在 $200 \sim 400 \mu m$ 的复合泡孔结构。随着交联剂含量的增加，PMMA 相的弹性增加，大小泡孔的尺寸都减小。随着初始 MMA 单体含量的增加，泡孔壁成核的小泡孔的数量逐渐增加。

4.3.1.3　PS/PE 共混发泡

由于 PE 和 PP 的性质相近，都属于结晶型聚合物，在 PS 中加入 PE 可以起到与 PP 相类似的异相气泡成核效果，即显著减小发泡材料的泡孔孔径，提高泡孔密度。具体应用时，可以根据不同使用要求，控制发泡工艺条件，调整 PS/PE 共混体系发泡后的泡孔孔径等形貌特征。有研究表明，当 PS 质量分数为15%时，微孔发泡共混材料的密度最小，泡孔分布均匀且孔径较小。

4.3.1.4　PS/其他聚烯烃共混发泡

笔者研究团队采用溶解-聚合方法制备了 PS/交联 PS 的共混物，通过调整单体部分的含量控制 PS/交联 PS 共混物中的交联度，从而调控交联点的数量和分布；采用釜压发泡法制备了 PS/交联 PS 共混泡沫，研究了交联点数量和分布与 PS/交联 PS 共混泡沫的泡孔形态之间的关系。研究发现，适量的交联单体可以使交联点均匀地分散在 PS 基体中，单体添加量过高，交联部分不能均匀地分散在线型部分中，使部分区域交联度过高；PS/交联 PS 共混物的熔体强度会随着单体用量的增加而先减小后增大；在 PS/交联 PS 共混体系中，交联点可以起到异相成核剂的作用，表现出显著的异相成核行为，在苯乙烯（St）用量为 24phr时，PS/交联 PS 共混物泡沫的泡孔密度可达到 $1.6 \times 10^8 \mathrm{cells/cm^3}$。

笔者研究团队采用同样的溶解-聚合方法制备了 PS/交联聚丙烯酸甲酯（PMA）的共混物和 PS/交联苯乙烯-丙烯酸甲酯共聚物［P(St-MA)］共混物，并研究了 PS/交联 PMA 和 PS/交联 P(St-MA) 共混物结构和性能对共混物泡沫形态结构的影响。研究发现，与 St 相比，MA 单体与 PS 溶解的过程中存在相容性差的问题，浓度过大时，聚合时容易导致局部交联点密度过高，从而使分散性下降；使用 St 作为共聚单体，能够提高 MA 和 AIBN 在 PS 中分散的均匀程度，由于 MA 的活性较高，可减少线型 PS 部分的降解，从而降低体系的凝胶率；MA 的引入能提高体系的成核效率，PMA 的表面张力高，其成核效率比交联 PS 中的交联点的成核效率高，并且 MA 的加入能够提高体系中 CO_2 的溶解度，从而可获得泡孔密度高、泡孔尺寸大、表观密度低的 PS 发泡材料，MA 含量为9.6phr 时，PS/交联 P(St-MA) 共混物泡沫为泡孔密度 $1.01 \times 10^8 \mathrm{cells/cm^3}$，平均泡孔直径 $98\mu\mathrm{m}$，表观密度 $0.026\mathrm{g/cm^3}$ 的低密度泡沫。

4.3.2　PS/聚酯共混发泡

4.3.2.1　PS/聚碳酸酯共混发泡

将 PS 与聚碳酸酯（PC）共混后，采用快速升温法，在相对较低的压力下可以制备微孔发泡材料。研究表明，PS 需要 18h 达到吸附平衡，而 PC 和 PS/PC（8∶2）需要 36h 才能达到平衡吸附。研究还发现，在 PS/PC（8∶2）共混物中，泡孔优先在 PS 相中成核并生长。

也可以采用 AC 发泡剂进行模压化学发泡，制备 PS/PC 微孔泡沫材料。研究表明，需要在共混体系中加入成核剂，可以显著提高泡孔数量，降低孔径。但随成核剂粒径变小，泡孔变得稀疏且不规则，泡孔密度依次变小，孔径呈增大趋势；成核剂含量较少时，泡孔密度和孔径均较小，成核剂含量增加有利于提高微孔密度，同时孔径会减小，但成核剂含量过多时成核剂粒子本身易团聚，泡孔之间作用变大，易合并和破裂，泡孔结构的连续性和规整性下降。AC 含量较少时，泡孔密度和孔径均较小，AC 含量增加有利于提高泡孔密度和孔径，但 AC 含量太多，会造成泡孔的合并及破裂，泡孔结构连续性和规整性下降。

4.3.2.2　PS/PLA 共混发泡

将 PLA 与 PS 共混后，采用 CO_2 为发泡剂进行釜压发泡，制备微孔发泡材料，可以应用到组织工程支架方面。在该共混物发泡过程中，随着发泡温度的升高和发泡时间的延长，孔径逐渐变小。有研究认为这是由于在发泡过程中，材料内部首先形成无数的泡沫初核，不同的发泡温度意味着不同的发泡能量，它们将产生不同数量的泡沫初核，这些泡沫初核随着发泡时间的延长逐渐长大，在未达到发泡能量极值/临界点之前，溶解吸附在聚合物矩阵中的 CO_2 气体在发泡能量的驱使下，不断地从聚合物矩阵中扩散到成型的泡沫气核中，促使了泡沫的长大，泡沫的孔径尺寸呈现递增趋势；但在超过发泡能量极值/临界点之后，由于发泡能量过高，高温致使聚合物材料软化，无法继续支撑过度膨胀的气泡，因而一部分气体将从破裂的材料表皮或侧面逸出，从而导致泡沫壁破裂、坍塌，使得泡沫孔径尺寸减小。

笔者研究团队采用熔融共混的方法制备了 PS/PLA 共混物，采用反应型增容剂调控 PLA 分散相在 PS 中的颗粒数量、分布和结晶度。研究发现，反应型增容剂可以起到很好的增容作用；由于使 PLA 的分子链由线型结构变为支化结构，导致等温结晶过程中的结晶度降低；PLA 作为分散相在 PS/PLA 共混物的发泡过程中能够起到异相成核剂的作用，使泡孔数量明显增加；PLA 的结晶能够阻碍气体的扩散，通过调控 PLA 分散相的颗粒密度和 PLA 的结晶度，可获得泡孔密度 9.27×10^7 cells/cm³、平均泡孔直径 $66.64 \mu m$、表观密度 0.045g/cm³ 的 PS/PLA 共混物泡沫材料。

4.3.2.3　PS/聚对苯二甲酸乙二醇酯-1,4-环己烷二醇酯（PETG）共混发泡

笔者研究团队采用熔融共混的方法制备了 PS/PETG 共混物，然后采用釜压发泡法制备了 PS/PETG 共混物泡沫；采用二次降压法调控泡沫的成核和增长过

程，制备复合泡孔结构的 PS/PETG 共混物泡沫。研究发现，PS/PETG 的配比、混炼温度、密炼机转速对于 PS/PETG 共混物的相态结构有影响；分散相颗粒密度高、均匀度高，有利于提高泡孔密度和泡孔尺寸的均匀度；通过调整混炼工艺，可以使 PS/PETG 共混物的分散相颗粒密度提高到 3.3×10^{11} cells/cm^3，使用该共混物发泡可以获得泡孔密度 2.9×10^9 cells/cm^3、平均泡孔直径 7.65μm 的微孔泡沫塑料；通过控制第一次压力降和其后的保压时间可以获得具有复合泡孔结构的共混物泡沫材料，在第一次压力降为 2.5MPa、保压时间 20min 的条件下，可以获得大泡孔平均泡孔直径 220.8μm、泡孔密度 6.3×10^5 cells/cm^3，小泡孔平均泡孔直径 58.4μm、泡孔密度 2.6×10^7 cells/cm^3 复合泡孔结构的 PS/PETG 共混物泡沫。图 4.3 是在不同的第一次压力降和保压时间 20min 下的 PS/PETG 共混物泡沫断面 SEM 照片。

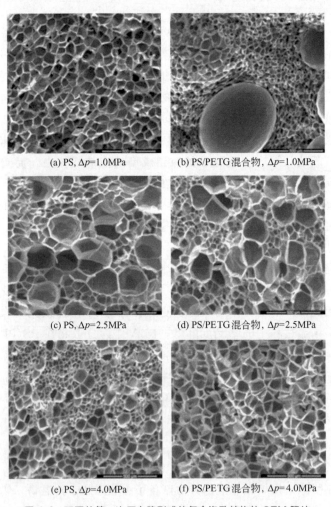

(a) PS, Δp=1.0MPa　　(b) PS/PETG混合物, Δp=1.0MPa

(c) PS, Δp=2.5MPa　　(d) PS/PETG混合物, Δp=2.5MPa

(e) PS, Δp=4.0MPa　　(f) PS/PETG混合物, Δp=4.0MPa

图 4.3　不同的第一次压力降形成的复合泡孔结构的 SEM 照片

4.3.3 PS/其他聚合物共混发泡

将改性聚苯醚与 PS 共混后进行超临界 CO_2 挤出发泡可以制备微孔发泡材料。在挤出过程中，挤出压力越高，制品的泡孔直径越小，泡孔密度越大。改性聚苯醚的加入可以起到成核剂的作用，使制品的泡孔密度明显提高，泡孔直径显著减小，易获得微发泡制品。

采用原位本体或乳液聚合法制备遇水崩解的 PS/聚丙烯酸钠共混物，然后将此共混物采用"两步法"工艺发泡，也可以得到 PS 泡沫。在一定条件下，该泡沫具有遇水崩解性，且崩解速度可控。

采用自由基聚合的方法制备具有 CO_2 强吸附功能的物质 [如聚甲基丙烯酰氧乙基三甲基四氟硼酸铵（P[MATMA][BF_4]）或聚酰胺胺树枝状大分子（PAMAM）]，然后将其引入 PS 进行超临界 CO_2 发泡，可以有效提高共混体系中的 CO_2 溶解度和发泡的异相成核率，进而改善泡孔结构和发泡性能。研究发现，随着饱和压力的升高，各样品均呈现泡孔密度增大、泡孔尺寸减小、发泡材料密度减小的趋势。P[MATMA][BF_4] 的加入，并没有明显改善 PS 的泡孔结构；PAMAM 的引入有助于泡孔尺寸的下降，泡孔密度的提高，说明 PAMAM 具有异相成核剂的作用。PAMAM 是纳米级功能高分子，具有大量的功能基团和空腔结构，可以富集 CO_2，因而增加了 CO_2 的溶解度，发泡剂溶解度的提高改善了最终的泡孔结构，但 PAMAM 粒子趋于自由能更低的团聚状态，团聚颗粒的分散、形状和尺寸对发泡都有影响。为了提高 CO_2 强吸附功能的物质在发泡体系中的分散性，可以将该物质的单体（如离子液体单体 [MATMA][BF_4]）与发泡基体的单体（苯乙烯）进行共聚，并将该共聚物引入 PS 中进行发泡。在相同压力和温度下发泡，随着无规共聚物中离子液体共聚含量的增加，PS 的泡孔结构得到显著改善，泡孔尺寸较明显地递减，材料表观密度和泡孔密度递增。

PS 还可以和一些热塑性弹性体（如丁苯橡胶、苯乙烯-乙烯-丁烯共聚物）共混后进行发泡，通过交联作用改善发泡性能和力学性能。交联剂的含量对微孔泡沫的尺寸分布及力学性能有很大的影响。随着交联剂含量的增加，柔性聚丁烯区域的轻微交联促使共混物的密度、硬度、拉伸强度、撕裂强度等性能提高。同时，也造成了断裂伸长率的下降。

4.4 聚苯乙烯复合泡孔发泡技术

复合泡孔又称双泡孔，是指高分子泡沫材料内部存在两种不同直径的泡孔，一般大泡孔直径大于 $300\mu m$，小泡孔直径小于 $100\mu m$，如图 4.4 所示，具有复

图 4.4　复合泡孔的 SEM 照片

合泡孔的发泡材料兼具大、小泡孔材料的性能。小泡孔可提高材料的力学性能和绝热性能等,大泡孔可降低材料的泡体密度。相比于单一泡孔结构材料,这种材料的开孔率明显提高,有利于拓宽发泡材料在生物医学中组织工程方面的应用。此外,呈现复合泡孔结构的材料断面可望呈现类似荷叶表面的超疏水性能,因此复合泡孔结构的高分子材料越来越受到学术界和产业界的重视。

目前来看,具有复合泡孔结构的 PS 泡沫的制备方法有四种,分别为:两步降压法、降压和升温协同法、双发泡剂法和聚合物共混法。其中,前两种方法是以超临界 CO_2 为物理发泡剂,在高压釜中使 PS 产生两次泡孔成核而形成复合泡孔结构。双发泡剂法是指在挤出发泡过程中通过两种物理发泡剂,如水和正丁烷或 CO_2,制备复合泡孔结构的 PS 泡沫材料。

4.4.1　两步降压法制备 PS 复合泡孔结构泡沫

在采用两步降压法制备具有复合泡孔结构的 PS 泡沫材料过程中,一般认为:高温形成大泡孔结构和低表观密度;高压形成小泡孔结构和高成核密度。

两步降压法将产生两次泡孔成核和泡孔增长,可以通过改变第一步降压程度和保压时间控制大泡孔与小泡孔的比例。需要注意的是,第一次降压的程度不能太大,否则第一次泡孔成核数量过多,不能提供足够的空间进行第二次泡孔成核;第一次降压的程度也不能太小,否则第一次泡孔成核很困难,甚至不能成核。也就是说,第一次降压的程度太大或太小都不能形成复合泡孔结构。

随着保压时间的延长,第一次降压形成的泡孔尺寸逐渐变大,第二次泡孔成核和增长所需的空间将减小；同时，第一次降压形成的小泡孔将在保压过程中逐渐合并进入大泡孔，这又为第二次泡孔成核和增长提供了空间。也就是说，在保压阶段对第二次泡孔成核和增长而言，第一次降压形成的泡孔的增长与合并是一对竞争作用，需要进行有效的控制才能形成复合泡孔结构。

4.4.2　降压和升温协同法制备聚苯乙烯复合泡孔结构泡沫

采用升温方式并与降压作用协同制备复合泡孔结构的 PS 泡沫材料的形成机理是：PS/发泡剂饱和体系在升温和降压阶段都发生泡孔成核；在升温阶段成核的泡孔由于有较长的时间和在降压阶段有过饱和气体的进入而形成较大的泡孔，而在降压阶段成核的泡孔由于发泡时间短而形成较小的泡孔。

4.4.3　双发泡剂法制备聚苯乙烯复合泡孔结构泡沫

一般情况下，采用的双发泡剂分为主发泡剂和助发泡剂两种。主发泡剂主要用来完成大泡孔的形成，助发泡剂（通常是水）用来完成小泡孔的制备。常见的双发泡剂组合有正丁烷和水、CO_2 和水、异丁烷和水等。由于水在 PS 熔体中的溶解和分散比较困难，通常会考虑采用载体（比如多孔二氧化硅等）附水的方式，引入 PS 熔体中进行发泡。以这种方式制得的具有复合泡孔的 PS 泡沫的热导率能够达到 $27mW/(m \cdot K)$。还有研究通过添加不同种类的成核剂降低助发泡剂（水）的发泡时间而不降低主发泡剂（CO_2）的发泡时间，同时增加 CO_2 的气泡成核率，制备出结构明显的复合泡孔结构。

4.4.4　共混法制备聚苯乙烯复合泡孔结构泡沫

共混法制备复合泡孔结构主要是通过两相黏度比不同或者发泡剂在两相中溶解度不同，造成两相聚合物中气泡成核不在同一时间进行而制得的。有研究将聚乙二醇（PEG）与 PS 进行熔融挤出，将 PEG/PS 共混物进行间歇式物理发泡，制备出复合泡孔。其中，大泡孔尺寸在 $40 \sim 500\mu m$，内部镶嵌着 PEG 颗粒；小泡孔分布在大泡孔周围，尺寸小于 $20\mu m$，比纯 PS 泡沫的泡孔尺寸还小。由于大泡孔的分散情况很大程度上取决于初始形态，因此 PEG 在共混物中分散程度的提高将导致形成非常完好的双泡孔结构，甚至可以随意地制备开孔泡沫材料。

采用溶解-聚合的方法将甲基丙烯酸甲酯（MMA）单体溶解在 PS 基体中，在一定量的交联剂和 CO_2、8MPa 和 $60^{\circ}C$ 条件下，原位聚合生产交联的 PS/PMMA

共混物。研究发现，CO_2 具有增塑 PS 基体、提高 MMA 在 PS 基体中分散性、作为物理发泡剂等三个作用。交联剂被用来控制 PMMA 相的弹性，区分与 PS 的弹性。两相的弹性差异可以使得 PMMA 相延迟泡孔成核，PS 正常泡孔成核，进而形成复合泡孔结构，小泡孔 $10\sim30\mu m$，位于大泡孔的泡孔壁上，大泡孔 $200\sim400\mu m$。

4.5 聚苯乙烯泡沫制品及其长期行为

4.5.1 聚苯乙烯发泡珠粒

聚苯乙烯发泡珠粒（EPS）由 PS 颗粒发泡而成。PS 颗粒中主要含有 PS、可溶性戊烷（膨胀成分）和阻燃剂。按发泡的方式可分为两大类，一类是在模型中发泡，一类是挤出法发泡。在 EPS 的成型过程中 PS 颗粒中的戊烷受热汽化，在颗粒中膨胀形成许多封闭的空腔。

EPS 具有质轻、价廉、热导率低、电绝缘性能好、隔声、防震、防潮、成型工艺简单等优点，因而被广泛用作建筑、交通运输等行业的保温绝热、隔声、抗震材料，以及用作电器、仪表、玻璃制品、电子产品等的缓冲包装材料和食品包装材料。

4.5.2 挤塑聚苯乙烯泡沫

挤塑聚苯乙烯泡沫（XPS）是 20 世纪 60 年代研制成功的一种新型绝热材料，制备过程是将 PS 树脂、发泡剂和相关助剂通过挤出机进行连续挤出发泡成型。由于具有闭孔的泡体结构，其综合性能十分优异，如绝热性能优异、持久、吸水率较低、尺寸稳定性好，抗蒸汽渗透性优良，压缩强度高等，在诸多领域得到了广泛应用，主要包括：墙体保温、倒置式屋面保温、钢板屋面保温、冷库保温、地暖系统、地板安装辅材、复合风管、彩钢夹芯板、建筑物底面、路基等。其中以在墙体保温上的应用最为广泛，是建筑界物美价廉的隔热保温材料。

4.5.3 长期行为

4.5.3.1 长期热导率

长期热导率（λ）是衡量泡沫材料热传导性能的重要参数之一。其方程可以写作：

$$\lambda = \lambda_s + \lambda_g + \lambda_r + \lambda_c$$

式中，λ_s 为固相传导；λ_g 为气相传导；λ_r 为辐射能量传递；λ_c 为对流热传递。如果泡沫材料的泡孔尺寸小于 4mm，对流因素是可以忽略不计的。那么，热导率方程可以写作：

$$\lambda = \lambda_s + \lambda_g + \lambda_r$$

固相传导主要依靠泡沫材料中聚合物相的含量，一般占据 λ 的 2%～5%；通过泡孔内的气相传导占据 λ 的 60%；通过辐射能量传递占据 λ 的比例，通常需要用不同的数学方程来计算。

对于一种给定的材料来讲，通过固相传导和辐射能量传递的热量基本是不随时间变化的。由于发泡剂气体与空气之间会发生双向扩散，所以气相传导（λ_g）会随时间而发生变化。因此，泡孔内的气体组成对泡沫的热导率影响至关重要，并且 λ 随时间的变化而变化。

由于空气的热导率均高于常见的发泡剂，因此泡沫的热导率随时间增加而逐渐增加，直至最后达到与空气的热导率一致。泡孔中发泡剂和空气发生交换的这一过程因外部条件不同可能持续几个小时到若干年，直至泡孔中完全是空气，过程示意图如图 1.9 所示。由于不同发泡剂的渗透速率差别较大，对制品的性能将产生重要影响。泡沫一旦制备完毕，泡孔内即发泡剂和空气的混合物，并且其比例随时间而发生变化。

此外，气体交换还会带来泡沫材料的尺寸稳定性问题和安全问题。发泡剂和空气扩散速率不同容易导致制品尺寸发生变化，图 4.5 为发泡剂气体和空气交换对泡沫结构尺寸的影响示意图。易燃易爆的发泡剂因为不能及时扩散出去，会给泡沫制品带来安全隐患。

长期保持发泡材料的低热导率取决于发泡剂的种类、原材料的配方和制备工艺的水平。长期热导率的测定是一个复杂的过程，通常采用加速的方法，标准有 ISO 11561:1999 和 ASTM C1303-09a。图 4.6 给出了两种不同厚度的泡沫材料放置不同时间后的标准化阻热变化曲线。

使用低热导率的发泡剂对于保证泡沫材料的长期绝热性能是非常有效的，一般来说，这种发泡剂应具有以下特征：

① 在发泡温度下，发泡剂应该是可溶解的，而且能够在不预发或者形成开孔的情况下增加最终产品中的气体含量。

② 在室温下，发泡剂气体应具有较低的溶解度和扩散系数，以保证发泡剂很难渗透通过泡孔壁或泡沫表层。

图 4.7 示出了使用不同发泡剂制备的 PS 泡沫超过 15 年的长期热导率变化情况。数据表明，使用 HFC-134a 制备的 PS 泡沫的渗透率和热导率在经过 6 年以后

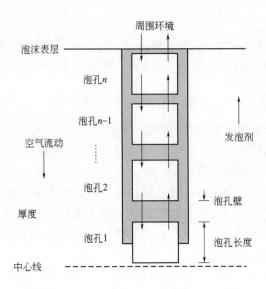

图 4.5　气体交换对泡沫结构尺寸的影响示意图

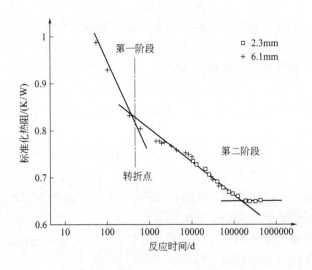

图 4.6　不同放置时间泡沫材料的阻热变化曲线

与使用 HCFC-142b 制备的 PS 泡沫的这两种性能基本相当。然而使用 HFC-152a 制备的 PS 泡沫的热导率损耗特别快，在经过很短的老化时间后就基本接近 CO_2 发 PS 泡沫的热导率了。这主要是因为 HFC-152a 在 PS 泡沫中扩散速率太高。根据长期热导率性能来看，HFC-134a 是替代 HCFC-142b 的最佳发泡剂。但它在 PS

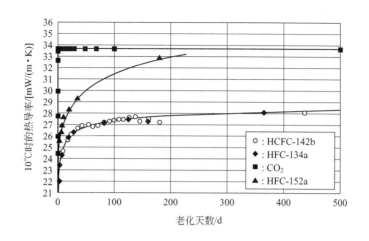

图 4.7 不同发泡剂制备的 PS 泡沫超过 15 年的长期热导率变化曲线

中的溶解度比较低，如果在 PS 发泡过程中加入太多的 HFC-134a，将会出现很多的开孔。由于 HFC-152a 和 HFC-32 扩散速率太快，所以一般情况下，采用 HFC-134a 和 CO_2 组合的方式以获得优异的长期热导率。

长期热导率不仅与发泡剂种类有关，还与发泡的基体材料有密切关系。经苯乙烯与丙烯腈共聚后制得的 PS-g-AN 共聚物的长期热导率要明显优于 PS。主要原因：①HFC-134a 在 PS-g-AN 共聚物中的溶解常数和通用 PS 中接近。但是在发泡过程中，共聚物能够容纳更多的 HFC-134a，最高达 11phr，而且不出现开孔。②在室温下，与 PS 相比，发泡剂气体或空气在 PS-g-AN 共聚物中的扩散速率或渗透率有所降低。

有研究采用 CFC-12、HCFC-142b、HFC-134a 和 HFC-152a 四种发泡剂进行 PS 挤出发泡。通过实验和工业实际应用对比发现：CFC-12、HCFC-142b 和 HFC-134a 三种发泡剂有利于提高 PS 泡沫的长期热导率，被认为有希望应用于制备具有均匀泡孔、低密度的 XPS；而 HFC-152a 发泡剂则不行。笔者的另外一项研究表明，必须使用高含量的不燃发泡剂才能保证 XPS 的长期行为。同其他的绝热材料相比，使用 ODP 为 0 的 HFC-134a 能够生产出热性能最优的泡沫。此外，使用红外衰减剂能够持久改善非 HFC 发泡沫的绝热性能，同时不会对其他的力学或物理性能产生影响。在相同添加量下，石墨的改善效果要优于炭黑。

有资料表明，XPS（带表皮）在平均温度为 10℃ 时，热导率为 0.0289W/(m·K)，而且这个数值能够在相当长的时间内保持，不会随时间变化而发生明显的变化。据文献记载，它的绝热性能在 5 年内可保持 90%～95%。

4.5.3.2　长期蠕变

长期蠕变是指在一定温度下，材料在常应力作用下，变形随时间的延续而缓慢增长的现象。蠕变是分子重新排列的过程，是材料对长期载荷的一种响应。目前，泡沫材料的蠕变测试分为短期蠕变和长期蠕变测试两种。短期蠕变是指 48h 和 168h 的压缩蠕变，参见标准 GB/T 20672—2006 及 ISO 7616:1986。长期蠕变是指在规定压应力下，使用寿命为 60 年的压缩蠕变，一般要采用外推法获得。

有研究资料表明，EPS 的蠕变和松弛是相互的现象。在 20kPa 静止竖向应力作用下的干燥 EPS 圆柱试件（直径 100mm，高 200mm）的长期蠕变曲线如图 4.8 所示，该图显示了超过 1 年后所测得的 EPS 的蠕变。从图中可看出，EPS 最主要的蠕变出现在加载初期，加荷 1 天后产生的蠕变大致为总蠕变的 50%。随着时间的延长，蠕变速度逐渐下降，1 年后变化已相当缓慢。

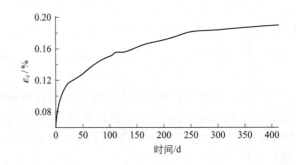

图 4.8　EPS 圆柱试件在 20kPa 静止竖向应力作用下的长期蠕变曲线

但随着 EPS 密度的下降，蠕变的影响程度上升。有限的试验数据表明，在一定的密度下，蠕变的影响随温度的上升而增大，随着温度的下降而减小。

从图 4.8 中可以看出，EPS 在 20kPa 的静止竖向应力的作用下的蠕变仅为百分之零点几，第 1 天产生的蠕变为 0.08% 左右。所以，EPS 基层由蠕变产生的额外永久变形在路面设计中只有微小的影响。

4.5.3.3　冻融循环

耐冻融性是指泡沫板材经受连续的 −20℃ 的干燥条件到 20℃ 的湿润条件循环 300 次，其吸水率和压缩行为的变化。耐冻融性主要模拟绝热制品暴露在低温或者潮湿环境中性能的变化，图 4.9 为一个冻融循环的时间-温度示意图。

采用共混的方法制备的 PS 泡沫混凝土经 25 次冻融循环后，其强度损失为 16.3%，质量损失为 0.98%，完全满足外墙材料的抗冻性要求。将试件继续冻

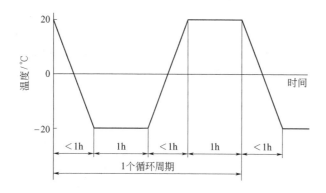

图 4.9 冻融循环的一个周期

融循环至 35 次，试件外观保持完好，质量损失未增大，说明 PS 泡沫混凝土具有优良的抗冻性，较同类墙体材料的抗冻性要好得多，特别适合于北方尤其是严寒地区使用。

由于 EPS 板的隔气性能较 XPS 差、吸水性高，特别是在寒冷地区的冬季，EPS 板吸水后遇到气温下降而结冰，水在结冰后体积增加，经多次冻融循环后，EPS 板及外墙面涂料会受到破坏，大大降低了外墙面的耐久性。而 XPS 板的隔气性能好、吸水性低，从而提高了外墙面的耐久性。

参考文献

[1] 许红飞，黄汉雄，王建康. 聚丙烯/聚苯乙烯共混物超临界流体微孔发泡的研究 [J]. 塑料，2008，37（2）：14-18.

[2] 谢慧芳，张琳，马卫华. PS 及其共混、复合体系超临界 CO_2 发泡行为研究 [J]. 工程塑料应用，2014（01）：44-50.

[3] 任冠达，张秀斌. PVC/PS 共混发泡阻燃材料的研究 [J]. 沈阳化工大学学报，2013，27（04）：333-337.

[4] 周长春，马梁，董志红. 气体发泡 PLA/PS 共混高聚物制备组织工程支架研究 [J]. 成都大学学报，2012，31（3）：203-207.

[5] 杨勇，郑文革，张好斌，等. CO_2 微孔发泡聚碳酸酯/聚苯乙烯 [J]. 塑料，2010，39（1）：35-37.

[6] 王明义，周南桥，胡军. PP/PS/nano-clay 超临界 CO_2 连续挤出发泡成型研究 [J]. 塑料工业，2010，38（7）：38-42.

[7] 徐定红，龚维，张纯，等. 低密度聚乙烯/聚苯乙烯合金材料的发泡行为 [J]. 塑料，2012，41（5）：48-51.

[8] 于慧洁，郭奕崇，信春玲，等. 聚苯乙烯微孔发泡挤出成型研究 [J]. 塑料，2007，36（5）：66-69.

[9] 金峰. 水崩解性聚苯乙烯/聚丙烯酸钠共混物的制备、性能及发泡研究 [D]. 青岛：青岛科技大学，2005.

[10] 赵强. 超临界 CO_2 技术制备低密度 PS 发泡材料的研究 [D]. 北京：北京化工大学，2009.

[11] 于爱霞. 耐老化 PS/PC 微孔材料的制备与性能研究 [D]. 广州：华南理工大学，2013.

[12] 周云国. 树枝状大分子在聚合物超临界 CO_2 发泡中的应用研究 [D]. 杭州：浙江工业大学，2012.

[13] 桑燕. 离子液体聚合物制备及在聚苯乙烯超临界 CO_2 发泡中应用 [D]. 杭州：浙江工业大学，2011.

[14] Otsuka T, Taki K, Ohshima M. Nanocellular Foams of PS/PMMA Polymer Blends [J]. Macromolecular Materials and Engineering, 2008, 293 (1): 78-82.

[15] Shih R S, Kuo S W, Chang F C. Thermal and Mechanical Properties of Microcellular Thermoplastic SBS/PS/SBR Blend: Effect of Crosslinking [J]. Polymer, 2011, 52 (3): 752-759.

[16] Huang H X, Xu H F. Preparation of Microcellular Polypropylene/Polystyrene Blend foams with Tunable Cell Structure [J]. Polymers for Advanced Technologies, 2011, 22 (6): 822-829.

[17] Sharudin R W, Nabil A, Taki K, et al. Polypropylene-Dispersed Domain as Potential Nucleating Agent in PS and PMMA Solid-State Foaming [J]. Journal of Applied Polymer Science, 2011, 119 (2): 1042-1051.

[18] Han X, Shen J, Huang H, et al. CO_2 Foaming Based on Polystyrene/Poly (methyl methacrylate) Blend and Nanoclay [J]. Polymer Engineering and Science, 2007, 47 (2): 103-111.

[19] Zhai W, Wang H, Yu J, et al. Foaming Behavior of Polypropylene/Polystyrene Blends Enhanced by Improved Interfacial Compatibility [J]. Journal of Polymer Science: Part B: Polymer Physics, 2008, 46: 1641-1651.

[20] Wati R, Sharudin B, Ohshima M. Preparation of Microcellular Thermoplastic Elastomer Foams from Polystyrene-b-Ethylene-Butylene-b-Polystyrene (SEBS) and Their Blends with Polystyrene [J]. Journal of Applied Polymer Science, 2013, 128 (4): 2245-2254.

[21] Taki K, Nitta K, Kihara S I, et al. CO_2 foaming of Poly (ethylene glycol) /Polystyrene Blends: Relationship of The Blend Morphology, CO_2 Mass Transfer, and Cellular Structure [J]. Journal of Applied Polymer Science, 2005, 97: 1899-1906.

[22] 许琳琼, 黄汉雄. 双峰泡孔结构聚苯乙烯材料的制备 [J]. 高分子学报, 2013, 11: 1357-1362.

[23] Kelyn A A, Alan J L, Thomas J M. Preparation and characterization of microcellular polystyrene foams processed in supercritical carbon dioxide [J]. Macromolecules, 1998, 31: 4614-4620.

[24] Ohara Y, Tanaka K, Hayashi T, et al. The Development of a Non-Fluorocarbon-Based Extruded Polystyrene Foam which Contains a Halogen-free Blowing Agent [J]. Bulletin of the Chemical Society of Japan 2004, 77 (4): 599-605.

[25] Lee K M, Lee E K, Kim S G, et al. Bi-cellular Foam Structure of Polystyrene from Extrusion Foaming Process [J]. Journal of Cellular Plastics, 2009, 45: 539-553.

[26] Zeng C, Han X, Lee L J, et al. Polymer-clay Nanocomposite Foams Prepared Using Carbon

Dioxide [J]. Advanced Materials, 2003, 15: 1743-1747.

[27] Otsuka T, Taki K, Ohshima M. Nanocellular Foams of PS/PMMA Polymer Blends [J]. Macromolecular Materials and Engineering, 2008, 293 (1): 78-82.

[28] Zhang C, Zhu B, Li D, et al. Extruded Polystyrene Foams with Bimodal Cell Morphology [J]. Polymer, 2012, 53: 2435-2442.

[29] Arora K A, Lesser A J, McCarthy T J. Preparation and Characterization of Microcellular Polystyrene Foams Processed in Supercritical Carbon Dioxide [J]. Macromolecules, 1998, 31 (14): 4614-4620.

[30] Bao J B, Liu T, Zhao L, Hu G H. A Two-Step Depressurization Batch Process for the Formation of Bi-modal Cell Structure Polystyrene Foams Using sc CO_2 [J]. The Journal of Supercritical Fluids, 2011, 55 (3): 1104-1114.

[31] Yokoyama H, Sugiyama K. Nanocellular Structures in Block Copolymers with CO_2-Philic Blocks Using CO_2 as a Blowing Agent: Crossover from Micro- to Nanocellular Structures with Depressurization Temperature [J]. Macromolecules, 2005, 38: 10516-10522.

[32] Chau V V, Bunge F, Duffy J, et al. Advances in Thermal Insulation of Extruded Polystyrene Foams [J]. Cellular Polymers, 2011, 30 (3): 137-156.

[33] 郑秀华, 葛勇, 于纪寿, 等. 聚苯乙烯泡沫混凝土的开发与应用 [J]. 房材与应用, 1998, 6: 7-8, 16.

[34] 魏和中. 聚苯乙烯 XPS 板与 EPS 板应用分析 [J]. 2008, 24 (2): 29-30.

[35] 杜骋, 杨军. 聚苯乙烯泡沫 (EPS) 的特性及应用分析 [J]. 东南大学学报, 2001, 31 (3): 138-142.

[36] 孙克光. 挤压型聚苯乙烯泡沫板的性能及应用 [J]. 墙材革新与建筑节能, 1998, 4: 21-23.

[37] 薛福连. 绝热用挤塑聚苯乙烯泡沫塑料的性能和应用前景 [J]. 塑料制造, 2009, 4: 78-80.

[38] Gendron R, Michel F. Foaming Polystyrene with a Mixture of CO_2 and Ethanol [J]. Journal of Cellular Plastics, 2006, 42: 127-138.

[39] Marco D, Jose C, Julio B. (CO_2+2-Propanol) Mixture as a Foaming Agent for Polystyrene: A Simple Thermodynamic Model for the High Pressure VLE-Phase Diagrams Taking into Account the Foam Vitrification [J]. Journal of Applied Polymer Science, 2007, 104: 2663-2671.

[40] 王向东, 王勇, 李莹, 等. 挤塑聚苯乙烯泡沫塑料 [M]. 北京: 化学工业出版社, 2011.

[41] 王向东, 汪文昭, 周洪福, 等. 组合发泡剂对聚苯乙烯发泡行为的影响研究 [J]. 工程塑料应用, 2013, 41 (1): 91-95.

[42] Richard G, Michel H, Jacques T, Caroline V. Foam Extrusion of Polystyrene Blown with HFC-134a [J]. Cellular Polymers, 2002, 21 (5): 315-342.

[43] Chau V V, Richard T F. Assessment of Hydrofluoropropenes as Insulating Blowing Agents for Extruded Polystyrene Foams [J]. Journal of Cellular Plastics, 2013, 49 (5): 423-438.

[44] 刘刚. PS/nano-$CaCO_3$复合材料的制备及其超临界 CO_2 挤出发泡的研究. 广州: 华南理工大学, 2013.

[45] 何鸣鸣. 超临界 CO_2/PS 挤出发泡成型的研究. 北京: 北京化工大学, 2008.

[46] Lee K M, Lee E K, Kim S G, et al. Bi-cellular Foam Structure of Polystyrene from Extrusion Foaming Process. Journal of Cellular Plastics, 2009, 45: 539-552.

[47] 刘本刚. 超临界 CO_2 发泡聚苯乙烯泡沫形态结构调控研究 [D]. 北京：北京化工大学，2015.

[48] 刘本刚，汪文昭，张永佳，等. 采用二氧化碳/酒精复合发泡剂制备挤出聚苯乙烯发泡板材 [J]. 中国塑料，2014，28（12）：35-40.

[49] 孙娇，何亚东，李庆春，等. 超临界二氧化碳/乙醇复合发泡聚苯乙烯的实验研究 [J]. 塑料，2012，41（5）：100-102.

[50] 孙娇，何亚东，李庆春，等. 超临界二氧化碳/水复合发泡体系制备聚苯乙烯发泡材料 [J]. 塑料，2012，41（6）：78-80.

[51] 张永佳，刘本刚，王向东，等. 成核剂对聚苯乙烯挤出发泡板材性能的影响 [J]. 中国塑料，2016，30（2）：64-70.

[52] 罗祎玮，信春玲，闫宝瑞，等. 单甘脂对聚苯乙烯挤出发泡性能的影响 [J]. 橡塑技术与装备，2014（6）：32-36.

[53] 罗祎玮，信春玲，闫宝瑞，等. 阻燃剂对聚苯乙烯挤出发泡性能的影响 [J]. 北京化工大学学报（自然科学版），2013，40（6）：44-49.

[54] 张永佳，王亚桥，刘本刚，等. 三组分发泡剂对聚苯乙烯挤出发泡板材性能的影响 [J]. 中国塑料，2016，30（4）：109-113.

[55] Wang X，Wang W，Liu B，et al. Complex cellular Cellular Structure Evolution of Polystyrene/Poly（ethylene terephthalate glycol-modified）Foam Using a Two-Step Depressurization Batch Foaming Process [J]. Journal of Cellular Plastics，2016，52（6）：595-618.

[56] Kohlhoff D，Nabil A，Ohshima M. In Situ Preparation of Cross-Linked Polystyrene/Poly（methyl methacrylate）Blend Foams with a Bimodal Cellular Structure [J]. Polymers for Advanced Technologies，2011，23（10）：1350-1356.

[57] Yang J，Wu M，Chen F，et al. Preparation，Characterization，and Supercritical Carbon Dioxide Foaming of Polystyrene/Graphene Oxide Composites [J]. The Journal of Supercritical Fluids，2011，56（2）：201-207.

[58] Yeh S K，Huang C H，Su C C，et al. Effect of Dispersion Method and Process Variables on The Properties of Supercritical CO_2，Foamed Polystyrene/Graphite Nanocomposite Foam [J]. Polymer Engineering and Science，2013，53（10）：2061-2072.

[59] Xu X，Park C B. Effects of The Die Geometry on The Expansion of Polystyrene Foams Blown with Carbon Dioxide [J]. Journal of Applied Polymer Science，2010，109（5）：3329-3336.

[60] 杜骋，杨军. 聚苯乙烯泡沫（EPS）的特性及应用分析 [J]. 东南大学学报自然科学版，2001，31（3）：138-142.

[61] 李忠，郭丽. 聚苯乙烯泡沫（EPS）综述 [J]. 四川建材，2012，38（5）：10-11.

[62] 薛祖源. 聚苯乙烯生产与发展综述 [J]. 化工设计，2006，16（6）：6-16.

[63] 王鹏. 高熔体强度聚苯乙烯的制备及其发泡行为的研究 [D]. 北京：北京化工大学，2015.

第5章
Chapter 5

聚对苯二甲酸乙二醇酯改性及其发泡材料

5.1 聚对苯二甲酸乙二醇酯树脂概述

聚对苯二甲酸乙二醇酯（PET）树脂呈乳白色或浅黄色，为可结晶聚合物，分子结构式如图 5.1 所示。它可以通过对苯二甲酸二甲酯和乙二醇发生酯交换反应制得，也可以由对苯二甲酸和乙二醇在催化剂作用下直接进行缩聚制得。根据结晶程度和聚合种类的不同，PET 可以分为无定形 PET（APET）、结晶 PET（CPET）和 PETG 三种。其中，PETG 是由对苯二甲酸（PTA）、乙二醇（EG）和 1,4-环己烷二甲醇（CHDM）为单体聚合而成的一种无定形共聚酯。与常用的 PET 相比，二元醇（CHDM）的加入破坏了 PET 分子链的规整性和有序性，从而使 PETG 的结晶能力明显下降，透明度和光泽度大为提高。PETG 具有优异的力学性能、透明性和耐候性等优点。

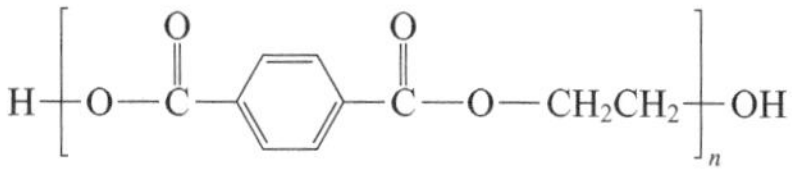

图 5.1 PET 分子结构式

与其他通用树脂（如 PP、PS 等）相比，PET 可以在较宽的温度范围内具有优良的力学性能，长期使用温度可达 120℃，电绝缘性良好，耐有机溶剂和耐候性也不错。因此，PET 被广泛地应用到电子电器、包装材料、家具行业、音像制品、机械行业等领域。而且回收的 PET 饮料瓶可以被加工成 PET 原料进行循环使用，从而降低了 PET 的成本价格，逐渐成为学术与工业领域的研究热点。

5.2 聚对苯二甲酸乙二醇酯发泡改性

5.2.1 PET 发泡存在的不足

（1）熔体强度低

熔体强度是 PET 发泡成型过程中的一个重要参数，反映了熔体抵抗气泡生长时的拉伸和剪切的能力。较低的熔体强度不能有效地支撑泡孔的增长，容易造成泡孔塌陷、破裂和开孔结构。大多数 PET 树脂，在 T_m 之前几乎不流动，而达到 T_m 后熔体强度下降很快，造成发泡加工温度窗口很窄。

PET 熔体强度低的原因可归结为：PET 分子量比较低，分子量分布窄，分子链构造为线型。此外，PET 加工过程中伴随的水解作用也会导致熔体强度的下降。

（2）结晶速率慢

PET 分子链中因为苯环的存在导致其运动能力下降，结晶速率相比于其他树脂较低，生产成型周期较长。在发泡过程中，如果熔体不能及时充分冷却结晶，泡孔很可能会因为熔体强度不够发生塌陷，而且 PET 在缓慢结晶时形成较大的晶粒，会使产品的冲击强度较差，导致发泡后制品很脆，使用性能大大下降。而通过快速冷却缩短成型时间，提高熔体强度，又会使 PET 的结晶度降低，制品的力学性能也随之下降。

（3）加工温度高，传热性差

PET 的加工温度在 260℃以上，且发泡温度区间较窄，因此需要使用合适的高温发泡剂和温控精度较高的加工设备，这给发泡剂（尤其是化学发泡剂）和加工设备的选择提出了挑战。

由于 PET 分子链上的酯基和苯环间形成一个共轭的整体，当 PET 大分子围绕这个刚性共轭整体自由旋转时，柔性链段只能与苯环作为一个整体一起振动。因此，一般条件下 PET 分子链的刚性很大，使 PET 有良好的耐热性，但同时也使导热性较差导致 PET 在结晶或熔融过程中各部分的温度有较大的差异，从而影响了各部分的黏度和熔体强度的均匀性，使 PET 的发泡效果变差。

（4）易水解

PET 分子主链中含有大量的酯基，虽然酯化反应与水解反应是平衡反应，但该反应的平衡常数较低，即使微量的水也会使水解反应很容易发生，从而导致 PET 分子链发生降解，特性黏度降低，可发泡性大大下降。而较高的温度也会促进水解反应进行，因此在进行 PET 挤出造粒和挤出发泡等高温工艺前要对

PET 及其助剂进行充分的干燥。一般来说，要降低水解作用引起的分子量的降低，水分含量应低于 0.02%（质量分数）。

鉴于上述问题，作为高温发泡技术的典型代表，PET 发泡技术难度是非常大的。为了改善 PET 发泡过程中的问题，通常采用扩链法、填充法、共混法进行改性，以得到分子量高，分子量分布宽，长链支化程度高，特性黏度在 1.3dL/g 以上，熔融流动指数在 3g/10min 以下的具有较高熔体强度的 PET。

5.2.2 扩链改性法

（1）酸酐类扩链改性法

采用均苯四甲酸酐（PMDA）对 PET 进行扩链改性，可以有效地提高 PET 树脂的熔体强度。其反应机理可以理解为：PMDA 先与 PET 的端羟基反应，形成两个羧基基团，随后的反应可能包括 PMDA 分子的所有官能团通过酯化作用和转移反应形成支化甚至交联的结构。研究发现，PMDA 浓度在 0.5%～0.75% 之间时能促进链增长反应，提高分子量，拓宽分子量分布，形成支化 PET 高分子。当 PMDA 浓度过大时，PET 及 PMDA 在反应挤出中会发生化学反应，受热以及流体动力学因素等影响，产生不稳定性，引起交联反应，形成凝胶，损伤或损坏加工设备，制得的 PET 样品的力学性能也会大幅降低。

笔者研究团队对 PMDA 扩链 PET 改性进行了相关的研究。研究发现：扩链后的 PET 分子链构造存在支化链和网状链，熔体黏弹性大幅提高，熔体弹性响应加快；随着 PMDA 含量的增加，结晶温度、T_m、结晶度逐渐下降。PMDA 也可以对回收 PET（R-PET）进行密炼改性和挤出改性。密炼实验中扩链剂 PMDA 加入量为 1.0%（质量分数）时，改性 R-PET 的熔体流动速率最小，结晶温度、T_m 和结晶度比其他含量时都低。说明 PMDA 的加入使得 R-PET 分子链结构发生了变化，分子链长度和支化度增加，分子量上升。通过密炼实验不仅证明了采用 PMDA 进行扩链实验的可行性，同时为反应挤出过程初始工艺条件的设定和扩链剂加入量提供了依据。挤出实验中，研究熔融段温度和螺杆转速对 R-PET 特性黏度及黏均分子量的影响表明：降低熔融段温度能够减轻 R-PET 反应挤出过程中的降解程度；在设定的温度分布下（210℃、230℃、250℃、265℃、265℃、255℃、250℃、245℃），螺杆转速为 45r/min 时，反应挤出制品的特性黏度较高，黏均分子量较大。改变扩链剂含量，制品的特性黏度和黏均分子量先增加而后降低，存在一个最佳用量值。对于实验用 R-PET，在反应挤出实验设定条件下，PMDA 最佳用量为 1.5%（质量分数），而 ADR-4370S 最佳用量为 0.75%（质量分数）。相比 PMDA，ADR-4370S 改性效果较好些。

（2）环氧化合物类扩链改性法

采用多环氧化合物对 PET 进行扩链改性，也是提高 PET 熔体强度的常见方法。PET 与多环氧化合物的反应机理可以理解为：PET 一端的端基先与多环氧化合物的某个环氧基发生酯化反应，然后，PET 的另一端的端基继续和多环氧化合物的其他环氧基反应，进而形成长链、支化和交联结构。其中，双环氧化合物与 PET 反应的活性要比缩水甘油醚类（单环氧化合物）高，扩链效果更好。典型的 PET 偶合反应是与环氧化合物（扩链剂）一起在氮气氛围下，加热到其 T_m（280℃）以上保持数分钟。通过溶液测黏法在产物中观察到凝胶含量与反应时间和扩链剂的添加量有着密切的关系。相比双环氧化合物和单环氧化合物而言，采用多官能度环氧扩链剂提高 PET 的熔体强度更为有效，并且改性后的 PET 可以通过挤出法进行 PET 发泡。例如，四缩水甘油二氨基二苯甲烷（TGDDM）扩链 PET 产物的黏均分子量增加了 8 倍，并产生大量的支化结构。还有研究表明，采用国外一种 KLA 的环氧基扩链剂对 PET 扩链，发现其提高 PET 熔体强度的效果要优于酸酐类扩链剂 PMDA。国内有关研究人员发现，环氧类扩链剂的增黏改性效果要优于唑啉类扩链剂。

笔者研究团队采用 TGDDM 对 PET 进行扩链改性，TGDDM 结构如图 5.2 所示。研究发现：随着 TGDDM 添加量的增加，扩链 PET 产生了支化结构和交联结构，并且交联度逐渐增加；其流变性能与添加 PMDA 扩链 PET 的效果相似。随着 TGDDM 含量的增加，PET 的结晶温度、T_m 以及结晶度都下降。非等温结晶动力学研究发现：扩链后的 PET，由于分子链中支化点增多，使 PET 结晶过程中的成核和增长方式发生改变，球晶数量提高，球晶半径降低，有利于控制泡孔生长并改善 PET 的可发性。

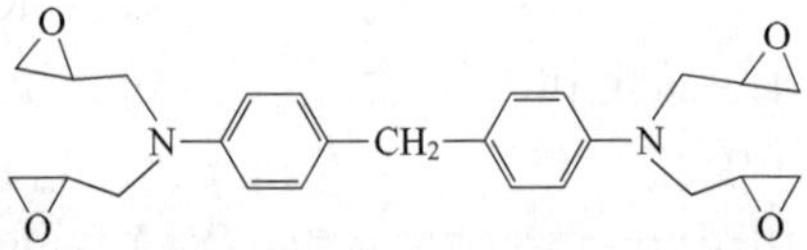

图 5.2　TGDDM 结构示意图

（3）唑啉类扩链改性法

采用 1,4-聚苯并双噁唑啉（PBO）作为扩链剂也可以对 PET 进行扩链改性，这是由于 PBO 对含有端羧基而没有端羟基的大分子有非常高的活性，而 PET 存在这两种基团。为了得到更好的结果，在添加 PBO 之前，最初在样品中先添加邻苯二甲酸酐，使其与初始聚合物的羟基发生反应，同时增加了端羧基数量。研究表明，随着 PBO 用量的增加，扩链效果提高，扩链后产物中的羧基含量下降；PBO 用量过多后，扩链效果变差；反应温度和挤出机螺杆转速的提高都会使扩链效果下降。

（4）异氰酸酯类扩链改性法

采用异氰酸酯作为扩链剂可对 PET 进行扩链改性。反应实验表明：二异氰酸酯的反应活性强于二噁唑啉和双环氧化合物，脂肪族异氰酸酯的反应活性要强于芳香族异氰酸酯（通过哈克扭矩流变仪曲线进行表征）。回收 PET 经改性后的分子量和特性黏度均高于纯料 PET，断裂伸长率和抗冲击强度都得到了提高。

此外，再生 PET 和有机亚磷酸进行熔融加工后的分子量和多分散性也发生了很大变化。研究发现，一部分亚磷酸酯可以作为链增长反应的催化剂，能够提高聚合物的分子量。PET 的摩尔质量对挤出发泡制品泡孔形态影响较大。摩尔质量小（低于 30000g/mol）的 PET 只能制备孔径为 $50\sim80\mu m$ 的发泡材料，而摩尔质量大（高于 50000g/mol）的 PET 则可制备孔径小于 $10\mu m$ 的微发泡材料。

利用双螺杆挤出机将改性剂 4,4'-亚甲基对苯-二异氰酸酯（MDI）和低黏度 PET（特性黏度为 0.64dL/g）进行反应挤出，可以实现 PET 扩链和结晶改性，改性后 PET 的特性黏度可提高到 1.38dL/g。

采用 1,6-己二异氰酸酯（HDI）作为扩链剂对回收 PET 进行反应挤出，能有效地增大 PET 的特性黏度，改善 PET 再生制品的力学性能。

（5）亚磷酸酯类扩链改性法

采用亚磷酸三苯酯（TPPi）对 PETG 进行熔融扩链反应可以提高 PETG 的分子量与黏度，扩链剂 TPPi 只是作为一种酯化促进剂，使 PETG 分子链增长并保持着线型结构。PETG 的数均分子量（M_n）从 2.25×10^4 提高到 3.35×10^4，零剪切黏度（η_0）由 3435.8Pa·s 增加到 27944.5Pa·s。

（6）复合扩链剂改性法

单用一种扩链剂的增黏效果有限。例如，双噁唑啉仅为羧基加成型扩链剂，与 PET 分子上的羟基并不反应，因而造成单用双噁唑啉扩链 PET 的效率不高。而采用羟基加成型与羧基加成型复合扩链剂，可以进一步提高扩链效果，大幅度提高 PET 树脂的黏度。

采用双噁唑啉（BOZ）和 PMDA 作为扩链剂与 PET 进行反应挤出，研究发现：BOZ 的扩链效果不明显；PMDA 能较大程度地提高 PET 的特性黏度，但产品羧基值较高；BOZ 和 PMDA 联用可得到高黏度、低羧基值的产品，扩链效果最佳。当挤出机工艺条件为反应段温度 260℃、螺杆转速 4r/min、反应段压力 1kPa、BOZ 和 PMDA 质量分数均为 0.2%时，可得到特性黏度为 0.90dL/g，羧基值为 25mol/t 的 PET 产品。

扩链剂联用对于 PET 树脂增黏是一个良好的方法，当扩链剂 PMDA 与

BOZ 联用时，PET 的特性黏度可由 0.6dL/g 增至 1.10dL/g 以上，同时扩链产物的端羧基值很低，扩链剂联用获得了良好的扩链效果。当选用羧羟基加成型扩链剂亚磷酸三苯酯（TPP）与抗氧剂 1010 和环氧树脂联用时，TPP 能较大程度地提高回收 PET 的特性黏度，而环氧树脂可以改善扩链反应后期的不稳定性。

采用 PMDA 和 TGIC 复合扩链剂对回收 PETG 进行扩链改性，研究表明：单用酸酐类扩链剂 PMDA 对 PETG 并没有扩链增黏作用，相反还会促使 PETG 降解；环氧类 TGIC 和一步法添加复合扩链剂对 PETG 有一定的扩链作用，两步法添加复合扩链剂的扩链效果最佳。

综上所述，可以采用固相缩聚法或增黏改性法来提高 PET 分子量，使 PET 发泡时具有足够的熔体强度。但固相缩聚工艺耗时长、成本高，相比之下，化学增黏改性工艺耗时较短、成本低，符合 PET 发泡工业化生产的要求。

5.2.3 填充改性法

笔者研究团队曾研究了不同含量纳米蒙脱土（OMMT）对 PET 挤出发泡行为的影响，研究发现，熔融共混后，OMMT 的层间距得到有效提高，形成了"插层结构"。OMMT 的加入可以有效提高 PET 的结晶速率，但对其熔融行为的影响并不显著；加入 OMMT 形成的插层结构可以起到物理交联点的作用，能够提高 PET 的熔体弹性，同时在挤出发泡过程中具有气泡成核剂的作用，从而增强对 PET 挤出发泡的有效控制。

5.2.4 共混改性法

共混改性法是指将两种或多种聚合物通过熔融共混或溶液共混进行改性的方法。采用共混方法改性 PET 时，除通过两相性能互补获得更佳性能外，两相界面的相容性是一个必须要考虑的问题。通过高温热处理诱导两相界面发生酯交换反应，增加两相相容性是一个不错的方法。随着酯交换程度的增加，两相的界面结合改善，共混物的泡孔形态发生很大变化。当界面结合差时，分散相分布在 PET 基体中；发泡后，分散相被包覆在 PET 连续相的泡孔里。随着酯交换反应的进行，界面结合逐渐变好，分离的分散相和 PET 连续相逐渐变成均相，两相泡孔形态逐渐消失，可以形成纳米/微米泡孔形态。

随着酯交换反应的进行，在两相之间将产生共聚物。随着共聚物含量的增加，两相界面张力下降，两相结合力提高，PET 相的结晶度降低。在发泡过程中，PET 相将产生纤维状结晶薄片。最优化的热处理可以使 PET 共混物在发泡过程中产生大量的纤维和 100％的开孔结构。

笔者研究团队曾采用 PMDA 作为增容剂,调节聚碳酸酯(PC)/PET 共混物形态结构,改善共混物的黏弹性。研究发现,随着增容剂的增加,PC 分散相的尺寸逐渐减小,两相界面逐渐消失,共混物的发泡倍率大幅提高。

5.2.5 固相缩聚改性法

固相缩聚改性是指 PET 保持固相状态,保持真空或者 N_2 氛围下,反应温度在 T_m 和 T_g 之间的条件下进行的聚合反应,以达到增黏、脱出小分子和提高结晶度的目的。它本质上属于酯交换反应。PET 固相缩聚反应过程主要包括端基移动和碰撞、端基反应、小分子副产物从颗粒内部扩散到颗粒表面、小分子副产物从颗粒表面扩散到气相中。前两步为反应步骤,后两步为扩散步骤。当聚合物的颗粒足够小时,第三步反应速率非常快,可以认为是瞬时完成;当真空度足够高时,第四步反应速率非常快,也可以认为是瞬时完成。固相缩聚主体工艺主要由干燥、结晶、缩聚和冷却四个阶段组成,整个反应过程中链增长和降解等反应同时进行。影响固相缩聚反应的因素有很多,聚合物的结晶度和黏度、颗粒尺寸、缩聚时间、缩聚温度、真空度等都是需要考察的因素。

采用 PMDA 作为扩链剂,以反应挤出和固相缩聚为改性手段,可以制备高熔体强度的改性 PET。研究发现:挤出改性 PET 的特性黏度随固相缩聚反应时间的延长而增加,反应速率随着固相缩聚温度的升高而加快。220℃下,0.5％(质量分数)PMDA 挤出 PET 反应 4h 后,特性黏度达到 1.37dL/g,具有较高的特性黏度。固相缩聚可以有效降低改性 PET 的 MFR,固相缩聚的时间和温度都是影响改性 MFR 的重要参数,固相缩聚时间越长、反应温度越高,对 PET 的改性效果越好。但是温度过高,时间过长,会导致 PET 的交联,使得 MFR 小于 1g/10min,流动性能极差,不利于工业生产。改性经过固相缩聚反应后,出现了典型的熔融双峰,随着固相缩聚反应时间的延长,低温峰与高温峰不断靠近,但是并未出现双峰合并成单峰的现象。这说明随着缩聚时间的延长,不同完善程度的晶体趋于完善和稳定,但是由于改性剂改变了 PET 的高度对称的线型结构,破坏了分子链的结构规整性,产生了一定的支化结构,阻止了线型分子链高度规整排列的具有一定厚度的片晶结构,削弱了结晶性能。固相缩聚可以显著提高改性的复数黏度、弹性模量及黏性模量,PMDA 含量越高、固相缩聚反应时间越长、反应温度越高,聚合物的黏弹性越高。改性后 PET 具有明显的剪切变稀现象,具有非牛顿流体特征,说明 PMDA 的加入使 PET 产生了长链支化结构,增强了其熔体强度。

5.3 聚对苯二甲酸乙二醇酯发泡成型方法与工艺

5.3.1 挤出发泡法

通过挤出发泡法制备得到的 PET 发泡材料的发泡棒材泡孔尺寸沿径向呈梯度分布，即中心泡孔大，边缘泡孔小，如图 5.3 所示。国外很早就实现了 PET 挤出发泡成型的工业化生产，而国内目前的 PET 发泡主要采用釜压发泡法和模压发泡法，关于挤出发泡法的研究成果很少。

图 5.3 挤出法制备的 PETG 发泡棒材 SEM 照片

腾卷隆等采用 CO_2 或 N_2 作为物理发泡剂连续挤出发泡制备了 PET 泡沫制品。首先，将 PET、偶联剂和其他助剂的混合物放入挤出机中，加热至 PET 的 T_m 以上，制备改性 PET 树脂，然后在改性 PET 树脂中注入物理发泡剂并冷却，进行挤出发泡。

日本积水化学工业株式会社的一项 PET 发泡体的连续制造方法的专利显示，PET 泡沫可以通过双阶挤出机来完成，将 PET 树脂与改性剂的混合物加入一阶双螺杆挤出机中熔融混炼，通过减压抽真空去除残余的挥发性成分，然后挤出物料通过二阶单螺杆挤出机，在单螺杆挤出机上设有发泡剂压入口用来注入物理发泡剂，从而进行挤出发泡成型。

笔者研究团队研究了超临界 CO_2 作为物理发泡剂进行 PET/纳米 MMT 复合材料的连续挤出发泡行为。结果发现，适当控制机头温度和压力有助于提高材料的发泡效果，过高的机头温度和压力会导致熔体破裂，使材料的发泡效果下降。

MMT 能有效提高 PET 的熔体强度，改善 PET 的可发性，还可以起到气泡异相成核剂的作用，提高发泡制品的泡孔密度。

在 PET 的化学挤出发泡成型过程中，在一定范围内，机筒温度越低，机头温度越低，螺杆转速越高，则试样的发泡效果越好。但机筒温度过低，螺杆转速过高，也会使试样的泡孔质量下降。当机筒温度为 265℃，机头温度为 220℃，螺杆转速为 30r/min 时，试样的发泡效果最好。

由于扩链后熔体强度较高，而使用的化学发泡剂含量低，泡孔呈现闭孔结构；泡孔密度取决于 PET 的分子改性或支化程度。

在 PET 挤出发泡过程中，临界核尺寸的大小对气泡成核及长大的影响极为重要。只有当泡孔尺寸大于临界核尺寸时，气泡才能够存在并长大；而尺寸小于临界核的气泡必然会塌陷。研究还发现：分子量对挤出发泡 PET 制品形态的影响也较大，小分子量 PET 只能制备泡孔尺寸为 $50\sim80\mu m$ 的泡沫塑料，而大分子量的 PET 可以制备出泡孔尺寸为 $8\mu m$ 的泡沫塑料。

有研究人员总结了挤出发泡过程中不同 PET 材料发泡性能与流变参数之间的关系。未经扩链反应的回收料由于其具有较低的黏度和熔体强度，几乎不发泡。纯料在挤出过程中虽然有较高的黏度以及较好的熔体强度，但是产生不了足够的膨胀以获得满意的发泡制品。经过适当浓度的扩链剂改性后的回收料能够在离开口模后产生足够的膨胀，从而得到泡孔质量较好、密度较均匀、表观密度为 $0.1\sim0.3g/cm^3$ 的闭孔发泡制品。

在发泡过程中，工艺参数的设置会对发泡制品的性能和外观产生很大的影响。

（1）机筒温度的影响

如果机筒温度太低，将不能提供足够的热量使 PET 迅速熔融，而发泡剂已开始分解，部分气体从加料口逃逸，使发气量不足，故试样密度较大。如果机筒温度太高，气体在 PET 熔体中的溶解度下降，气体不能完全溶于熔体中，因此会生成较大的气泡，甚至发生泡孔的合并或破裂，使试样的表观密度增大。

（2）模头温度的影响

一般来讲，模头温度是挤出过程沿螺杆方向温度分布中最低的，较低的模温有利于出口的熔体率先冷却下来，从而控制表层气体的溢出量，保证泡孔生长的动力。

随着模头温度的升高，模头内的熔体黏度越低，模头压力越低。熔体在挤出机模头时的熔体强度过低，气泡易发生合并或塌陷，容易造成试样的泡孔尺寸较大，且分布不均。

研究表明，当模头温度为 245℃ 时，泡孔形态并不理想，泡孔结构不规则，局部还出现了泡孔壁破裂的现象。当模头温度降至 241℃ 时，泡孔结构得到了有效改善，泡孔的均一性也有了很好的提高。这是因为：模头温度太低，发泡熔体在模头出口后，迅速冷却固化及结晶，黏度增大限制了泡孔的进一步增长；模头温度太高，熔体表层的气体会发生逃逸，造成表面塌陷和褶皱，同时熔体内部的气体由于温度高，熔体强度不够易发生合并或者破裂。

另有研究表明，发泡过程中的 PET 熔体在发泡剂的增塑作用下，模头温度可以降至 185℃，甚至更低的温度。

笔者研究团队也曾研究了模头温度和机头压力对 PET/MMT 复合材料发泡行为的影响。模头温度提高后，PET 发泡制品的泡孔尺寸明显减小，出现了泡孔合并的现象。这是由于聚合物的熔体强度会受到温度的影响，随温度的升高，聚合物的熔体强度会有所下降，从而降低气泡核的稳定性，使气泡容易发生合并、塌陷等现象。在适当的温度下，PET 的熔体强度能较好地阻止气泡的过度生长并减少气体向基体外的扩散，有利于形成泡孔尺寸和泡孔形态分布较为均匀的制品。

通过对改性 PET 的模拟发泡成型，发现纯 PET 材料的熔体强度较低，在 245℃ 高温下进行发泡成型，得到的泡孔尺寸较大，而且存在大量泡孔合并现象，生成破裂的泡孔。而当发泡温度降低到 235℃ 时，得到个数较少的、孤立的泡孔结构，且有大面积尚未发泡区域，这是温度降低，PET 结晶完善度上升，泡孔长大的阻力增加引起的结果。采用 0.8%（质量分数）PMDA 改性 PET 进行发泡成型，在 245℃ 下很难包住气体，而在 235℃ 下能够制备出大小较为均匀的泡孔结构。采用吹风冷却方式，能够缩短熔体温度降低所需时间，在更短的时间内将泡孔结构冷却定型，从而使制品内泡孔个数增加，泡孔尺寸减小。泡孔合并现象的存在说明吹风冷却方式能够在一定程度上起到改善泡孔形态的作用，但若想制备出泡孔形态更好的泡沫塑料，还需进一步提升降温速率。增加发泡过程中的饱和压力能够增加超临界 CO_2 在聚合物熔体中的溶解度，从而使泡孔个数增加。在该实验条件下，饱和压力对泡孔尺寸的影响不明显。

（3）螺杆转速的影响

随着螺杆转速的提高，PET 泡沫的表观密度和泡孔尺寸先降低后升高，泡孔密度先升高后降低。这是由于螺杆转速低时，机头压力较小，机头内部分熔体会出现预发的情况，随着转速的提高，上述问题逐渐减轻，泡孔质量逐步改善。但螺杆转速过快后，发泡体系在挤出机中的受热时间过短，使温度分布不均，而且 PET 受剪切作用过于强烈，极易分解，导致熔体强度下降，造成发泡效果开始变差，试样的密度开始增大。

（4）进气量的影响

有研究表明，当进气量从 3mL/min 增大至 15mL/min 时，由于 PET 熔体中溶解的发泡剂气体增多，泡孔成核数量增加，泡孔的平均直径可以从 $450\mu m$ 减小至 $150\mu m$，而泡孔密度最大可以达到 $9\times10^5\,cells/cm^3$，对应的发泡材料密度可以低至 $0.146g/cm^3$。

（5）成核剂含量的影响

有研究表明，在 46r/min 转速，10mL/min 进气量下，添加 0.1%（质量分数）纳米二氧化硅，发泡样品的泡孔为规整的闭孔结构，孔壁清晰，泡孔致密。发泡倍率从相同工艺条件下的 10.18 下降到 9.45，平均孔径从 $449\mu m$ 下降到 $265\mu m$，而孔密度从 $1.04\times10^5\,cells/cm^3$ 增大到 $4.6\times10^5\,cells/cm^3$，且孔径分布减小，发泡效果得到了很大的提高。

5.3.2　釜压发泡法

（1）快速升温间歇发泡法

利用 CO_2 在 PET 基体内的扩散与 CO_2 诱导结晶的耦合作用，采用 CO_2 饱和快速升温间歇发泡法可以制备得到结构可控的"三明治"发泡材料，该发泡材料的表层是两层微孔（超微孔）的结晶发泡层，两个表层中间是微孔的无定形发泡夹层，具有极佳的表面性能和较低的表观密度。

采用 CO_2 饱和快速升温间歇发泡法可以制备无定形 PET 和半结晶型 PET 泡沫。对于无定形 PET 来说，发泡样品的泡孔尺寸随饱和时间的延长而增加但独立于发泡温度，泡孔密度随气体饱和压力的增加呈现增加的趋势；对于半结晶型 PET 来说，泡孔尺寸受饱和时间的影响微弱，与发泡温度成正比，饱和压力对其成核的影响不大。

CO_2 饱和快速升温间歇发泡法还可以制备微孔发泡 PET 纤维。微孔发泡 PET 纤维的泡孔结构受工艺参数的影响很大。在固定其他工艺参数时，泡孔密度分别随温度、压力、加压时间和发泡时间的增加而增大。

（2）快速降压间歇发泡法

在 CO_2 饱和快速降压间歇发泡过程中，发泡温度同时改变了 PET 的熔体黏度和 CO_2 在 PET 熔体中的溶解度，这两方面相互竞争，共同影响发泡结果。饱和压力既影响了过饱和度，也影响了降压速率，对发泡结果的影响是双重的。

笔者研究团队曾采用如图 5.4 所示的装置，利用 CO_2 饱和快速降压间歇发泡法制备了扩链 PET 泡沫材料。研究发现，经过 TGDDM 和 PMDA 扩链后的 PET 分子量大幅提高，不仅生成了支化结构，而且还出现了微弱的凝胶，熔体

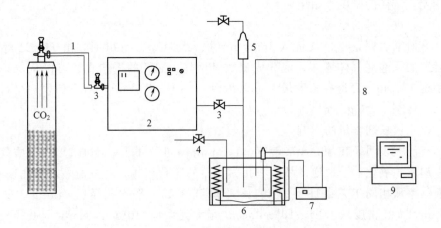

图 5.4　CO_2 高压釜装置示意图

1—高压管；2—注射泵；3—阀门；4—泄压阀；5—后置缓冲；6—高压容器；

7—温度控制器；8—电线；9—数据采集

黏弹性大幅改善，扩链 PET 发泡制品的发泡倍率最高可以分别达到 21 和 32 左右，泡孔形态呈现典型的五角十二面体结构，如图 5.5 所示。

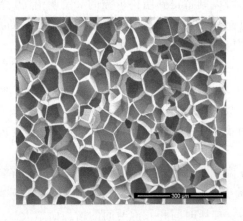

图 5.5　TGDDM 扩链 PET 泡沫的 SEM 照片

采用超临界 CO_2 在高压釜内辅助 PET 熔融缩聚改性和发泡一体化完成。其中，超临界 CO_2 可以去除 PET 缩聚剩余的小分子物质，然后剩余的大分子 PET 再通过快速降压间歇法进行发泡。这种熔融缩聚和发泡相结合的方法可以避免 PET 的降解，并且节省 CO_2 在熔体中的饱和时间。与普通的 CO_2 发泡工艺相比，这种相结合的方法可以制备出泡孔形态更好的泡沫材料。

利用釜压法还可以制备微孔发泡 PET 纤维。研究发现，PET 的泡孔结构随处理条件的不同而有很大的变化，在其他工艺条件不变的前提下，发泡纤维中泡孔密度分别随着压力、加压时间、发泡温度、发泡时间的增加而增大。PET 纤维能够通过 CO_2 和正丁醇混合物的吸附或减压作用进行发泡；发泡主要发生在纤维中部，而纤维表层很少发生；随着牵引速度的不同，PET 纤维表现出不同的泡孔结构。间歇成型法生产周期长，生产效率低，不适合 PET 发泡的工业化生产。

在相同的压降速率条件下，PET 发泡倍率随着饱和压力的增大而增大，随着饱和温度的增大而先增大后减小。相对于气泡成长的影响，气泡成核对发泡倍率来说影响更大。CO_2 的溶解不仅能够诱导结晶，而且能够降低体系的熔点。研究还引用了经典成核理论，验证了泡孔密度的变化规律，按照成核理论，随着压力降与饱和压力增大，泡孔密度增大。此外，气泡成核数量应该随饱和压力增大而呈凹形曲线，然而实验中当饱和温度为 553K 的时候，成核密度却出现了与经典成核理论不符的现象，出现了凸形曲线。

采用超临界 CO_2 作为物理发泡剂可进行纯 PET、PMDA 扩链 PET、添加二苯亚甲基山梨醇（DMDBS）的 PMDA 扩链 PET 三种样品的釜压发泡。相比纯 PET，PMDA 扩链 PET 发泡性能大大提高。在相同的发泡温度下，PMDA 质量分数为 1.0% 时的发泡效果较佳，发泡倍率最大的样品表观密度为 $67kg/m^3$，平均泡孔直径为 $49.6\mu m$，泡孔密度为 $2.7\times10^8 cells/cm^3$。扩链使得发泡加工窗口明显拓宽，纯 PET 样品仅能在 260℃ 附近形成完善的泡孔结构，温度升高时泡孔塌陷合并严重；而经 PMDA 扩链改性的 PET 发泡温度向高温方向拓宽，到 270℃ 时泡孔结构依然完好。相比未添加结晶成核剂 DMDBS 的扩链 PET 样品，DMDBS 的添加使得 PET/DMDBS 体系的黏弹性得到了显著改善，结晶速率更快，晶粒得到了细化，防止了高温下泡孔的塌陷合并，因而发泡倍率更高，发泡加工窗口更宽，泡孔结构随温度的变化较为缓慢。其中 DMDBS 质量分数为 0.5% 时在 272℃ 得到的发泡倍率最大为 20；DMDBS 质量分数为 1.0% 和 1.5% 时在 292℃ 下依然能够发泡，发泡加工窗口最宽达到了 36℃。

通过 PET 与 PMDA 熔融扩链及与纳米黏土熔融共混，可以显著提高 PET 的可发泡性，拓宽了 PET 的发泡温度窗口。黏土的引入显著提高了 PET 的发泡性能，虽然 PET/黏土纳米复合物的熔体黏度和熔体弹性远低于 PMDA 改性 PET，但是仍具有较宽的熔融发泡温度窗口，这可归因于黏土的异相成核性、曲折的 CO_2 扩散路径、较高的非等温结晶速率以及黏土颗粒沿着泡孔壁的取向等。熔融挤出共混制备的 PET/黏土纳米复合物的特性黏度为 $0.067\sim0.094L/g$，对应的熔融发泡温度窗口为 $20\sim60℃$。

此外，釜压发泡法还可以被用于固态微孔发泡制备高质量低密度的回收

PET 泡沫。CO_2 在回收 PET 中的溶解性和扩散性与在纯 PET 中相近。而且在 CO_2 吸收过程中，回收 PET 和纯 PET 一样，都出现了 CO_2 诱导结晶的现象。

釜压发泡法具有过程参数可控性强，所得制品泡孔均匀等优点，常用来研究聚合物的发泡机理。但是其存在生产效率低、发泡周期太长、可重复性差等缺点，不适合用于发泡 PET 的工业化生产。

5.3.3　模压发泡法

采用模压发泡法可以制备 PET 微孔（直径小于 $100\mu m$）发泡薄膜或片材。泡孔尺寸较小的 PET 微孔发泡材料强度和断裂伸长率明显高于未发泡 PET 材料，但随着泡孔尺寸的增大，PET 发泡材料的力学性能逐渐变差。发泡不影响 PET 的热降解行为，但使 PET 的 T_g 略有降低。

利用模压发泡法还可以制备出具有类似椭圆状泡孔的 PET 薄形片材，分析成型机理：一方面 PET 薄膜在模板下的双轴取向使得气泡成长过程中受到模板壁的挤压；另一方面，气泡以均相成核和异相成核两种形式共存，在气泡成长过程中，两者相互竞争也使得气泡生长受到抑制。上述原因使特殊形状的泡孔结构形成。

模压发泡法优点是设备成本低，周期短，操作简单，适合生产较厚的发泡板材；缺点是不能进行连续化生产。

5.3.4　半连续法

半连续法亦称改进热成型法或两步法，于 1990 年由 Kumar 在采用间歇法制备微孔材料的基础上发展而来。研究人员提出把气泡成核和气泡增长、定型分段进行，从而实现了分别控制微孔发泡塑料的几何形状和微孔结构的目的。将被气体浸润过的聚合物片材加热至 T_g 附近，使气泡成核，然后在具有较高温度的模具中进行热成型使泡孔膨胀至约 $10\mu m$，即可制备成具有微孔发泡的 PET 泡沫片材。

美国华盛顿大学的研究人员在此法的基础上提出采用 CO_2 诱导结晶的方法制备表层为完整结晶形态而芯部发泡的 PET 材料。因其质轻坚硬，可用于生产微波托盘、地砖、自行车头盔等。

研究表明，由于聚合物中的气体浓度降低到满足生成气泡核的最小浓度以下时不产生气泡，加热聚合物时可产生一种未发泡皮层。通过监控系统控制气体解吸时间，可生产带未发泡皮层的微孔发泡材料。利用此法制备的 PET 发泡材料带有与发泡芯层结成一体的结晶皮层，而且该 PET 发泡材料具有较高的比强度。

5.3.5　注塑微孔发泡法

注塑微孔发泡法的基本思想为：在熔胶阶段，超临界流体被注射进入机筒，在螺杆的强剪切作用下，超临界流体与聚合物熔体很快形成均相溶液。射胶阶段，封闭的射嘴打开，高压熔体/超临界流体均相溶液被迅速注射进入模具，由于压力骤降，气体在射嘴处发生泡孔成核，然后气核在模具内长大、固化，最终形成微孔发泡材料。微孔注塑制品分为皮层、中间层与芯层三部分。并且通过正交实验和信噪比分析法考察发现，高的熔胶量，适中的发泡剂含量和熔体温度，以及较低的射胶速率和模具温度有利于提高制品的拉伸强度。

将常规 PET 和原位改性 PET 的微孔注塑发泡过程进行比较可知，常规 PET 由于熔体强度较低，注塑发泡制品的泡孔容易破裂塌陷，形成的泡孔结构不理想，力学性能相对改性 PET 微孔泡沫材料有较大幅度的下降。而原位改性的 PET 出现支化结构，熔体强度得到提高，注塑发泡制品具有较均匀的泡孔尺寸和较好的泡孔形貌。

研究还发现：较好的拉伸性能需要适中的熔胶量、模具温度、射胶速率，较高的超临界流体（SCF）含量和较低的熔体温度；较好的冲击性能需要适中的熔胶量、SCF 含量、射胶速率，较高的模具温度和较低的熔体温度；较好的弯曲性能需要适中的熔胶量、SCF 含量、射胶速率，较高的熔体温度和较低的模具温度。随着熔胶量的增加，制品的拉伸性能、冲击性能和弯曲性能都得到了提高。

5.4　聚对苯二甲酸乙二醇酯发泡材料制品与应用

5.4.1　PET 发泡制品的性能优势

① PET 发泡制品具有很好的热稳定性、耐疲劳性能和抗蠕变性能。其工作温度可达 180℃以上，远高于聚乙烯、聚丙烯、聚苯乙烯、聚氨酯（PU）、聚氯乙烯等塑料泡沫的工作温度；

② PET 发泡制品的热膨胀系数接近混凝土和钢铁，其热膨胀性能堪比玻璃泡沫；

③ PET 发泡制品的力学性能优良，甚至优于 PS、聚氨酯泡沫和玻璃泡沫；

④ PET 发泡制品的吸水性比 PS、PU 泡沫低，水汽扩散阻止系数比弹性体泡沫高 10 倍，比某些泡沫塑料高 100 倍；

⑤ PET 发泡制品具有良好的泡孔尺寸稳定性，较高的闭孔率，对水汽、氧气、CO_2 有良好的阻隔性，具有优良的耐磨性和表面阻滞性能；

⑥ PET 发泡制品可回收再利用，对环境的影响很小。废旧 PET 塑料是 PET 发泡工艺原料的重要来源，因此在经济成本和环境保护方面有较大的优势。

5.4.2　PET 发泡制品的应用领域

基于以上优点，再加上 PET 本身的耐油、耐化学腐蚀等优点，PET 发泡制品可应用于食品包装、微波容器、冰箱内板、屋顶绝热、电线绝缘、微电子电路板绝缘、运动器材、汽车、航天工业等领域。近年来，PET 发泡制品的数量增长迅速，市场前景极其广阔。目前，美国、日本、瑞士等国家对 PET 发泡成型进行了研究，并开发出了各种用途的 PET 发泡材料和制品。

（1）PET 发泡片材

20 世纪 90 年代初，日本积水化学工业株式会社在世界上首次商业化生产出 PET 挤出发泡片材"Celpet"。这种材料不仅质轻、柔软、强度高，还具有优良的耐油、耐腐蚀和减震性。"Celpet"主要应用于防碰撞运输托盘、包装缓冲材料、小型电动机产品、LCD 和 HDD 相关零部件、食品包装盒等。同时，也有文献报道，PET 发泡片材生产存在两个难点：一是 PET 发泡过程中难以获得较为均一的片材产品；二是热成型所产生的大量边角再利用困难并且费用很高。

（2）PET 发泡芯板

2005 年，瑞士 Alcan Airex 公司推出了 PET 发泡芯板 AIREX® T90 和 AIREX® T91。这种材料为闭孔热塑性结构泡沫，易于加工和热成型，适用于多种加工工艺。在压缩强度和模量方面性能突出，抗疲劳及抗蠕变能力强，防紫外线，不吸水，拉伸强度良好，能承受最高 150℃ 的加工温度并且无后膨胀现象，长期使用的工作温度上限达 100℃。可应用于风电转子叶片、船舶内饰、汽车和火车内墙板、航空内板等领域。2009 年，该公司又推出第二代 PET 泡沫 AIREX® T92，与 AIREX® T90 和 AIREX® T91 相比，质量更轻，强度和硬度更高。AIREX® T92 是该公司重新设计配方而性能大幅提高的产品，技术上的进展主要体现在材料剪切变形断裂伸长率高，材料耐磨性高。

（3）PET 发泡瓶坯

Plastic Technologies Inc. 公司开发出一种发泡 PET 瓶与 PET 罐生产系统。

主要过程为：在注射瓶坯过程中将 N_2（或者 CO_2）注入 PET 聚合物熔料中，注射到模具空腔后压力骤降，即形成发泡。通过改变加工条件来控制泡孔的大小，最后在吹塑机上吹塑成预成型件。这种发泡 PET 瓶能满足阻隔性能规格，且瓶身坚硬，可将阻隔厚度减小 5% 而不影响原有性能。此外，在注塑过程中能更好地控制瓶壁的条纹，改善了瓶的握感。

（4）微孔 PET 发泡板材

平均直径在 $5\mu m$ 以下的微孔 PET 泡沫板材（MCPET）的光反射率处于世界领先水平，并且已经开始应用于照明器具、液晶背光板等众多领域。MCPET 具有优越的光反射特性，全反射率在 100% 以上，扩散反射率在 96% 以上，克服了金属反射板漫反射率较低，以及因吸收红光造成色彩偏蓝和只能向特定方向反射等问题。其良好的耐热性（170℃仍能保持形状），对轻微坠落冲击抵抗力强，理想的表面平滑性等特征对液晶电视这类需要高辉度背光源系统来说是具有很强的应用前景的。将 MCPET 材料放置于冷阴极管等发光源后能大幅提高直下型背光辉度，并且可以在保证辉度不变的情况下减少冷阴极管的数量。另外，还可以在机身厚度不变的情况下减少 LED 的数量，有助于制成更薄的背光模组，以减少不均匀光的输出来获得更加清晰的显示效果。

（5）其他 PET 发泡材料

美国 Du Pont（杜邦）公司将乙烯共聚物弹性体和玻璃纤维添加到 PET 中后挤出发泡，制得表层呈无定形而芯部呈结晶型的 PET 发泡材料。无定形的表层提供韧性，而结晶型的芯部则提供了高硬度和高强度，因此这种发泡材料既硬又韧，适合生产高硬度和高韧性的托盘组件。

美国华盛顿大学发明了一种表层为结晶形态的 PET 发泡材料。先将透明的 PET 片材放在低温模具中，静置于高压的 CO_2 气体中一段时间，直到表层发生结晶。此时可发现芯部的材料生成了大量的气泡核。最后将材料放在高温的甘油中使芯部发泡膨胀。这种 PET 发泡材料由于表层结晶而坚硬，芯部发泡而质轻，比普通的 PET 发泡材料具有更优异的物理性能，可用于生产微波托盘、地板砖、头盔等。

5.4.3 展望

近年来，PET 发泡制品因性能优越已应用于生产生活中的多个领域，正逐渐引起国内外关注。但普通 PET 树脂的黏性范围较窄，熔体强度不足，不能直接发泡成型，需要通过聚合新技术、加工改性等方法来提高其熔体黏度。

目前，日本、美国和荷兰等少数几个发达国家掌握了 PET 发泡技术并实现了工业化生产。而我国处于起步阶段，在这一领域研究相对较少，理论也不够成熟，尽管通过添加助剂改性 PET 已经取得一定进展，但是生产性能优良的 PET 发泡材料还有较大困难。因此，需要从高熔体强度 PET 树脂的制备、发泡工艺参数的优化设计以及气泡成核与增长的机理研究等多个方面开展深入综合的研究工作，使我国尽快实现发泡 PET 工业化生产。这对于拓展我国 PET 的用途，拓宽 PET 树脂的市场将具有非常重要的意义。

参考文献

[1] 熊春燕，朱江疆，干依民. 新型多孔聚酯纤维的制备 [J]. 合成技术及应用，2005，20（4）：48-51.

[2] Hirogaki K，Tabata I，Hisada K，et al. An Investigation of the Morphological Changes in Poly (Ethylene Terephthalate) Fiber Treated with Supercritical Carbon Dioxide Under Various Conditions [J]. Journal of Supercritical Fluids，2006，38（3）：399-405.

[3] Guan R，Xiang B，Xiao Z，et al. The Processing-structure Relationships in Thin Microcellular PET Sheet Prepared by Compression Molding [J]. European Polymer Journal，2006，42（5）：1022-1032.

[4] 鲁德平，王必勤. 模压法微孔发泡 PET 薄膜的性能研究 [J]. 胶体与聚合物，2002，20（3）：21-23.

[5] 向帮龙. 模压法制备微孔发泡 PET 片材及其机理研究 [D]. 武汉：湖北大学，2006.

[6] 鲁德平，王必勤，管蓉. 微孔发泡 PET 薄膜的动态力学性能研究 [J]. 现代塑料加工应用，2002，14（6）：30-32.

[7] 吴舜英，徐敬一. 泡沫塑料成型 [M]. 北京：化学工业出版社，1999：142-143.

[8] 腾卷隆，浦田好智. 聚酯树脂泡沫制品及其制备方法 [P]. JP，99812803.1，2005.

[9] 石渡晋，坪根匡泰，平井孝明. 热塑性聚酯树脂发泡体的连续制造方法 [P]. JP，011358106，2005.

[10] R 克拉纳. 发泡聚酯、特别是 PET 的制造方法 [P]. IT，98804872.8，2004.

[11] Xanthos M，Dey S K，Zhang Q，et al. Parameters Affecting Extrusion Foaming of PET by Gas Injection [J]. Journal of Cellular Plastics，2000，36（2）：102-111.

[12] 何继敏. 新型聚合物发泡材料及技术 [M]. 北京：化学工业出版社，2008.

[13] Maio L Di，Coeeorullo I，Montesano S，et al. Chain Extension and Foarning of Recycled PET in Extrusion Equipment [J]. Macromolecular SymPosia，2005，228（1）：185-199.

[14] Xanthos M，Zhang Q，Dey S K，et al. Effects of Resin Rheology on the Extrusion Foaming Characteristics of PET [J]. Journal of Cellular Plasties，1998，34（6）：498-510.

[15] 陈志兵. 聚对苯二甲酸乙二醇酯（PET）挤出发泡成型的研究 [D]. 北京：北京化工大学，2011.

[16] 戴剑峰. 聚对苯二甲酸乙二醇酯（PET）扩链反应及结构流变学研究 [D]. 上海：上海交通大学，2009.

[17] 陈志兵，何继敏. PET 发泡成型研究进展 [J]. 塑料科技，2010，38（4）：100-104.

[18] 陈志兵，何继敏. PET 挤出发泡成型的工艺参数研究 [J]. 塑料科技，2011，39（10）：

58-60.

[19] Zheng W G，Patrick C L，Park C B. Extrusion Foaming Behaviors of PET with CO₂ [C]. Annual Technical Conference ANTEC，2007，5：3020-3024.

[20] LI Y，Xiang B，LIU J，et al. Morphology and Qualitative Analysis of Mechanism of Microcellular PET by Compression Moulding [J]. Materials Science and Technology，2010，26（8）：981-987.

[21] 康鹏，金滟，蔡涛，等. PET 树脂发泡技术研究进展 [J]. 塑料工业，2011，39（3）：35-38，51.

[22] 黄超. 以 CO₂ 为发泡剂的聚酯 PET 挤出发泡过程 [D]. 上海：华东理工大学，2011.

[23] 杨始堃，陈玉君. PET 的发泡及在液晶反射板的应用 [J]. 聚酯工业，2010，23（1）：1-4.

[24] 崔周波. PET 挤出改性及微孔注塑成型 [D]. 上海：华东理工大学，2010.

[25] 张方林. 原位聚合改性 PET 及其熔融可发泡性研究 [D]. 上海：华东理工大学，2010.

[26] Gong P，Ohshima M. Effect of Transesterification at Interface Between Bisphenol a Polycarbonate（PC）and Polyethylene Terephthalate（PET）Domains on Micro/Nano Cellular Foam of Their Blends [C]. Foams 2011-9th International Conference on Foam Processing and Technology.

[27] Gong P，Ohshima M. Open-cell Foams of Polyethylene Terephthalate/Bisphenol a Polycarbonate Blend [J]. Polymer Engineering and Science，2015，55（2）：375-385.

[28] 何路东，王向东，刘本刚，等. PET/纳米蒙脱土复合材料的制备及连续挤出发泡 [J]. 塑料，2011，40（5）：49-53.

[29] Zhong H，Xi Z，Liu T，et al. Integrated Process of Supercritical CO₂-assisted Melt Polycondensation Modification and Foaming of Poly（Ethylene Terephthalate）[J]. Journal of Supercritical Fluids，2013，74（10-12）：70-79.

[30] 步玉磊，周南桥，胡军，等. PET 扩链/支化改性及其微孔发泡研究进展 [J]. 塑料科技，2009，37（9）：82-87.

[31] 潘悦星. 微孔发泡 PET 纤维的制备及性能初探 [J]. 中国纤检，2011，15：84-86.

[32] 黄晓，冯荣魏. 高耐热容器-发泡 PET 片"Celpet" [J]. 湖南包装，1995，3：13-15.

[33] 王云珍. 积水化成品公司开发世界上最新的发泡 PET 树脂成型品 [J]，2000，1：21.

[34] 柯钊. 增塑 PET 微发泡片材的制备及性能研究 [D]. 武汉：湖北大学，2013.

[35] 仲华. 原位熔融缩聚改性的 PET 及其 CO₂ 发泡过程研究 [D]. 上海：华东理工大学，2013.

[36] Guan R，Wang B，Lu D，et al. Microcellular Thin PET Sheet Foam Preparation by Compression Molding [J]. Journal of Applied Polymer Science，2004，93（4）：1698-1704.

[37] 杨经涛，奚志刚. 发泡塑料制品与加工 [M]. 北京：化学工业出版社，2012.

[38] 陈志兵，何继敏. PET 发泡成型研究进展 [J]. 塑料科技，2010，38（4）：100-104.

[39] 孙俊，王庆海. MDI 对低黏度 PET 树脂改性的结构和性能研究 [J]. 工程塑料应用，2008，36（11）：4-6.

[40] 王晓光，徐东东，余莹波，等. 回收 PET 的反应挤出增黏 [J]. 塑料工业，2008，36（4）：23-36.

[41] 李明，徐秀雯. PET 扩链反应研究 [J]. 合成技术及应用，2004，19（2）：16-18.

[42] 张素文，王益龙，王兴兴，等. 反应挤出过程中 PET 扩链反应的研究 [J]. 聚酯工业，2007，

20 (4)：15-18.

[43] 吴彤，李莹，蔡夫柳，等．扩链剂联用技术对 PET 扩链反应的影响 [J]．聚酯工业，2002，15 (2)：20-24.

[44] 吕云伟，李斌，丁岚曦，等．反应挤出过程中回收 PET 扩链反应的研究 [J]．现代塑料加工应用，2009，21 (2)：17-19.

[45] Hirogaki K，Tabata I，Hisada K，et al. An Investigation of the Morphological Changes in Poly (Ethylene Terephthalate) Fiber Treated with Supercritical Carbon Dioxide Under Various Conditions [J]. Journal of Supercritical Fluids，2006，38 (3)：399-405.

[46] 周峰．回收 PETG 扩链增粘改性及其发泡性能的研究 [D]．武汉：湖北工业大学，2016.

[47] 郭亚峰．超临界流体制备聚酯发泡材料研究 [D]．北京：北京化工大学，2015.

[48] Liang M T，Wang C M. Production of Engineering Plastics Foams by Supercritical CO_2 [J]. Ind. Eng. Chem. Res，2000，39 (12)：4622-4626.

[49] Lee S T，Park C B. Foam Extrusion-Principles and Practice [M]. USA：CRC Press，2014，489-520.

[50] Liu H，Wang X，Zhou H，et al. The Preparation and Characterization of Branching Poly (Ethylene Terephthalate) and Its Foaming Behavior [J]. Cellular Polymers，2015，34 (2)：63-94.

[51] Liu H，Wang X，Zhou H，et al. Reactive Modification of Poly (ethylene terephthalate) and its Foaming Behavior [J]. Cellular Polymers，2014，33 (4)：189-212.

[52] 袁海涛．聚酯 PET 的反应挤出改性及其微孔发泡的研究 [D]．上海：华东理工大学，2014.

[53] 范朝阳．高熔体强度 PET 的流变行为及其超临界 CO_2 挤出发泡的研究 [D]．上海：华东理工大学，2014.

[54] 步玉磊．PET 扩链/支化改性及发泡成型研究 [D]．广州：华南理工大学，2010.

[55] 夏天．超临界 CO_2 环境中 PET 的缩聚和发泡过程 [D]．上海：华东理工大学，2015.

[56] 闫海超．缩聚型聚合物的化学扩链及其超临界 CO_2 发泡研究 [D]．上海：华东理工大学，2016.

[57] 刘海明，王向东，刘伟，等．聚对苯二甲酸乙二醇酯扩链体系的结晶动力学 [J]．塑料，2014，43 (1)：41-48.

[58] 潘小虎，李乃祥，庞道双，等．发泡 PET 研究进展 [J]．合成技术与应用，2015，30 (1)：21-26.

[59] 郭亚峰，信春玲，杨兆平，等．二苯亚甲基山梨醇对 PET 扩链体系发泡性能的影响 [J]．分析试验室，2015，34 (7)：855-861.

[60] 郭亚峰，信春玲，杨兆平，等．PMDA 扩链对 PET 流变性能及发泡性能的影响 [J]．塑料，2015，44 (6)：45-48.

[61] 刘本刚，粟宇豪，刘海明，等．扩链剂对聚对苯二甲酸乙二醇酯流变性能和发泡性能影响 [J]．中国塑料，2015，29 (5)：54-59.

[62] Yan H，Yuan H，Gao F，et al. Modification of Poly (Ethylene Terephthalate) by Combination of Reactive Extrusion and Followed Solid-state Polycondensation for Melt Foaming [J]. Journal of Applied Polymer Science，2015，132 (44)．

[63] Fan C，Wan C，Gao F，et al. Extrusion Foaming of Poly (Ethylene Terephthalate) with

Carbon Dioxide Based on Rheology Analysis [J]. Journal of Cellular Plastics，2016，52（3）：277-298.

[64] Ozdemir O，Karakuzu R，Jassim A K，et al. Core-thickness Effect on the Impact Response of Sandwich Composites with Poly（Vinyl Chloride）and Poly（Ethylene Terephthalate）Foam Cores [J]. Journal of Composite Materials，2015，49（11）：1315-1329.

第6章
Chapter 6

聚乳酸改性及其发泡材料

6.1 聚乳酸树脂概述

由于传统塑料对环境造成的负面影响和石油基塑料资源开发的有限性，能完全生物降解和利用可再生资源为原料合成的绿色生物塑料受到了人们的密切关注。其中，聚乳酸（PLA）是一种以可再生的植物资源为原料制备的一种热塑性脂肪族聚酯，结构式如图 6.1 所示。其 T_g 和 T_m 分别是 $60℃$ 和 $175℃$ 左右，在室温下是一种处于玻璃态的高分子。PLA 可在微生物、水、酸、碱等作用下完全分解，分解产物为水和 CO_2，或者在特定酶的作用下降解为乳酸，不造成环境污染，还可以像传统石油基塑料一样进行回收加工利用。此外，PLA 能够同普通高分子一样进行各种成型加工，如挤出、流延、吹膜、注塑等。经过加工后得到的产品可以广泛应用在服装、包装、农业、林业、土木建筑、医疗卫生用品、日常生活用品等领域。经过耐久性、耐热性改性的 PLA 材料还可以作为工程塑料应用于 IT、汽车领域。

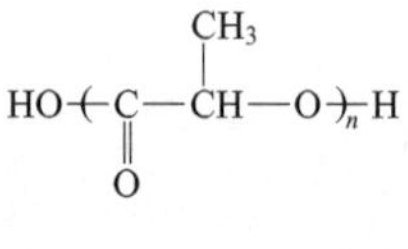

$$HO \left(\begin{matrix} & CH_3 \\ C & CH & O \\ \| & & \\ O & & \end{matrix} \right)_n H$$

图 6.1 PLA 的结构式

由于乳酸分子具有手性结构，因此 PLA 大分子具有旋光性，分为左旋聚乳酸（PLLA）、右旋聚乳酸（PDLA）和消旋聚乳酸（PDLLA）。其中，PDLLA 是无定形聚合物，是由 PLLA 和 PDLA 以 1:1 的比例混合而成，其 T_g 为 $52.8℃$。而 PLLA 和 PDLA 为半结晶聚合物。由于 PLLA 能够结晶，具有高模量等优越性能，大多数生产制品所使用的 PLA 原料都是含有少量旋光异构体的 PLLA。

经过缩聚法化学合成制备的热塑性脂肪族聚酯，是目前应用较为广泛的一种绿色生物材料。PLA 的单体是乳酸。在乳酸分子中含有一个羟基和一个羧基，两个基团具有反应活性，能够在适当的条件下脱水缩聚合成 PLA。目前合成 PLA 的方法主要有两种：通过乳酸直接进行缩聚反应得到 PLA（直接缩聚合成法）；通过丙交酯（3,6-二甲基-1,4-二氧杂环己烷-2,5-二酮）开环聚合的方法得到 PLA（丙交酯开环聚合法）。

其中直接缩聚合成法，也称为一步聚合法，是利用乳酸直接脱水缩合反应合成 PLA。这种方法的研究起始于 20 世纪 30 年代。其优点是操作简单，成本低；缺点是对乳酸纯度要求高，直接缩聚反应时间长，反应温度控制要求严格。产物分子量很低，导致 PLA 力学性能差，高温熔融缩聚，产品可利用价值低，产物容易降解、变色。因此，工业化量产难度较大。其反应式如图 6.2 所示。

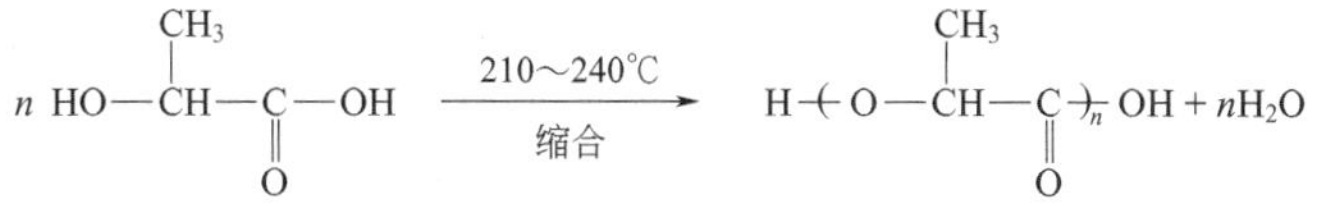

图 6.2　PLA 的直接缩聚合成法

早期的直接缩聚合成法因为难以抽出反应中产生的水，导致缩聚反应进行不完全，得到的产物分子量（4000）也很低，产物几乎无实用价值。而随着直接缩聚合成法的改良，日本昭和高分子公司首先采用在惰性气体中缓慢加热乳酸，并在 220~260℃、133Pa 的条件下进行下一步缩聚，所得到的 PLA 具有超过 4000 的分子量，但是在高温下性能不稳定。随后 Fukuzaki 等人发现，在催化剂存在的条件下可以得到较高分子量的 PLA，同时能够提高 L-乳酸的缩聚程度。Hiltunen 的研究发现，不同于之前缩聚反应温度高于 220℃，将缩聚反应温度降低至 200℃后 PLA 的分子量出现大幅度的上升。这种现象主要是因为在高温条件下，PLA 分子发生热解反应的速率要大大高于发生缩聚反应的速率，所以导致分子量难以提高。目前，通过大量研究证明单纯使用直接缩聚合成法很难得到较高分子量的 PLA，利用共沸缩聚、扩链反应、酯化促进辅助剂和固相缩聚等方法，可以得到较高分子量的 PLA。

间接合成法即丙交酯开环聚合法，也称作二步聚合法，是利用乳酸或乳酸酯为原料，经脱水后得到低分子量的 PLA 低聚物，然后高温裂解得到单体丙交酯，丙交酯开环聚合得到 PLA。其反应式如图 6.3 所示。

丙交酯开环聚合法是目前世界范围内生产 PLA 最普遍的方法。在 20 世纪 50 年代，美国杜邦公司利用丙交酯开环聚合法获得了高分子量的 PLA。近年来，国外对 PLA 合成的研究主要集中在丙交酯的开环聚合上。其中，美国 Natureworks 公司用此法生产的 PLA 商品较为成功，有挤出、注射、膜、板、纺丝等多种规格的产品，其分子量可以达到十万以上。而德国 Boeheringer Zngelhelm

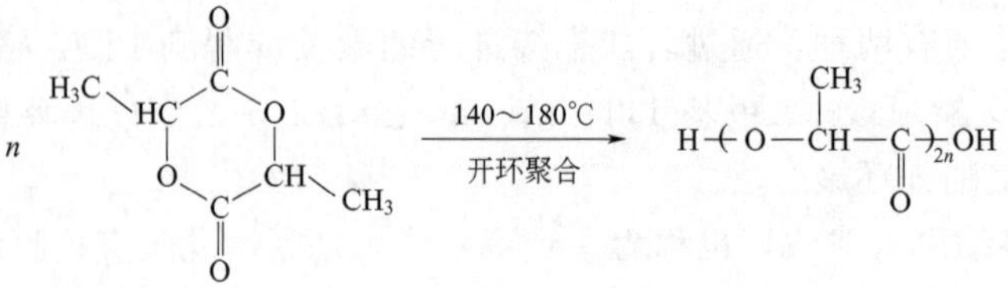

图 6.3　PLA 的丙交酯开环聚合法

公司通过开环聚合得到的 PLAResomer，采用辛酸亚锡作引发剂，分子量可达上百万，机械强度非常高。此外，荷兰 Purac 公司、美国 Ecochem 公司、日本岛津公司和丰田公司、英国 Fisher 公司等均采用该方法生产 PLA。

　　PLA 的性能介于聚对苯二甲酸乙二醇酯（PET）和聚苯乙烯（PS）之间，其性能对比如表 6.1 所示，在室温下是一种处于玻璃态的硬质高分子。然而，PLA 同时具有一些性能上的缺点，如抗冲击性能不良、高温使用性和气体阻隔性较差限制了其应用范围和市场化发展进程。特别是熔体强度值过低，使得PLA 不适用于发泡、吹膜和纺丝等工艺。对 PLA 提高熔体强度的改性研究引起了研究人员的广泛兴趣。PLA 与 PS 和 PET 的性能对比见表 6.1。

表 6.1　PLA 与 PS 和 PET 的性能对比

性能	PLA	PS	PET
拉伸强度/MPa	53	45	58
断裂伸长率/%	4.1	3	5.5
弯曲强度/MPa	98	76	88
弯曲模量/GPa	3.7	3.0	2.7
Lzod 冲击强度/(J/m^2)	29	21	59
维卡软化点/℃	58	98	79
热变形温度(0.45MPa)/℃	55	75	67
密度/(g/cm^3)	1.26	1.05	1.4
透光率/%	94	90	—
折射率	1.45	—	1.58
体积电阻率/$10^{16}\Omega \cdot cm$	≤1	≤1	≤1
阻燃性(UL94)	HB	HB	HB
T_g/℃	55~60	102	74
T_m/℃	130~170	—	265

6.2 聚乳酸发泡改性

6.2.1 PLA 特性

PLA 原料因为容易发生水解和热解，在加工时易于断链，影响可加工性。同时，PLA 本身的熔体强度很低，在发泡过程中发生泡孔的破裂，很难制备出高发泡倍率、具有均匀泡孔结构的 PLA 发泡材料。为了改善 PLA 的可发性，通常采用扩链改性、填充改性、共混改性、交联改性等方法。采用这些方法可以有效地提高 PLA 的可发性，控制泡孔尺寸和泡孔形态，提高发泡倍率。

6.2.2 扩链改性法

提高 PLA 熔体强度也是得到高质量发泡 PLA 的有效方法。其中，效果最为明显的就是采用 PLA 专用扩链剂进行反应扩链。通过熔融反应来提高 PLA 的分子量，或改变分子构造，赋予 PLA 熔体弹性和熔体强度更多的变化。一般而言，扩链剂是指能与 PLA 分子链上的羧基或羟基发生反应的多官能团的一类化合物。能够作为 PLA 扩链剂的化合物主要分为三类：含环氧官能团化合物、含酸酐基团化合物和多异氰酸酯化合物。目前有许多商品化的扩链剂，主要由克莱恩公司、BASF 公司、Johnson 公司、Arkema 公司、陶氏化学公司、Du Pont 公司和 Teknor 公司制造。上述大部分扩链剂的生产都是利用了 PET 专用扩链技术。

环氧类化合物能够利用环氧官能团与 PLA 中的端羟基和端羧基进行反应，在 PLA 分子链中引入支化结构，从而改善 PLA 的熔体弹性和熔体强度，改性后的 PLA 具有显著的应变硬化效果。使用环氧类化合物作为扩链剂可以有效地抑制 PLA 的过度交联，同时还能减少 PLA 在挤出发泡中水解的发生。通过调节环氧类化合物的用量，可以方便地控制 PLA 分子链的支化程度。同时，挤出机的温度设定和转速等工艺参数对反应挤出时 PLA 的分子量和分子构造都有影响。采用 BASF 公司生产的多环氧基扩链剂，可以将 PLA 的分子量由 14 万提高到 40 万左右，熔体强度和熔体弹性均有大幅提高，扩链后的 PLA 进行挤出发泡时，泡孔密度明显上升，泡孔更加均匀。日本油脂会社尝试加入 0.8%（质量分数）的含环氧官能团的丙烯酸聚合物来改性 PLA，结果 PLA 的熔体黏度提高近 60%，熔体强度提高，可吹膜性更好，牵引速度和吹胀比提高，对薄膜的厚度和宽度可调性更好。CESA-extend 是一种商品化的扩链剂，由 Clariant Additive Masterbatches 制备，可以用于提高 PLA 的熔体强度。当添加量为 1%～4%

（质量分数）时可以提高 PLA 的表面张力和黏度，制备出泡孔密度更低和泡孔尺寸更小的发泡材料。

与纯 PLA 相比，多官能度环氧化合物（TGIC）反应改性制备的支化结构 PLA 的黏弹性显著提高，尤其是弹性响应，通过 Cole-Cole 图和 Han 图可以反映支化结构的引入。此外，DSC 结果表明改性后 PLA 出现了明显的降温结晶峰，进一步印证了支化结构的存在。

酸酐类化合物主要包括 PMDA 等，酸酐类化合物上的酸酐基团可以与 PLA 分子链上的羧基或羟基反应，形成支化或网状结构以提高 PLA 的熔体强度等流变性能。

PMDA 和 TGIC 联合使用能有效对 PLA/聚丁二酸丁二醇酯（PBS）体系进行长支链化改性，得到具有一定长支链结构的体系，提高了其熔体强度、弹性和拉伸黏度，可以避免挤出发泡过程中泡孔的破裂、塌陷及并泡现象，提高泡孔的均匀性。

多异氰酸酯类化合物主要包括 MDI、2,4-甲苯二异氰酸酯（TDI）、亚苯二甲基二异氰酸酯，或以上几种的混合物。异氰酸酯化合物能够与 PLA 分子链上的端羧基反应，不同的多异氰酸酯化合物反应活性也不一样，其中芳香族多异氰酸酯比较适合于 PLA 的反应扩链。但是其加入量对 PLA 的交联程度影响也很大，控制合理的加入量可以减少过度交联现象。此外，含水量对 PLA 的多异氰酸酯化合物扩链影响也很大，如果体系中含水量过高，会导致 PLA 扩链后熔体强度仍然得不到提高，影响 PLA 的挤出发泡。上海交通大学的 Liu 等人尝试使用 PMDA 和 TGIC 将 PLA 分子链上羟基进行反应挤出制备长链支化结构的 PLA，通过 GPC 和流变测试后发现，使用多异氰酸酯类化合物对 PLA 进行扩链后，可以得到具有长链支化结构的树状 PLA 分子链。体系的熔体强度提高，出现支化结构典型的应变硬化现象，如图 6.4 所示，PLA 的可发性提高，泡孔形态具有明显改善。

为了解决 PLA 熔体强度、黏度和弹性过低不适合于发泡的问题，曾有研究人员尝试向 PLA 中加入 1,4-丁二醇（BD）和 1,4-丁烷二异氰酸酯（BDI）扩链剂进行反应挤出扩链，并通过控制两种扩链剂的比例对 PLA 分子结构进行设计。当两种扩链剂比例为 COOH：BD=2：1、OH：BDI=1：1 时，样品分子量最大，同时熔体黏度、熔体弹性和泡孔密度最高。而当 BD 过量时，会造成 PLA 的降解，导致 PLA 熔体黏度和熔体弹性的降低，可发性下降，其发泡后的 SEM 照片如图 6.5 所示。其放大倍率依次为 100、200、250 和 50，泡孔尺寸较大（达到 $223\mu m$），表观密度为 $0.179g/cm^3$，泡孔密度为 $7.7 \times 10^5 cells/cm^3$；当 BDI 过量时，泡孔参数会有大幅改善，泡孔尺寸降低至 $24\mu m$，表观密度降低至 $0.0923g/cm^3$，泡孔密度提高至 $6.7 \times 10^8 cells/cm^3$；BD 过量时的泡孔形态与未

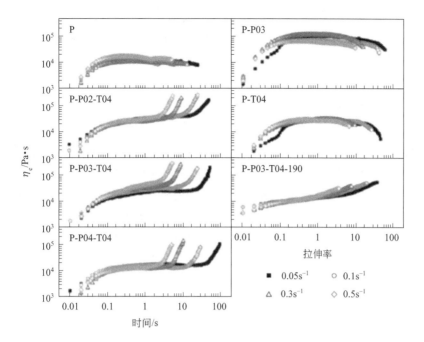

图 6.4　异氰酸酯扩链制备长支化 PLA 的应变硬化现象

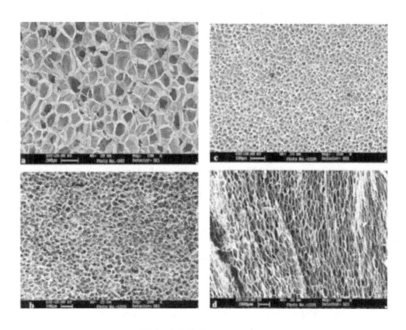

图 6.5　通过异氰酸酯扩链后的 PLA 发泡 SEM 照片

扩链时的 PLA 较为相似，而 BD 和 BDI 等量时的泡孔形态介于未扩链 PLA 和 BDI 过量时扩链 PLA 之间。这说明加入异氰酸酯并控制配比能够改善 PLA 的熔体强度，提高可发性。

6.2.3 填充改性法

目前利用纳微米级填料改性 PLA 的发泡性能也有较多研究。纳微米级填料对发泡过程最大的影响在于改善基体的力学性能和提高泡孔成核效率。其巨大的比表面积为泡孔成核提供大量异相成核点。由于 PLA 是一种可生物降解材料，所以对 PLA 复合材料中的纳微米填料通常需要考虑可生物降解性。PLA/纳微米复合材料是指将 PLA 基体作为连续相，以纳微米尺寸的无机粒子、有机粒子、纤维等为分散相，通过一定的制备方法将纳微米粒子均匀地分散到基体材料中，形成某种具有纳微米尺寸材料的复合材料。PLA 与纳微米级填料进行复合后，复合材料的力学性能、耐热性及结晶等性能方面发生大幅变化，所以 PLA/纳微米复合材料成为 PLA 改性的一个重要的新兴方向。

一般纳微米填料包括纳米 MMT、纳米二氧化硅和碳纳米管等。将 PLA 与纳米 MMT 进行复合改性，PLA 的分子链可以进入纳米 MMT 的层间，形成插层或剥离的结构，如图 6.6 所示。插层结构是指 PLA 分子链进入纳米 MMT 层间，将原有的层间距扩大，但是没有破坏 MMT 的有序结构。而剥离结构是 PLA 分子链进入 MMT 层间后将层状结构进行剥离，单层的 MMT 均匀地分散在 PLA 分子链中，层与层之间不再保持平行。随着 PLA 分子链向 MMT 中扩散

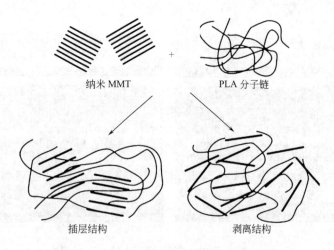

纳米 MMT   PLA 分子链

插层结构   剥离结构

图 6.6　PLA/纳米复合材料的结构示意图

的程度不同，可以得到从插层型到剥离型的不同结构的纳米复合材料。然而实际上，要得到真正意义上完全插层或完全剥离结构的复合材料都很困难，一般都是插层与剥离结构同时存在。

PLA 分子链与 MMT 层间相互作用是决定插层或剥离结构能否形成的关键，MMT 层间经过有机改性以后，可以降低层间的极性，有利于 PLA 分子链的反应，从而形成插层或剥离结构。而这个过程中，PLA 分子链受到多种因素的影响，比如 MMT 产生的空间位阻效应、温度和时间等。过高的温度不利于 PLA 分子链的插入，略高于 T_m 的温度比较适合于熔融插层。一般要得到 PLA/纳米 MMT 插层结构，可以通过以下三种方法：①PLA 溶液插层，将溶剂分子进行插层，再利用 PLA 将层间溶剂分子进行替代；②单体乳酸的原位聚合，将单体乳酸分子进行插层，再将单体乳酸分子进行原位聚合；③PLA 的熔融插层。其中，PLA 的熔融插层因为工艺简单，效率较高，目前使用较多。当 PLA 分子链插入 MMT 层间或形成剥离结构时，PLA 分子链受到均匀分布在其中的层状 MMT 的影响，复合体系的熔体弹性、力学性能和阻隔性能等都有大幅改善。

目前有大量利用上述三种方法制备 PLA/纳米复合材料的研究。Ogata 于 1997 年第一次公开有关 PLA 纳米复合材料的文章，其研究采用溶液法制备出 PLA/MMT 复合材料，但是 XRD 研究发现，复合材料中片状 MMT 插层效果并不明显。而 Bandyopadhray 等在 1999 年发表的文章中称，所研究的 PLA/MMT 纳米复合材料具有良好的插层结构，且复合材料的力学性能和热性能均有大幅提高。

为了提高 MMT 与 PLA 的相容性，获得较好的插层效果，研究人员曾采用在 PLA/MMT 复合材料中添加相容剂或改性剂的方法。比如，使用少量的 PCL 为相容剂，将使用十八烷基三甲基铵阳离子进行改性的有机 MMT 与 PLA 共混，所得到的复合材料具有良好的插层效果且 MMT 在 PLA 中的分散效果较好。因为 PCL 的存在，PLA 和 MMT 的相互作用得到改善，复合材料的结构更加稳定，所以其力学性能也随之提高。为了得到剥离效果更好的复合材料，还有人尝试使用脂肪酰胺作为 MMT 的改性剂，所制得的复合材料力学性能更好，耐热性也有提高。目前还有人尝试使用环氧大豆油、棕榈油或脂肪氮作为 MMT 的改性剂，使用这类改性剂可以减少对石油基表面改性剂的依赖。MMT 在 PLA 之中的分散效果直接影响到复合材料的各项性能，特别是在 MMT 添加料超过一定程度后，容易产生团聚现象，从而对 PLA/MMT 复合材料的性能产生负面影响。所以，如何使 MMT 均匀地分散在 PLA 基体之中是制备 PLA/MMT 复合材料的关键因素。为了获得分散效果更好的 PLA/MMT 复合材料，利用超临界 CO_2 流体作为辅助在双螺杆挤出机中分散 PLA 基体内的 MMT，因为超临界 CO_2 具有良好的增塑作用，使得 MMT 更容易在 PLA 基体内进行分散。通过表征发现，以超临界 CO_2 作为辅助流体的复合体系，比没有使用超临界 CO_2 的复合体系分散效果更好，热稳定性提高，力学性能也得到改善，同时分散的 MMT 起到了冷结晶成核点的作用。

　　不同的 MMT 加入方式对 PLA 反应挤出扩链也有很大的影响。如果将 MMT 与 PLA 利用双螺杆挤出机进行熔融插层，随后再进行反应扩链，MMT 在 PLA 中的分散效果会更好。透射电子显微镜（TEM）照片如图 6.7 所示。图 6.7(a) 为 MMT 加入 PLA 中进行挤出；图 6.7(b) 为 MMT 和扩链剂加入 PLA 中进行挤出；图 6.7(c) 为 MMT 与 PLA 首先进行挤出，随后造粒再与扩链剂进行反应挤出。因为 PLA 与扩链剂和 MMT 之间的反应存在竞争性，所以图 6.7(b) 的 TEM 照片 MMT 的插层结构比较多，而剥离的部分比较少，甚至少于图 6.7(a) 中 MMT 和 PLA 进行挤出的样品。而先将 MMT 与 PLA 进行挤出后，再与扩链剂进行反应，MMT 的剥离部分更多，而且分散效果更好。所以相对应在低频区内的弹性模量更高，复数黏度更低，阻隔性能更好。

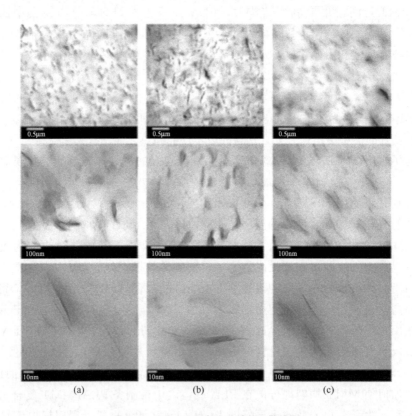

图 6.7　不同 MMT 加入方法的分散效果

　　MMT 还可以对 PLA/PBS 进行改性。有研究发现，在 PLA/PBS（80∶20）的共混物中添加不同含量（0～5phr）的 MMT，可以有效地降低熔融指数（从

6.8g/10min 降至 4.9g/10min），大幅提高熔体强度（从 6.2mN 提高到 20.4mN）。

6.2.4　共混改性法

共混改性法是另一种高效、便利的改性方法。通过共混改性法可以为提高 PLA 发泡材料的性能提供更多可能性。除了提高 PLA 的可发性和加工性能外，还能赋予 PLA 发泡材料更丰富的性能。其优点可归结为：①提高流变性能，引入"应变硬化"效应，防止泡孔破裂。②调控泡体形态，调整泡体形态结构。③控制发泡材料的开闭孔率，具有阻隔性能的发泡材料需要闭孔结构，而某些减震抗冲发泡材料则需要开孔率较高的泡孔结构。④改善发泡剂分子在体系中的溶解度和扩散度。⑤改善发泡材料的力学性能和物理性能。共混方法还能提高单一聚合物发泡时的力学性能弱点，如低韧性或低强度，也可用于改善发泡材料的热导率和电导率等物理性能。

6.2.5　交联改性法

采用 DCP 作为交联剂可以制备交联 PLA，交联剂可提高低频区 PLA 的损耗因子和复数黏度以及 PLA 的熔体强度和拉伸黏度。交联 PLA 的复数黏度高，使泡孔长大初期的增长速率较低；泡孔长大后期泡孔壁被拉伸时，熔体强度和拉伸黏度的急剧提高使泡孔壁强度增加而不会被撕裂，大大减小泡孔的合并，形成较均匀且较规则的泡孔结构。交联 PLA 高的熔体强度可明显减少发泡时 CO_2 扩散至空气中的量，从而增加 PLA 发泡样品的发泡倍率；加入 0.4phr 的交联剂时，样品的发泡倍率最大（达 41）。

DCP 对 PLA 有交联和促进降解的作用，并促进了 PLA 的均相成核，但对改善 PLA 结晶性能没有很明显的作用。PLA 交联之后，熔体强度有一定提高，在 DCP 含量为 2.5phr 时发泡效果最好。

6.3　聚乳酸发泡成型方法与工艺

6.3.1　挤出发泡法

6.3.1.1　物理挤出发泡法

物理挤出发泡法制备 PLA 发泡材料是将高压气体（CO_2 或 N_2）通过流体输

送设备注入机筒，与 PLA 熔体混合，熔体经挤出得到发泡材料。发泡材料的性能除与原料配方、挤出加工工艺条件等因素有关之外，还受气体的浓度及压力的影响。

　　PLA 发泡材料虽然在食品包装领域的用途较为广泛，但是 PLA 本身属于半结晶型聚合物，与无定形 PS 不同，所以，在利用片机头挤出发泡的过程中会出现类似 PP 的起皱现象。在加工过程中，PLA 离开片机头后，由于气体在 PLA 中经历热力学不稳定状态（压力降），气泡开始成核并增长，而温度会快速降低至结晶温度附近，PLA 开始结晶并固化，导致膨胀过程中产生起皱现象。通过传统的片机头挤出发泡 PLA 制品很难解决这一问题，必须对机头温度和冷却系统进行精心的调节，技术难度较大。

　　利用图 6.8 所示的管模机头能够简便地解决起皱问题。在 PLA 物料离开管模机头后，仍然会出现起皱现象，特别是在发泡倍率较高的情况下。然而，经过风机鼓风后，可以将管状 PLA 泡沫进行吹胀，使其横向受到拉伸力，将褶皱拉伸平整从而消除褶皱。随后，管状 PLA 泡沫套入定型管上进行冷却定型。定型管的直径需要根据 PLA 发泡片材起皱的程度进行设计，发泡倍率较高的时候，起皱现象更明显，定型管的直径也应更大，才能得到表面平整的 PLA 发泡片材。

图 6.8　管模法 PLA 挤出发泡机头

　　管状 PLA 发泡材料在定型管上牵引时，需要将其冷却至玻璃化转变温度以下，一般可利用空气快速流动冷却的方法进行降温。PLA 发泡材料经过定型管冷却定型后，利用切刀将管状发泡材料切割成片状发泡材料，并通过生产线的卷取装置进行收卷。根据后续加工成型发泡片材宽度的要求，可以将管状发泡片材进行单侧切开或双侧切开，图 6.9 为双侧切开，上下发泡片材分开进行卷取收集。

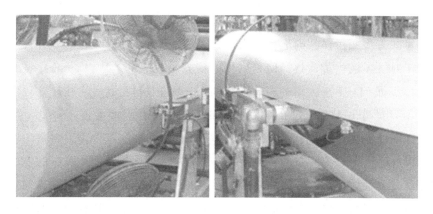

图 6.9　管模法 PLA 挤出发泡牵引和切割部分

　　PLA 和纳米 MMT 形成插层或剥离结构后，复合材料的熔体黏度和熔体弹性改善，有利于发泡加工。纳米 MMT 为层状结构，而这种插层结构的"堆栈"片层组合体在 PLA 分子链中可起物理交联点的作用，从而提高熔体弹性，使得聚合物熔体的可发性得到提高。此外，在发泡加工气泡生长过程中，均匀分散在 PLA 熔体中的 MMT 可以有效地抑制气体扩散，防止泡孔的破裂和合并，对泡孔形态结构控制也有积极的影响。如图 6.10 所示，是将有机改性后的 MMT 加

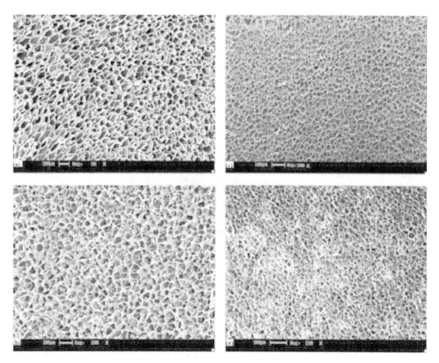

图 6.10　加入不同比例的 MMT 后 PLA 的泡孔结构的 SEM 照片

入 PLA 中进行熔融插层后，利用 CO_2 和 N_2 的混合气体对 PLA/MMT 复合体系进行间歇式发泡所得样品的泡孔结构。可以看出，加入 MMT 后，泡孔尺寸会随着 MMT 加入量的增加而逐渐降低，同时泡孔密度提高。PLA 发泡材料的泡孔结构可以根据 MMT 加入量的多少进行调控。纯 PLA 发泡后泡孔尺寸较大，约为 $230\mu m$，随着 MMT 含量在小范围内的增加，泡孔尺寸会逐渐降低，然而当 MMT 含量过高时泡孔尺寸降低趋势变弱。泡孔密度会随着 MMT 含量的增加由 $8.1 \times 10^5 cells/cm^3$ 提高至 $5.1 \times 10^8 cells/cm^3$。所以，分散在 PLA 中的 MMT 起到了很好的泡孔成核剂的作用。在熔融插层的过程中，MMT 逐渐剥离并且均匀地分散在 PLA 熔体之中，起到异相成核剂的作用，气体在其表面开始成核，降低了成核所需的活化能，所以能够提高 PLA 发泡时的泡孔密度。但是当 MMT 含量达到一定程度后，因为存在如何将剥离后的 MMT 均匀分散在 PLA 基体中防止团聚现象的产生的问题，所以，一般 MMT 添加量过高时都会出现泡孔密度不再提高反而下降的趋势。如何将 MMT 均匀地分散在 PLA 基体中是获得良好泡孔结构的关键。

如图 6.11 所示，是不同发泡温度和发泡压力条件下 PLA/MMT 复合体系的发泡样品断面的 SEM 照片。在较低的发泡温度（$100\sim110℃$）下，PLA/MMT 复合体系的泡孔尺寸比纯 PLA 更小，泡孔密度更高。这主要是因为分散在 PLA 之中的 MMT 起到异相成核剂的作用。而在较高的发泡温度（$120\sim140℃$）下，得到的泡孔尺寸较大，且为五角十二面体的闭孔泡孔结构，这主要是因为在较高

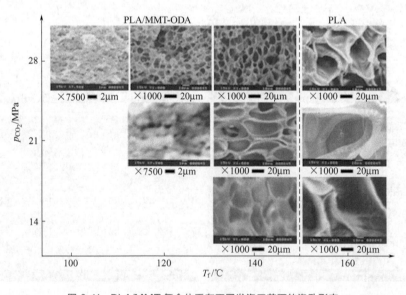

图 6.11　PLA/MMT 复合体系在不同发泡工艺下的泡孔形态

的温度下，PLA 熔体的黏度较低，容易出现泡孔的合并和破裂。而 CO_2 的压力值对 PLA/MMT 复合体系泡孔结构也有很大影响，而且研究发现，MMT 在PLA 中的异相成核作用在较高的 CO_2 压力条件下会更加显著，这主要是因为MMT 特有的片层结构，能够阻隔 CO_2 气体分子在 PLA 基体中的扩散，如图6.12 所示，CO_2 气体分子需要走过更长的路径才能完成扩散过程。MMT 能够有效地抑制 PLA 发泡材料的泡孔破裂和合并。

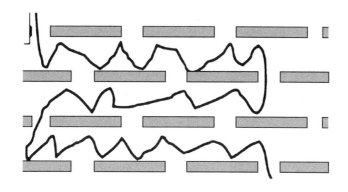

图 6.12　CO_2 气体分子在 PLA/MMT 复合体系中的扩散

6.3.1.2　化学挤出发泡法

化学挤出发泡法制备 PLA 发泡材料是将化学发泡剂均匀地分散于 PLA 基体中，利用其在挤出加工温度下迅速分解产生的大量气体进行发泡。采用化学发泡剂对 PLA 进行挤出发泡成型时，发泡材料的性能主要受基体树脂性能、发泡剂种类和含量、加工温度以及螺杆转速等因素的影响。

先采用扩链剂对 PLA 进行扩链改性，然后用不同类型的化学发泡剂在单螺杆挤出机上对 PLA 进行挤出发泡，可以制得 PLA 发泡材料。当扩链剂质量分数为 0.8% 时，发泡材料的发泡效果最好；当发泡剂为 1.5phr 时，发泡样品的表观密度较小（0.6g/cm³），泡孔直径最小（约为 $57\mu m$），泡孔密度最大（约为 $7.7 \times 10^6 cells/cm^3$），泡孔分布均匀，无明显泡孔破裂和连通现象。

挤出发泡工艺对发泡性能的影响：①随着螺杆转速的增加，发泡试样的表观密度先减小后增大，泡孔直径先减小后增大，泡孔密度先增大后减小，试样的表面质量先变好后又逐渐变差。螺杆转速为 20r/min 时，发泡试样泡孔分布和结构最好，表观密度较小，表面质量较好，制品的发泡性能较好。②随着机头温度的上升，试样的表观密度先减小后又增大，泡孔直径先减小后增大，泡孔密度先增大后减小，表面质量由光滑变粗糙。机头温度为 150℃ 时，发泡性能较好，发泡试样的泡孔直径小，泡孔密度大，且表面较为光滑。③在螺杆转速和机头温度相同的条件下，口模直径为 10mm，入口收敛角为 30°的机头制备的发泡材料综合性能较好。④采用管机头制备的发泡管材的发泡效果良好，其表观密度约为 0.48g/cm³，泡孔直径为 56μm，泡孔密度为 9.8×10^6cells/cm³。

6.3.1.3 微球挤出发泡法

膨胀微球是一种核壳结构的发泡剂，由热塑性塑料外壳封装烃类化合物（或气体）制成。微球直径一般为 5～50μm，当微球被加热时，其内部的烃类化合物（或气体）受热膨胀，使微球体积急剧增大。采用膨胀微球制备的微孔发泡聚合物材料具有泡孔分布均匀、孔径较小、膨胀比大等特点。与化学挤出发泡相比，微球挤出发泡没有发泡剂的分解过程，因而节能环保，并且所得发泡材料膨胀比大、泡孔分布均匀、力学性能较好，但是目前关于微球挤出发泡在 PLA 领域的应用研究相对较少。

6.3.2 注射发泡法

通过注射发泡法能够控制 PLA 的结晶性能，从而改善 PLA 发泡材料的力学性能和疲劳期等。此外，注射发泡工艺还能建立较高压力值，为制备微孔发泡材料提供可能性。微孔发泡材料是指泡孔尺寸在 1～10μm，泡孔密度达到 10^9～10^{12}cells/cm³ 的发泡材料。利用微孔发泡注射成型技术可以生产质轻且尺寸稳定性好的制品，同时还节约了能源。但是由微孔发泡注射成型得到的产品质量不是很稳定，这主要是由于加工过程中影响制品发泡性能的因素较为复杂，如注射温度、注射速度、注射压力、注射量等工艺参数均会明显改变注射发泡制品的泡孔直径、泡孔均匀性和泡孔密度。

一般而言，在注射发泡工艺中，通常使用超临界 N_2 作为发泡剂气体。虽然 N_2 比 CO_2 在聚合物中的溶解度低，但是其成核能力更好。由于超临界 N_2 对聚合物熔体具有增塑作用，可以实现在较低的加工温度下进行注射发泡成型。低温加工环境有利于对温度敏感的材料（如 PLA）进行发泡成型。而注射发泡最著名的即是 MUcell 技术，该技术广泛应用于结构发泡材料成型。在发泡过程中进行大量的成核（泡孔尺寸低于 50μm）；虽然其大量成核，但孔隙率仅为 5％～15％，所以制品是高发泡密度发泡材料。近年来，MUcell 技术也通过改变开模方向和释压过程来制备更高孔隙率的发泡材料产品。

采用型腔体积可控注射发泡装备可以制备 PLA 发泡试样，在泡孔生长动力学研究的基础上，将泡孔生长过程分为快速生长阶段和慢速生长应力松弛阶段，较高的黏弹性可以起到抑制泡孔合并、塌陷的作用。改性后的 PLA 结晶性能有所提高，有利于发泡过程中泡孔结构的稳定。

采用环氧基扩链剂 ADR-4368 对不同牌号的 PLA（3052D 和 4032D）进行扩链后注射发泡，随着扩链剂含量的增加，两种 PLA 发泡试样的平均泡孔直径逐渐减小，泡孔密度逐渐增大，并在扩链剂质量分数为 0.8％时得到最小泡孔直径、最高泡孔密度。改性 3052D 发泡材料的力学性能要优于改性 4032D 发泡材料。

采用滑石粉、TMP-3000（酰肼亚胺类混合物）为成核剂，分别与 PLA 熔融共混，加入注塑机中注射发泡成型。研究发现，两种成核剂都可以有效地提升 PLA 注射发泡试样的发泡效果和力学性能。滑石粉和 TMP-3000 的质量分数分别为 2％、0.6％时取得最优发泡效果和力学性能，且滑石粉效果更佳。

6.3.3　模压发泡法

采用模压发泡可以制备大麻纤维增强 PLA 基复合发泡材料，大麻/PLA 复合发泡材料的弹性模量、屈服应力与大麻纤维长度的指数函数的平方呈正相关，与大麻纤维添加量的平方呈正相关。大麻/PLA 复合发泡材料的拉伸断裂强度与添加的纤维长度、纤维添加量均呈指数正相关。且随着添加的大麻纤维长度和大麻纤维添加量的增加，大麻/PLA 复合发泡材料的弹性模量均呈上升趋势，但断裂伸长率变化不大。

以甘油为增塑剂，AC 发泡剂为发泡剂，采用模压法可以制备 PLA/淀粉发泡片材。发泡温度、发泡时间及发泡压力对片材的力学性能影响较大，AC 发泡剂对材料发泡性能影响显著。当 AC 发泡剂用量为 0.6phr，发泡温度为 200℃，发泡时间为 4min，压力为 10MPa 时，片材的拉伸强度达到 27.91MPa，断裂伸长率为 3.65％，发泡密度为 1.08g/cm³，发泡倍率为 1.16，综合性能最佳。

可膨胀微球 Expancel 951DU120 与 PLA 熔融共混后，在平板硫化机中发泡可以制得 PLA/Expancel 发泡体。其中，Expancel 微球膨胀后的体积是膨胀前的 40～50 倍，低剪切速率更有利于微球与 PLA 的共混；发泡体密度随 Expancel 用量增大而减小，力学性能也随之下降，具有完全闭孔结构，热阻隔性大大提高，吸水率约为 1％。

将聚己内酯（PCL）与 PLA 熔融挤出共混改性后模压发泡，可以制备出性能良好的 PLA/PCL 复合泡沫板材。PCL 的加入能有效改善复合发泡材料的发泡效果。当 PCL 质量分数为 10％时，试样的综合性能最优：冲击强度、压缩强度分别达到了 8.9kJ/m²、31MPa；平均泡孔直径由未改性发泡体系的 2.8mm 降低至 1.1mm；结晶度由 12.68％上升到 17.95％，得到了泡孔尺寸小、分布均匀、表面质量佳、综合力学性能优良的复合发泡材料。

6.3.4 釜压发泡法

利用高压反应釜在 100℃和 10.34MPa 的超临界 CO_2 作用下可以制备发泡 PLA 样品。在保温时间较短时，PLA 中产生的晶型以分子链堆栈较松散的 α' 晶为主，但随着保温时间的延长，发生了部分 $\alpha' \rightarrow \alpha$ 晶转变，且 PLA 中形成的球晶尺寸变大、界面面积增加，从而成核点数量增加。然而，球晶长大后相互碰撞使得界面之间的挤压程度增加，同时 CO_2 溶解度随着无定形区域的减小而降低，大大限制和阻碍了气泡的生长，最终导致 PLA 发泡样品中的泡孔平均尺寸减小、泡沫密度增加、发泡倍率降低。

将不同配比的 PLA 和碳纳米管（CNTs）用熔融共混法制备复合材料，然后以超临界 CO_2 作为物理发泡剂，通过快速卸压可以制得 PLA/CNTs 微发泡复合材料。在 150℃时，随着发泡压力的增加，由于退火和塑化效应的共同作用，与未发泡复合材料相比，微发泡复合材料的 T_m 先上升后下降。通过调控 CO_2 的压力及温度，制得具有不同微孔结构的 PLA/CNTs 发泡复合材料，可利用 SEM 分析上述因素对微发泡复合材料泡孔结构的影响。当 CNTs 质量分数为 3% 时，PLA/CNTs 复合材料在 150℃、16MPa 条件下发泡制得的材料泡孔形貌较好。在 150℃下，随着压力的升高，PLA/CNTs 微发泡复合材料的电导率减小，在 20MPa 下的电导率为 $3.6 \times 10^{-2} S/m$，与在 14MPa 下的 8.93S/m 相比降低约 3 个数量级。在 16MPa 下，随着温度的升高，PLA/CNTs 微发泡复合材料的电导率减小，在 160℃下的电导率为 $2.9 \times 10^{-2} S/m$，与在 145℃下的 9.15S/m 相比降低约 3 个数量级。

利用超临界 CO_2 作为物理发泡剂，采用升温发泡法可以制备 PLA、PLA/PBS 共混物以及 PLA/丁二醇-己二酸-对苯二甲酸共聚酯（PBAT）共混物 3 种体系的微孔泡沫。其中，两种共混体系均为"海-岛"式不相容体系，且差示扫描量热分析表明 PLA/10%PBS 体系的结晶度最大；在 12MPa、45℃和 8h 的饱和条件下，3 种体系的饱和吸附量均在 20%（质量分数）左右，其中 PLA/10%PBAT 体系最大，PLA/10%PBS 体系最小；3 种体系呈现出 3 段式扩散模式，第 1 段扩散速率最快，为表皮扩散，第 2 段扩散速率居中，为无定形区扩散，第 3 段扩散速率最慢，为晶区扩散，应选择第 2 段作为发泡的初始状态最为合适；SEM 照片表明，不同于 PLA/10%PBAT 体系，PLA/10%PBS 体系泡沫的泡孔密度大，泡孔尺寸小，其界面作用高于 PLA/10%PBAT 体系；PLA 泡沫的泡孔结构呈现明显的双峰分布。

交联 PLA 釜压发泡可以制得高倍率 PLA 发泡材料，但 PLA 的可生物降解性能会受到一定影响。交联 PLA 的复数黏度高，使泡孔长大初期的长大速率较低；泡孔长大后期泡孔壁被拉伸时，熔体强度和拉伸黏度的急剧提高使泡孔壁强度增加而不会被撕裂，大大减小泡孔的合并，形成较均匀且较规则的泡孔结构。交联 PLA 高的熔体强度可明显减少发泡时 CO_2 扩散至空气中的量，从而增加 PLA 发泡样品的发泡倍率；加入 0.4phr 的交联剂时，样品的发泡倍率最大（达41）。

将聚氨酯弹性体（TPU）和纳米二氧化硅与 PLA 熔融共混后釜压发泡，TPU 的加入可以改善 PLA 的韧性及其泡沫材料的泡孔结构，纳米二氧化硅的加入可以减小泡孔尺寸、提高泡孔成核密度、改善泡孔结构。

将 PLA 与炭黑（CB）熔融共混，模压成型后通过 CO_2 气体辅助发泡法可以制备出导电聚乳酸发泡复合材料（PCB）。随着 CB 质量分数的增加，发泡体系的密度增大，平均泡孔直径减小，当 CB 质量分数仅为 4% 时复合材料的电导率已达 10^{-3}S/m，远高于未发泡材料。当向填充纳米粒子的复合材料中引入气相时，纳米粒子的添加与发泡起着协同作用，因此可以利用本书方法制备传输性能及力学性能优异的新型轻质复合材料。

釜压发泡法可以制备出高发泡倍率的 PLA 可发性颗粒（EPLA）。目前国内外有许多研究小组对超临界 CO_2 发泡高性能 EPLA 进行研究，产品主要用于替代传统石油基 EPS。制备 EPLA 要求对原料进行预处理，预处理后的发泡颗粒放置于成型模具中加工处理并定型。Parker 等利用超临界 CO_2 作为发泡剂制备了高性能的 EPLA 颗粒，对比研究发现：EPLA 比 EPS 产品具有更大潜力；两者热导率相似，但是 EPLA 的压缩强度略低。目前，在欧洲已经禁止通过填埋方式处理 EPS 产品，美国许多填埋场也不再接收 EPS，对于 EPS 快餐盒的生产也逐渐有相关政策限制。

6.4 聚乳酸发泡材料制品与应用

如今，发泡材料在生活中各个领域中均有大量应用。特别是近十年来，发泡材料在食品包装领域的研究成为热点。目前，在包装领域使用量最大的泡沫材料是 PS 发泡材料。此外，PE、PP 和聚氨酯发泡材料也有一定程度的包装领域使用。这是因为发泡材料具有良好的隔热性、质轻且能够吸收大量的冲击震动能量，所以可以保护食品在运输或存储过程中不受损坏。

PLA 发泡材料，本身来源于绿色植物，具有良好的食品接触性，用于食品包装领域，可以盛放各类新鲜肉类或瓜果蔬菜等。此外，因为 PLA 发泡材料质轻、环保、可食品接触性和绝热性好，还可以用于一次性杯子，比如咖啡杯或茶杯等。PLA 发泡材料也可以用于制造各种运输过程中需要冷冻的食品包装盒。依靠 PLA 发泡材料良好的气体阻隔性和隔热性，可以保证食品在长距离运输过程中的新鲜。

6.4.1 聚乳酸发泡制品性能

6.4.1.1 阻隔性能

材料的热导率是包装材料非常重要的一项参数，特别是对于包装冷鲜食品的 PLA 发泡材料。在运输食品，比如新鲜的鱼、肉类或者医药用品时，如果热导率值（也称为 k 值）越低，那么越有利于长距离的运输，或者更长时间的存储，因为热量在 PLA 发泡材料中的传递时间更长。BPN 和 Synbra 所生产的商品化发泡 PLA 包装材料具有良好的隔热性能，二者的热导率值分别采用英国标准 BS4745：1986 和欧洲标准 EN-12667 进行测试，产品密度在 $2.5 \times 10^{-2} \sim 3.5 \times 10^{-2} \text{g/cm}^3$ 范围内，其热导率值低于 0.03W/(m·K)，具有接近 PS 发泡材料的热导率，是保温包装材料的理想替代品。

6.4.1.2 力学性能

对于 PLA 发泡材料而言，材料的硬度和强度等性能至关重要。因为这些力学性能关系到 PLA 发泡产品在承受外界负荷时能否维持自身形状的稳定。吸收震动能量、抵抗外界冲击能量是包装材料的重要功能，所以良好的力学性能也应是 PLA 发泡材料具备的。

一般来说，大多数的发泡材料的力学性能与分子链结构和发泡倍率紧密相关。例如压缩强度，压缩发生在包装用发泡材料受到冲击或负荷时，发生一定程度的形变。已商品化的发泡 PLA 包装材料 Synbra Biofoam 根据欧洲标准 EN-823 测试表明，其压缩模量值为 4.0MPa，发生 10% 形变时的压缩强度为 200kPa。日本积水化学工业株式会社根据 JIS A9511（日本工业标准）测试其 PLA 发泡产品，表观密度为 0.059g/cm^3 的样品压缩强度值为 300kPa。BPN 利用 ASTM D1621-00 测试发泡产品的压缩强度值，发现表观密度和 10% 形变时的压缩强度满足以下线性关系：

PLA 发泡材料的压缩模量（MPa）＝0.3×表观密度（g/cm³）×10⁻³－5.7；

PLA 发泡材料的压缩强度（kPa）＝6×表观密度（g/cm³）×10⁻³－95；

PLA 发泡材料的 10% 形变时的应力值（kPa）＝8×表观密度（g/cm³）×10⁻³－120。

根据上述关系，BPN 计算其 PLA 发泡产品的压缩模量为 6.3MPa，表观密度为 0.040g/cm^3 的产品 10% 形变时的应力值为 200kPa，表观密度为 0.059g/cm^3 的产品 10% 形变时的应力值为 260kPa。所以可以看出，BPN、积水化学工业株式会社和 Synbra 三家公司所生产的 PLA 发泡材料压缩性能较为相近。此外，BPN 还将相同密度下的 PLA 发泡材料的压缩性能值与 EPS 发泡材料进行对比，二者之间的压缩强度值相差不大，认为 PLA 发泡材料是传统 EPS 发泡材料包装领域应用的理想替代品。

对于 PLA 发泡包装材料而言，弯曲变形是另一种主要的受力方式。但是弯曲变形非常复杂，在样品的一面上就可能同时受到拉伸应力和压缩应力。在测试时，样品上的弯曲点受到强大的压缩负荷，可能导致样品局部迅速破坏，最终使产品失效。Synbra 根据欧洲标准 EN-12089 对其 PLA 发泡产品的弯曲强度进行测试，研究发现，密度为 35g/L 的 PLA 发泡材料弯曲强度为 300kPa，而密度为 0.03g/cm^3 的 EPS 样品对应值为 300kPa。积水化学工业株式会社利用 JIS K7221 测试其产品表明，密度为 59g/L 的 EPS 样品弯曲强度值为 530kPa。JSP 公司密度为 0.060g/cm^3 的 PLA 发泡产品的弯曲强度为 550～590kPa，测试标准同积水化学工业株式会社。BPN 公司利用澳大利亚标准 AS 2498.4 测试产品的横向断裂强度，经过多次测试，发现该值与密度（40～160g/cm^3）存在以下关系：

PLA 发泡材料的横向断裂强度(kPa)＝10.1×密度(g/cm^3)＋165。

根据上述经验关系，BPN 不同密度的 PLA 发泡产品的横向断裂强度值分别为 520kPa（0.035g/cm^3）和 760kPa（0.059g/cm^3）。所以，可以看出几家 PLA 发泡材料生产商的产品性能差异较小。同时，在相同的表观密度（0.025g/cm^3）下，EPS 和 PLA 发泡材料的弯曲强度值也较为接近，分别为 327kPa 和 418kPa。PLA 发泡材料是 EPS 的理想替代品。

Synbra 和 BPN 同时还提供了 PLA 发泡产品的剪切性能值。剪切强度在 PLA 发泡包装领域中要求较为宽松。BPN 通过 ASTM C273-00 对其 PLA 发泡产品的剪切模量和剪切强度进行测试，并总结出剪切性能与密度关系的经验关系。

PLA 发泡材料的剪切模量(MPa)＝0.068×密度(g/cm^3)×10^{-3}＋1.3；

PLA 发泡材料的剪切强度(kPa)＝4×密度(g/cm^3)×10^{-3}＋5。

根据该经验关系，BPN 公司所生产的密度为 0.035g/cm^3 的 PLA 发泡产品剪切模量和剪切强度分别为 3.7MPa 和 145kPa。Synbra 公司所生产的相同密度的 PLA 发泡产品 Bio Foam 对应值为 2.7MPa 和 140kPa。该值与 EPS 产品相比相差也不大。

6.4.1.3 热变形温度

对于 PLA 材料而言，不论其是否发泡，最大的一个问题就是热变形温度（HDT）过低。测试热变形温度一般是测量恒定负荷下，样品开始变形时的温度。半结晶 PLA 的热变形温度一般为 55～60℃左右，结晶度非常高的 PLA 热变形温度可以达到 100～148℃。要提高 PLA 的 HDT，目前已经有多种方法。比如引入成核剂来提高 PLA 的结晶度，促进 PLA 的结晶过程。或者优化加工条件，特别是温度和时间，也是提高 HDT 的方法。也有人尝试通过共混的方法来提高 PLA 的 HDT，将 3-羟基丁酸-co-3-羟基戊酸共聚物（PHBV）与 PLA 共混，可以大幅提高 PLA 的 HDT。还有相关研究发现，加入具有反应性的填料或无机填料也可以提高 PLA 的 HDT 值。

Synbra 公司为了提高其 PLA 发泡材料 Bio Foam 的热性能，采用 Sulzer Chemtech 和 Purac Biochem 公司的技术，将纯 PDLA 与 PLLA 以 50：50 的比例进行混合，制造出立构复杂的 PLA 共混体系（scPLA）。只要将 1%～10%（质量分数）的 scPLA 添加到 PLA 中就可以将 HDT 提高到 100℃，而加入80%～100%（质量分数）的 scPLA 后，PLA 的 HDT 值将提高到 150℃。Synbra 公司的 PLA 发泡产品在 80℃时依然可以稳定使用，同时可放入微波炉中加热。

积水化学工业株式会社采用高结晶度的 PLA 来提高产品的 HDT。此外，积水化学工业株式会社的 PLA 原料来源于 Unitika 公司，该公司从 PLA 分子上进行改性，所以原料的 HDT 就已经高达 120℃。改性前的原料（牌号 TERRAM-AC）来源于 Natureworks 公司的 Ingeo，有可能加入纳米级填料、植物纤维、矿物填料，少量共混 PMMA 以更好地改善热性能。积水化学工业株式会社使用 TERRAMAC 制造出高热变形温度的 PLA 发泡材料 Bioceller，密度为 0.060g/cm³，厚度为 10～30mm，热变形温度高达 150℃。

在挤出发泡领域，Coopbox 和 Cryovac 公司生产的发泡 PLA 托盘热变形温度为 49℃，Cereplast 公司的发泡 PLA 热变形温度为 54℃。为了提高 HDT，Cereplast 公司在 PLA 中加入少量热塑性淀粉，使 HDT 提高到 90℃以上。

6.4.2　聚乳酸发泡材料生产商

PLA 发泡材料的研发始于 2000 年，经过多年的研究，在原料改性和设备设计上都有很大进展。但是因为国内相关研究起步较晚，目前国内 PLA 发泡材料生产商较少，主要停留在研发阶段。PLA 发泡材料的生产主要集中在美国、欧洲、日本等地。

欧洲正不断地开发和推广由全生物降解树脂 PLA 制备的发泡 PLA 食品托盘，如今在欧洲获得初步的立足点，并在经历着市场的检验。意大利的连锁超市 Finiper SpA 尝试使用 PLA 发泡托盘来包装肉或鱼，法国的 Bodin Industries 超市中使用 PLA 发泡托盘来包装有机鸡肉和鸭肉。PLA 肉托盘也在美国科罗拉多州的 Wild Oats 市场进行了使用尝试。

意大利的一家发泡食品包装的主要生产商 Coopbox 公司在 2005 年首次推出了其第一个 PLA 发泡托盘产品，商品名为 Naturalbox，用于肉类、鱼或家禽的包装。作为完全生物降解的新鲜食品的包装托盘使用。Coopbox 公司的 PLA 发泡托盘将 PLA 基体树脂的密度由 $1.2g/cm^3$ 降低到了 $0.03g/cm^3$。而 Coopbox 公司称其采用"通用气体"，如 N_2、CO_2 或者丁烷作为发泡剂。欧洲专利（EP1528079，WO2005/04/2627）描述了如何采用 N_2、CO_2 或者两种气体共混后制备 PLA 泡沫。Coopbox 公司生产的托盘厚度大约为 20mm，目前该公司已开发出厚度更大的托盘，如图 6.13 所示。

图 6.13 Coopbox 公司的 PLA 发泡托盘 Naturalbox

B5-10、B5-20、B5-37 厚度值分别为 10mm、20mm、37mm

空气密封公司的 PLA 挤出发泡产品——Cryovac® Nature Tray™ 餐盒，用于盛装新鲜牛肉、猪肉、家禽肉类和鱼肉，如图 6.14 所示。该产品由 Nature Works 公司的 Ingeo™ 原料生产，并且通过可降解产品研究所（BPI）认证。Cryovac 虽然没有公布其产品 Nature Tray 的密度，但其产品密度目标是达到与 PS 泡沫相同的密度（大约 $0.05\sim0.08g/cm^3$）。Nature Tray 目前有五个型号，厚度最大值为 1.31in（1in=0.0254m）。

图 6.14 用于食品包装的 Cryovac® Nature Tray™ 餐盒

Dyne A Pak 公司有着多年使用 Ingeo™ 生产 PLA 发泡托盘的研发生产经验。其产品获得 QSR Magazine-FPI 餐饮服务制造发明奖项。Dyne A Pak 公司开发了一种用于盛装新鲜肉类的发泡的 PLA 托盘。这种托盘采用与 PS 泡沫一样的生产线制备，但采用了一个专为 PLA 设计的特殊冷却螺杆。

BASF 公司也已经开发出了其生物聚合物 Ecovio 的发泡级牌号，这是一种共混物，由 BASF 的石油基的 Ecoflex 可生物降解聚合物树脂与 PLA 共混而成。这种发泡级产品名为 Ecovio Foam，PLA 的质量分数大于 75%，使得制备的泡沫更加柔软。BASF 的目标是开发一种树脂可以在现有的 PS 级联发泡挤出发泡生产线上进行发泡制品的制备。发泡的 Ecovio L 托盘的密度为 $0.080g/cm^3$，但是 BASF 希望将其下降到 $0.060g/cm^3$。

日本的 JSP 公司拥有多项关于 PLA 发泡技术的相关专利。其中一项专利描述如何制备 PLA 发泡珠粒。使用半结晶型 PLA 作为基体，加入少量的滑石粉作为泡孔成核剂，利用 $3\sim4MPa$ 的 CO_2 作为物理发泡剂，可以制备出密度为 $0.05\sim0.06g/cm^3$ 的 PLA 发泡珠粒。然而，JSP 公司目前还没有使用该技术来生产商品。

新西兰的生物高分子公司（BPN）开发出不添加泡孔成核剂滑石粉的 PLA 发泡珠粒制备技术。BPN 的 EPLA 技术的特点是在适中的温度下，采用高压液态 CO_2 作为发泡剂。据称，采用这种发泡剂，优于使用气态 CO_2 和超临界 CO_2 发泡剂。因为气态 CO_2 发泡技术需要更长的生产周期，而使用超临界 CO_2 需要精密昂贵的设备投入。而且该技术既可以使用通用 PLA 牌号作为基体，也可以使用改性后的 PLA 原料。这项技术对于 EPS 产品也有很好的兼容性。通过这项技术，可以生产出性能优异的 PLA 发泡产品，发泡密度在 $0.03\sim0.06g/cm^3$ 之间。BPN 公司还将 EPLA 产品进行功能化，使 EPLA 具有阻燃的效果。目前，在新西兰、欧洲和美国都有大量使用 EPLA 代替 EPS 的实验尝试。EPLA 的阻隔性能和抗冲击性能都与 EPS 较为相似，图 6.15 为 BPN 公司所生产的 EPLA 产品。

荷兰的 Synbra 公司在传统 EPS 生产技术上，开发出 EPLA 产品 Bio Foam®。其中添加少量的滑石粉作为泡孔成核剂，以 2MPa 的气态 CO_2 作为发泡剂，在 90℃ 和 110℃ 的条件下进行发泡，所制得的 EPLA 密度分别为 $0.06g/cm^3$ 和 $0.045g/cm^3$。Synbra 在 2010 年推出 Bio Foam® 的第一代产品，主要应用于食品包装领域。

总部位于洛杉矶市的美国生物塑料 Cereplast 有限公司是生产生物降解可堆肥树脂、改性 PLA、全生物降解树脂的公司。其产品用于注塑、热塑、吹膜、热塑低密度发泡、异形挤出、纸张涂布、吹塑成型等工艺。为满足美国客户不断增长的需求，已进一步扩大了其生产能力。该公司以 PLA、淀粉和纳米组分添加剂生产 100% 的生物基发泡塑料，通过挤出发泡法制备 EPLA 颗粒，经过二次

图 6.15　BPN 公司的 EPLA 产品

加工得到各种产品，如图 6.16 所示。生产扩建的装置将使其新生产线的生产能力提高到 1.8 万吨/年。新生产线的投运，使该公司成为美国第二大生物塑料树脂生产商。图 6.17 为 Cereplast 所生产的 PLA 挤出发泡片材所加工而成的一次性餐盒、杯子和盘子。

图 6.16　Cereplast 的 EPLA 生产流程

6.4.3　聚乳酸发泡材料的应用

PLA 发泡材料的研究初衷在于替代 PS 发泡材料，主要用于包装材料。而如今，随着传统发泡材料废弃物对生态环境破坏和污染的问题日趋明显，同时石油

图 6.17 Cereplast 公司产品

资源作为一种不可再生能源，国内外对 PLA 发泡材料的需求量逐年上升，其制品的应用存在巨大的发展空间。近年来，对 PLA 原料和设备的改进，使得 PLA 发泡材料具有更加广阔的应用领域，主要可以应用在以下领域。

（1）包装领域

目前各种电子产品生产和消费快速上升，同时国内和进口水果的消耗量高达上千万吨，一些酒类、陶瓷产品也具有大的年消耗量。随着这些生产厂家和消费者对环保意识的提高，这些产品对绿色包装材料的需求量也急剧增加。PLA 发泡材料具有优异的抗冲击能力和生物可降解性，所以用于包装电子电器、新鲜肉类或水果蔬菜、家具、礼品、药物等。经过挤出发泡的 PLA 发泡片材，经过各种热成型加工，还可以得到形状和用途不同的容器、饭盒或水杯等产品。

（2）汽车领域

PLA 发泡材料经过挤出发泡后得到片材，再经过热接、切割等二次加工，可以得到应用在汽车领域的内饰材料，主要应用在顶棚材料、行李箱垫、成型门等各种车辆内饰材料。目前，马自达汽车公司的部分零件已经开始使用这种可降解的发泡材料；欧洲一些汽车生产商开始着力于研究汽车可降解 PLA 发泡材料内饰件；Toray 化工开发出汽车可降解的 PLA 发泡脚垫，并且将进一步扩大产品使用范围。

（3）生物医疗领域

由于 PLA 具有优异的力学性能、无毒、化学相容性和可生物降解性能，成为医用领域使用量最大的生物基发泡材料。PLA 发泡材料在医疗领域的主要应用有：术后药物载体、维生素和矿物质载体、消毒杀菌海绵、组织重生支架等。在医用领域中，PLA 发泡材料的泡孔结构可以起到尺寸筛选膜的功能，促进细胞在身体特定位置上的生长，渗透营养成分和代谢物，并防止其他细胞和组织向治愈点的迁移。PLA 发泡材料的泡孔结构影响细胞生长，理想的组织工程 PLA

发泡材料应该具有较高泡孔密度，以便于细胞在 PLA 基体上进行接种和生长。使用周期结束后，PLA 基体降解为对人体无害的组分并被代谢。应用在组织支架上的 PLA 发泡材料多具有开孔结构，并且泡孔尺寸在 $100\sim300\mu m$ 之间。

（4）生活领域

PLA 的发泡珠粒能够用作一些体育防护头盔或玩具的填充材料，或应用于厨房用品、铺垫衬里材料等日用品中。

（5）农业领域

PLA 因为具有生物降解性，同时能够控制其降解速度，所以利用这个特点可以将 PLA 发泡材料用于防止水土流失的枕木、水耕床或土壤改质等领域。

除此以外，PLA 发泡材料因为具有良好的绝热效果和降解效果，还广泛用作冷冻食品或药物的保温材料，以及冷冻车的绝热材料和烟花爆竹等的炮体材料。同时，作为绝热材料还可以应用于建筑领域。但目前 PLA 发泡材料产品的应用主要受限于熔体强度过低等问题，随着对 PLA 研发的深入和市场的进一步扩大，这些问题终将解决。随着技术和相关理论研究的深入，必然能够扩展 PLA 发泡材料应用领域，同时逐步替代传统依靠石油资源的聚合物发泡材料，对缓解温室效应和保护地球生态系统具有重要意义。

参考文献

[1] Fukuzaki H，Aiba Y，Yoshida M，et al. Synthesis of biodegradable poly（L-lactic acid-*co*-D，L-mandelic acid）with relatively low molecular weight [J]. Macromolecular Chemistry and Physics，1989，190（10）：1273-1277.

[2] Hiltunen K，J V S，Härkönen M. Effect of Catalyst and Polymerization Conditions on the Preparation of Low Molecular Weight Lactic Acid Polymers [J]. Macromolecules，1997，30（3）.

[3] Pilla S. Handbook of Bioplastics and Biocomposites Engineering Applications [B]. John Wiley and Sons，2011.

[4] Mills N J. Polymer Foams Handbook [M]，2007. Butterworth-Heinemann：Oxford：281-306.

[5] Arora K A，Lesser A J，Mccarthy T J. Compressive Behavior of Microcellular Polystyrene Foams Processed in Supercritical Carbon Dioxide [J]. Polymer Engineering and Science，1998，38（12）：2055-2062.

[6] Noordegraaf J，Jong J D，Bruijn P D，et al. BioFoam：PLA Particle Foam Expanding in Europe [C]. and International Biofoams Conference. Niagara Falls，Canada，2009.

[7] Moosa A S I，Mills N J. Analysis of Bend Tests on Polystyrene Bead Foams [J]. Polymer Testing，1998，17（5）：357-378.

[8] Parker K，Garancher J P，Shah S，et al. Expanded Polylactic Acid - An Eco-friendly Alternative to Polystyrene Foam [J]. Journal of Cellular Plastics，2011，47（3）：233-243.

[9] Stupak P R，Frye W O，Donovan J A. The Effect of Bead Fusion on the Energy Absorption of Polystyrene Foam. Part Ⅰ：Fracture Toughness [J]. Journal of Cellular Plastics，1991，27

(5)：484-505.

[10] Schut J H. PLA Biopolymers：New Copolymers，Expandable Beads，Engineering Alloys and More [J]. Plastics Technology，2008.

[11] Li H，Huneault M A. Effect of Nucleation and Plasticization on the Crystallization of Poly (lactic acid) [J]. Polymer，2007，48 (23)：6855-6866.

[12] Lim L T，Auras R，Rubino M. Processing Technologies for Poly (lactic acid) [J]. Progress in Polymer Science，2008，33 (8)：820-852.

[13] Michael T T. Towards an Understanding of the Heat Distortion Temperature of Thermoplastics [J]. Polymer Engineering and Science，1979：1104-1109.

[14] Blends of PLA Being Developed to Improve Viability of PLA [OL]. Plastemart. com (2010)：http：//www. plastemart. com/Plastic-Technicle-Article. asp？ LiteratureID=1359.

[15] Shinohara M T，Tokiwa，Sasaki H. Expanded Polylactic Acid Resin Beads and Foamed Molding Obtained Therefrom in European Patent Office [P]，2002，JSP Corporation：Japan.

[16] Haraguchi K，Ohta H. Expandable Polylactic Acid Resin Particles [P]. 2005：European Patent Application EP 1683828A2.

[17] Witt M R J，Shah S. Methods of Manufacture of Polylactic Acid Foams [P]. 2007：WO 2008/093284 A1.

[18] Noordegraaf J，et al. Particulate Expandable Polylactic Acid，a Method for Producing the Same，A Foamed Moulded Product Based on Particulate Expandable Polylactic Acid，As Well As A Method for Producing the Same [P]. 2007：WO 2008/130226 A2.

[19] 余鹏. 微孔发泡聚乳酸泡孔结构调控及性能研究 [D]. 广州：华南理工大学，2015.

[20] Yoshida I，et al. Mitsui Chemicals Inc [P]. JP 2001026658，2001.

[21] J Liu，L Lou，et al. Long chain branching polylactide：Structures and properties [J]. Polymer，2010，51 (22)：5186-5197.

[22] Y Di，S Iannace，et al. Reactively Modified Poly (lactic acid)：Properties and Foam Processing [J]. Macromolecular Materials and Engineering，2005，290 (11)：1083-1090.

[23] Fogarty J，Fogarty D. Fogarty J，et al. Turbo-Screw™，New Screw Design For Foam Extrusion [J]，2011.

[24] Ogata N，Imenez G，Kawai H，et al. Structure and Thermal/Mechanical Properties of Poly (Llactide) - clay Blend [J]. Journal of Polymer Science，Part B：Polymer Physics，1997，35：389-396.

[25] Baird A M，Kerr F H. Wave Propagation in a Viscoelastic Medium Containing Fluid Filled Microspheres [J]. Journal of Acoustic Society of America，1999，105 (3)：1527- 1538.

[26] Ray S S，Yamada K，Okamoto M，et al. New Polylactide/Layered Silicate Nanocomposite：A Novel Biodegradable Material [J]. Nano Letters，2002，2：1093-1096.

[27] Ray S S，Bousmina M. Biodegradable Polymers and Their Layered Silicate Nanocomposites：In Greening the 21st Century Materials World [J]. Progress in Materials Science，2005，50：962-1079.

[28] Ray S S，Okamoto M. Polymer/Layered Silicate Nanocomposite：A Review From Preparation to Processing [J]. Progress in Polymer Science，2003，28：1539-1641.

[29] Hoidy W H, Al-Mulla E A J, Al-Janabi K W. Mechanical and Thermal Properties of PLLA/ PCL Modified Clay Nanocomposites [J]. Journal of Polymers and the Environment. 2010, 18: 608-616.

[30] Al-Mulla E A J, Yunus W M Z, Ibrahim N A, et al. Epoxidized Palm Oil Plasticized Polylactic Acid /Fatty Nitrogen Compounds Modified Clay Nanocomposites: Preparation and Characterizations [J]. Polymers and Polymer Composites. 2010, 18: 451-459.

[31] Al-Mulla E A J, Suhail A H, Aowda S A. New Biopolymer Nanocomposites Based on Epoxidized Soybean Oil Plasticized Poly (lactic acid) /Fatty Nitrogen Compounds Modified Clay: Preparation and Characterization [J]. Industrial Crops and Products, 2011, 33: 23-29.

[32] Al-Mulla E A J. Polylactic Acid/Epoxidized Palm Oil/Fatty Nitrogen Compounds Modified Clay Nanocomposites: Preparation and Characterization [J]. Korean Journal of Chemical Engineering, 2011, 28 (2): 620-626.

[33] Jiang G, Huang H X, et al. Microstructure and Thermal Behavior of Polylactide/Clay Nanocomposites Melt Compounded under Supercritical CO_2 [J]. Advances in Polymer Technology, 2011, 30 (3): 174-182.

[34] Najafi N, Heuzey M C, Carreau P J. Polylactide (PLA) -clay Nanocomposites Prepared by Melt Compounding in the Presence of A Chain Extender [J]. Composites Science and Technology, 2012, 72: 608-615.

[35] Di Y, Iannace S, Maio E D, et al. Poly (lactic acid)/Organoclay Nanocomposites: Thermal, Rheological Properties and Foam Processing [J]. Journal of Polymer Science Part B Polymer Physics, 2005, 43 (6): 689-698.

[36] Ema Y, Ikeya M, et al. Foam Processing and Cellular Structure of Polylactide-Based Nanocomposites [J]. Polymer, 2006, 47 (15): 5350-5359.

[37] Zhou J, Yao Z, Zhou C, et al. Mechanical Properties of PLA/PBS Foamed Composites Reinforced by Organophilic Montmorillonite [J]. J. Appl. Polym. Sci, 2014, 131: 40773.

[38] 郝明洋, 王昌银, 蒋团辉, 等. 支化改性聚乳酸及其对发泡行为的影响 [J]. 高校化学工程学报, 2016, 30 (1): 156-161.

[39] 陈美玉, 来侃, 孙润军, 等. 大麻/聚乳酸复合发泡材料的力学性能 [J]. 纺织学报, 2016, 37 (1): 28-33.

[40] 马修钰, 王建清, 王玉峰, 等. 聚乳酸/淀粉发泡片材的制备及性能 [J]. 工程塑料应用, 2016, 44 (9): 13-17.

[41] 丁玲, 胡晖晖, 胡圣飞, 等. 长支链化聚乳酸/聚丁二酸丁二醇酯的流变特性与发泡性能 [J]. 高分子材料科学与工程, 2016, 32 (8): 63-68.

[42] 李金伟, 何继敏, 程丽, 等. 扩链改性对聚乳酸注塑发泡成型的影响 [J]. 中国塑料, 2016, 30 (4): 114-118.

[43] 李金伟, 何继敏, 王苏炜, 等. 成核改性对聚乳酸注塑发泡成型的影响 [J]. 塑料工业, 2016, 44 (3): 135-138.

[44] 叶建民, 朱文利, 黄凰, 等. 聚乳酸在超临界二氧化碳下的结晶及对泡孔结构的影响 [J]. 塑料工业, 2016, 44 (10): 64-68.

[45] 李腾飞, 张伟阳, 程树军. 可膨胀微球 Expancel 在 PLA 中的发泡特性研究 [J]. 塑料工业,

2016，44（5）：58-61.

[46]　赵静静，张晓黎，孙宝家，等.PLA/CNTs微发泡复合材料的制备 [J]. 工程塑料应用，2016，44（12）：104-109.

[47]　吴东森，李坤茂，刘鹏波.聚乳酸扩链及其超临界二氧化碳微孔发泡 [J]. 高分子材料科学与工程，2015，31（4）：137-141.

[48]　孔颖，姚正军，周金堂，等.聚乳酸/聚己内酯复合发泡材料的制备及性能表征 [J]. 高分子材料科学与工程，2015，31（3）：94-99.

[49]　刘阳，史学涛，张广成，等.聚乳酸及其增韧共混体系超临界 CO_2 发泡行为 [J]. 高分子材料科学与工程，2015，31（4）：61-67.

[50]　张婧婧，黄汉雄，黄耿群.交联剂对聚乳酸流变性能及其发泡材料泡孔结构的影响 [J]. 化工学报，2016，66（10）：4252-4257.

[51]　刘伟，伍玉娇，王福春，等.可生物降解聚乳酸发泡材料研究进展 [J]. 中国塑料，2015，29（6）：13-23.

[52]　李珊珊，何继敏，颜克福，等.聚乳酸扩链改性及其挤出发泡的研究 [J]. 中国塑料，2015，29（4）：24-29.

[53]　俞峰，黄汉雄.发泡聚乳酸/热塑性聚氨酯/二氧化硅纳米复合材料的泡孔结构 [J]. 化学研究与应用，2015，27（9）：1349-1353.

[54]　丁昆山，王艺，吕巧莲，等.二氧化碳辅助发泡制备聚乳酸/炭黑导电复合材料 [J]. 扬州大学学报，2015，18（3）：28-31.

[55]　李金伟，何继敏，李珊珊，等.聚乳酸注塑发泡技术研究进展 [J]. 塑料科技，2015，43（10）：116-121.

[56]　王雷.提高聚乳酸微孔发泡性能的研究进展 [J]. 价值工程，2015（28）：100-101.

[57]　张婧婧，黄耿群.双螺杆挤出制备低密度聚乳酸微孔泡沫塑料 [J]. 塑料，2015（3）：4-6.

[58]　梁丽金，钟旭飘，谢德明.PLA/HNTs纳米复合材料的制备、性能及其发泡行为 [J]. 材料科学与工程学报，2015，33（5）：743-747.

[59]　王雷，史学涛，张广成，等.二氧化碳制备聚乳酸及其增韧体系微孔材料的研究 [J]. 工程塑料应用，2015，43（10）：59-65.

[60]　王雷.解吸附时间对聚乳酸共混体系泡孔形貌的影响 [J]. 价值工程，2015，34（33）：107-109.

[61]　徐睿杰，雷彩红，蔡启，等.聚乳酸薄膜及微孔膜研究进展 [J]. 化工新型材料，2015（9）：36-38.

[62]　李珊珊，何继敏，颜克福.聚乳酸发泡成型方法研究现状 [J]. 塑料科技，2014，42（7）：123-127.

[63]　杨志云，张铱鈖，蔡业彬.连续挤出发泡聚乳酸泡孔结构的影响因素 [J]. 化工进展，2014，33（S1）：233-237.

[64]　刘伟，励杭泉，王向东，等.聚乳酸/聚己二酸对苯二甲酸丁二酯共混体系发泡行为研究 [J]. 中国塑料，2014，28（3）：81-86.

[65]　章月芳，杨晋涛，黄凌琪，等.SBA-15形貌对聚乳酸微孔发泡的影响 [J]. 广东化工，2014，41（11）：1-2.

[66]　李欢，高长云.超临界流体制备 PLA/SEBS-*g*-MAH 发泡材料 [J]. 青岛科技大学学报（自

然科学版），2014，35（6）：613-617.

[67] 杨志云，蔡业彬，张铱鈖．聚乳酸泡沫塑料的研究进展［J］．广东石油化工学院学报，2014
（3）：10-13.

[68] 陈斌艺，黄岸，王元盛，等．聚乳酸/蒙脱土纳米复合材料的制备及其微孔发泡性能［J］．塑
料，2013，42（2）：19-22.

[69] 周畅，姚正军，周金堂，等．纳米蒙脱土种类及含量对聚乳酸/聚丁二酸丁二醇酯复合发泡材
料性能的影响［J］．高分子材料科学与工程，2013，29（6）：74-78.

[70] 王青松，王向东，刘伟，等．聚乳酸/聚丙烯共混体系的制备及其发泡行为研究［J］．中国塑
料，2013（2）：80-85.

[71] 李少军，黄汉雄，许琳琼．微孔发泡聚乳酸/木纤维复合材料的泡孔结构［J］．化工学报，
2013，64（11）：4262-4268.

[72] 纪国营，王继文，翟文涛，等．聚乳酸/淀粉生物基复合材料的发泡［J］．塑料，2013，42
（6）：54-57.

[73] 蔡畅，胡圣飞，晏翎，等．聚乳酸挤出发泡特性研究［J］．塑料工业，2013，41（9）：68-71.

[74] 刘伟，王向东，励杭泉，等．多环氧基扩链剂对聚乳酸/纳米黏土复合材料的发泡行为研究
［J］．中国塑料，2013，27（12）：23-29.

[75] 林梦霞，邹萍萍，张萍，等．PLA/NCC 微孔泡沫材料发泡性能研究［J］．工程塑料应用，
2013（10）：90-95.

[76] 陈丹．改性纳米纤维素/聚乳酸复合材料的制备及超临界 CO_2 发泡研究［D］．杭州：浙江理工
大学，2014.

[77] 李珊珊．改性聚乳酸化学挤出发泡成型的研究［D］．北京：北京化工大学，2015.

[78] 李欢．聚乳酸的增韧改性及其超临界二氧化碳发泡的研究［D］．青岛：青岛科技大学，2015.

[79] 孔颖．聚乳酸发泡材料的改性及性能研究［D］．南京：南京航空航天大学，2015.

第7章
Chapter 7

聚丁二酸丁二醇酯改性及其发泡材料

7.1 聚丁二酸丁二醇酯树脂概述

21世纪是高分子科学与工程快速发展的时代，高分子材料在人们日常生活和生产中的使用越来越广泛，从某种意义上来说，高分子工业的发展水平已成为评价一个国家的工业化程度和社会经济、生活水平的重要指标。然而，传统的高分子材料在给人们的生活带来便利的同时，其使用后的废弃物在自然条件下难以降解（普通塑料需要100~150年才能完全降解），从而造成"白色污染"，严重影响了人类赖以生存的生态环境。高分子工业的发展和环境保护之间的矛盾已成为世界各国亟待解决的问题。

目前，处理塑料废弃物主要有填埋法、焚烧处理和回收再利用三种方法。填埋法需要占用大量土地，且会造成水土污染；焚烧处理容易产生有毒气体，从而造成二次污染；回收再利用的技术难度较大，成本花费高。因此，开发可降解的高分子材料被视为解决日益严重的"白色污染"的有效途径。其中，具有较好生物降解性的脂肪族聚酯是最有发展前景的一类聚合物，如聚羟基烷酸酯（PHA）、PLA、PCL和聚丁二酸丁二醇酯（PBS）等。这类聚合物的主链大都由易水解的脂肪族酯键连接，分子链柔顺，易被微生物或酶分解。

生物降解塑料的发展自20世纪70年代起经历了填充型淀粉塑料、光/生物双降解淀粉塑料、淀粉共混塑料以及到21世纪初成为主流的全生物降解塑料四个发展阶段。

全生物降解塑料由于在微生物或动植物体内酶的作用下，可最终分解为CO_2和水而回归自然，与淀粉、纤维素等天然大分子相比具有更好的力学性能和耐水性，易加工，能够达到塑料的使用要求，是目前降解塑料发展的主要方向和内容，并将是今后中长期的产业发展方向。PBS因其耐热性能好（热变形温度可达100℃），力学性能十分优异（接近PP和ABS）等特点，备受国内外很多专家和学者的关注。

PBS是以脂肪族二元酸、二元醇为主要原料，既可通过石油化工产品，也可通过纤维素、奶业副产物、葡萄糖、果糖、乳糖等自然界可再生农作物产物，经生物发酵生产，从而实现来自自然、回归自然的绿色循环生产。PBS可用于制备冷热饮包装和餐盒，克服了其他生物降解塑料耐热温度低的缺点；加工性能非常好，可在现有塑料加工通用设备上进行大多数种类的加工成型。

以钛酸四丁酯为催化剂采用熔融聚合法直接合成了分子量相对较高的 PBS，经测试发现，制得的 PBS 的分子量大多在 27788～92370。

以 1,4-丁二酸(SA)和 1,4-丁二醇(BDO)为原料，以十氢萘为溶剂，采用六种不同的催化剂，在 140～200℃下聚合一定时间合成了不同分子量的 PBS。表7.1 是不同分子量 PBS 的力学性能数据。

表 7.1　不同分子量 PBS 的力学性能

M_n	屈服强度/MPa	最大拉伸强度/MPa	伸长率/%
79000	18.8	37.6	355
57000	18.1	35.7	221
40600	18.6	35.0	167
32500	18.2	34.0	25.2

7.2　聚丁二酸丁二醇酯改性

PBS 的普通力学性能和耐热性能比较优良，加工性好，但是由于 PBS 是线型高分子，分子量偏低，分子量分布窄，熔体强度低，在发泡领域受到极大的限制，从而影响了 PBS 的推广应用。

7.2.1　扩链改性法

以缩聚法得到的 PBS 分子量较低，需进一步提高分子量，才能得到具有良好性能的 PBS 材料。而采用单纯的缩聚获得高分子量的 PBS 需要较长的时间，从而使成本加大。根据 PBS 端基的不同，通过采用加入扩链剂进行扩链的方法来提高其分子量，是目前提高 PBS 性能的主要的研究热点。常用的扩链剂有异氰酸酯扩链剂、酸酐扩链剂、环氧扩链剂等。例如，将 HDI 作为扩链剂合成了PLLA 和 PBS 链段的聚酯氨酯，该方法不仅避开了传统的开环聚合法合成PLLA，获得较高的分子量，而且由于引入了 PBS 链段，克服了 PLLA 脆性的问题，同时提高了 PBS 的分子量和熔体黏弹性。HDI 还可以在 PBS 原位聚合时加入，作为扩链剂进行熔融反应扩链，反应示意图如图 7.1 所示。经测试发现，扩链后的 PBS 的结晶度下降，拉伸强度大幅提高。扩链剂不仅可以改变分子拓扑结构，提高分子量，拓宽分子量分布，还可以作为相容剂，改善 PBS 与其他

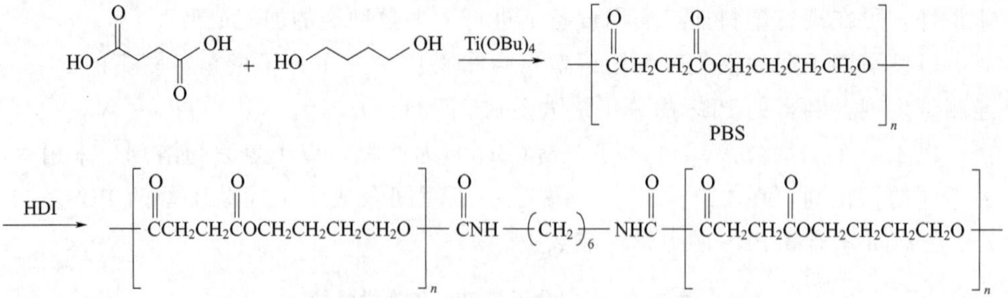

图 7.1　PBS 合成及其扩链的反应示意图

组分之间的相容性。

　　有研究人员利用三种不同的扩链剂［2,4-甲苯二异氰酸酯（TDI）、2,2-双（2-噁唑啉）、ADR-4370（环氧类扩链剂）］对 PBS 进行了扩链，并研究了扩链后的 PBS 的性能。研究发现：三种扩链剂的加入均可提高 PBS 的力学性能，维卡软化温度略有提高。其中，ADR-4370 扩链剂无毒、无污染，在土壤堆肥情况下，降解性和纯 PBS 相差不大（如表 7.2 所示），是一种可以广泛使用的扩链剂。

表 7.2　样品在土壤堆肥情况下的质量变化

试样	降解前质量/g	降解后质量/g	质量变化率/%
纯料	0.9488	0.6528	31.2
ADR-4370	0.9874	0.7188	27.2
TDI	0.9955	0.7506	24.6
BOZ	1.2064	0.8722	27.7

　　笔者研究团队采用环氧基扩链剂对 PBS 进行了扩链研究，结果发现，PBS 经过扩链以后，复数黏度、储能模量和损耗因子得到明显改善，重均分子量和结晶温度显著升高，结晶速率加快，球晶尺寸变小且分布更加均匀。另外，扩链后的 PBS 凝胶含量维持在 1%（质量分数）以下。

7.2.2　填充改性法

　　无机纳米粒子由于界面效应强，可以细化晶粒，突破高分子基体的介电阈值和改善黏弹性，特别是能够在"分子水平上"与基体树脂进行理想复合，可显著增加聚合物的功能性，例如提高了模量，提高了材料的生物降解率，降低了气体透过率等。

　　将纳米二氧化硅粒子与 PBS 进行熔融共混，研究发现，由于二氧化硅纳米粒子具有成核作用，随着二氧化硅含量的增加，PBS 的半结晶时间、拉伸强度、断裂伸长率下降，模量和屈服强度升高。

　　将原始多壁碳纳米管与 PBS 进行共混，研究发现，碳纳米管可以很好地分散到 PBS 基体中。碳纳米管的加入提高了 PBS 基体的复数黏度、储能模量、损耗模量、剪切变稀行为，降低了损耗因子。同时，碳纳米管作为异相成核剂提高了 PBS 的结晶温度，对 PBS 的热稳定性也有了很大提高。

　　将不同有机化改性的 MMT 和 PBS 进行了熔融插层混合，研究发现，随着 MMT 含量的增加，MMT 层间距变大，导致 d（001）衍射峰消失（如图 7.2 所示），PBS 的耐热性增强，T_g 降低。MMT 的插层度越高，复合材料的拉伸弯曲模量越高，拉伸强度越低。由于 MMT 作为异相成核剂促进了 PBS 的结晶，使得其降温结晶温度和熔融焓均得到了很大的提高。但过量的 MMT，会使 PBS 的 T_g 升高。

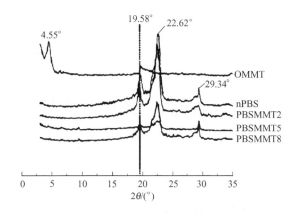

图 7.2　不同组成蒙脱土/PBS 纳米复合材料的 X 光电子衍射（XRD）谱图

　　将 TDI 和淀粉纳米晶（NST）在有机溶剂中进行接枝改性，制备出 TDI 改性的淀粉纳米晶（NTST），然后再与 PBS 进行熔融共混。研究发现，改性后的淀粉纳米粒子具有亲油性、低表面能的特点，并且其可以在 PBS 基体中均匀分散（如图 7.3 所示），提高了 PBS 基体的力学性能和热学性能。

　　将淀粉直接和 PBS 熔融共混，研究表明，随淀粉的加入量的增加，复合材料的拉伸强度、断裂伸长率、冲击强度大幅下降，拉伸模量和弯曲模量则出现升高。在样品的断裂面出现淀粉的脱落痕迹（如图 7.4 所示），从图中还可以看出，复合材料中 PBS 和淀粉之间有明显的界面，存在一些空隙，二者相容性较差，

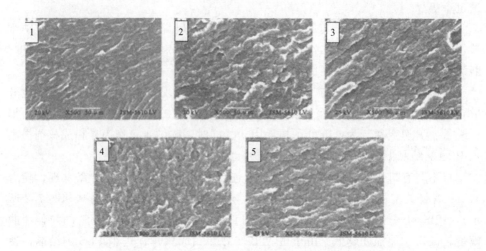

图 7.3　PBS 和 PBS/NTST 复合材料的断面 SEM 照片

1—PBS；2—PBS/NTST-0.5；3—PBS/NTST-1；4—PBS/NTST-1.5；5—PBS/NTST-2

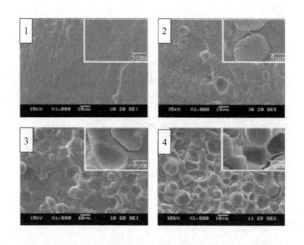

图 7.4　PBS/淀粉复合材料的断面形貌的 SEM 照片

淀粉含量（质量分数）：1—0；2—10%；3—30%；4—50%

这将导致在拉伸过程中出现应力集中，致使材料的某些力学性能下降。淀粉的加入使得 PBS 的结晶温度和 T_m 均向低温方向发生了移动。并且随着淀粉含量的增加，复合材料的热稳定性呈下降趋势（如图 7.5 所示）。

　　埃洛石纳米管也可以与 PBS 进行熔融混合改善 PBS 的结晶行为和流变性能。研究发现，随着埃洛石纳米管添加量的增加，PBS 的熔融焓逐渐增加，表明埃洛石纳米管可以作为异相成核剂促进 PBS 的结晶，同时 PBS 的零切黏度、复数

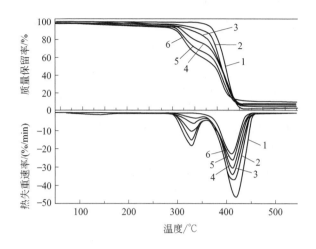

图 7.5　PBS/淀粉复合材料的 TG 和 DTG 曲线

淀粉含量（质量分数）：1—0；2—10％；3—20％；4—30％；5—40％；6—50％

黏度、储能模量、损耗模量逐渐增加。

　　总体来看，纳米材料能够在很大程度上提高 PBS 的结晶、流变和力学性能，但是，没有研究人员对纳米材料在 PBS 中的分散和界面结合进行系统、全面的研究。

7.2.3　交联改性法

　　除了对 PBS 进行扩链和纳米复合以外，利用多官能度的助剂与 PBS 进行辐射交联或化学交联，也是提高 PBS 综合性能的方法之一。

　　在辐射交联方面，利用紫外光对添加有光敏剂和交联剂的 PBS 进行照射，制备交联 PBS。交联后的 PBS 的 T_g 升高，T_m 和结晶度下降，同时，硬度和热稳定性也得到了大幅的提高。在高温下用伽马射线对 PBS 片材辐射，制得交联 PBS。研究发现，交联 PBS 与普通的 PBS 相比，具有很高的凝胶含量和更好的耐热性。

　　在化学交联方面，可以将交联剂 DCP 和 PBS 在高温下共混，制备交联 PBS。随着交联剂的增加，交联 PBS 的凝胶含量提高，进而改善了 PBS 的拉伸性能和熔体弹性，研究还发现交联 PBS 具有成核剂的效果，提高了 PBS 的结晶温度。不管是纯 PBS 还是交联 PBS 均出现了双熔融峰，抗撕裂强度大幅增加，但交联 PBS 分子链运动受到限制，结晶度出现降低。

采用 DCP 为交联剂，对 PBS 进行交联改性。研究发现，随着 DCP 含量的增加，PBS 的熔体黏弹性也随之大幅提高。当 DCP 质量分数高于 2% 时，PBS 的熔体强度就足以满足材料进行发泡成型的要求；当 DCP 质量分数为 3% 时，所制得的泡沫材料性能较好。

为了提高 PBS 的黏度，在 PBS 中引入端羧基聚酯（CP）与固体环氧（SE）的原位交联反应来改善 PBS 的流变性能。研究发现，当在 PBS/CP/SE 复合材料中，加入少量的 CP/SE 时，CP/SE 在 PBS 基体中呈分散相，当 CP：SE 大于20：20 时，CP/SE 可在 PBS 基体中原位形成网络结构，进而影响复合材料的性能。随着 CP/SE 含量的增加，PBS/CP/SE 复合材料的黏度先略有降低然后显著增加，拉伸强度也呈现先下降而后上升的趋势，弯曲强度和冲击强度也有上升的趋势，材料由脆性向韧性转变，同时 PBS 的结晶度明显降低，这为制备 PBS/CP/SE 泡沫奠定了基础。

由于交联 PBS 产品受到了交联的影响，生物降解性能大大下降，所以，目前所期待的高性能可生物降解塑料的分子结构是长链支化、微交联型的。

7.2.4　共聚改性法

面对脂肪族聚酯 T_m 低、力学性能差、难以满足实际应用的缺点，人们开始考虑在聚酯主链中引入其他的聚合物，提高力学性能并降低水解的不稳定性。自20 世纪 80 年代以来，有许多科研工作者致力于此领域的研究，并取得了丰硕的成果。

通过两步合成法将对二氧杂环己酮和六亚甲基二异氰酸酯作为扩链剂，分别与二醇封端的 PBS 进行缩聚，制备聚对二氧杂环己酮-PBS 嵌段共聚物。研究发现，PBS 和聚对二氧杂环己酮在无定形区是相容的，PBS 的引入非但没有改变聚对二氧杂环己酮的晶格结构，而且还改善了聚对二氧杂环己酮的结晶能力。

将丁二酸、1,4-丁二醇和 1,2-辛二醇通过两步法进行了酯化缩聚，制得长支链 PBS 共聚物。研究发现，1,2-辛二醇嵌段的引入降低了 PBS 的 T_g、T_m、结晶温度和结晶度，但却提高了 PBS 的热稳定性，改变了 PBS 的流变性质（复数黏度、储能模量、损耗模量），在拉伸强度没有明显降低的前提下，大幅提高了断裂伸长率。

以丁二酸、丁二醇和环己烷二甲醇为原料进行熔融缩聚，可制得聚（丁二酸丁二醇酯丁二酸环己烷二甲醇酯）的无规共聚物。研究表明，共聚后制得的 PBS 的 T_m 降低，但热分解温度得到了提升，PBS 的晶体结构没有发生明显变化。

以丁二酸、丁二醇和丙二醇为原料，通过熔融缩合法制得 PBS、聚丁二酸丙二醇酯（PPS）和 PBS 与 PPS 的共聚物（PBSPS）。研究发现，PBSPS 的结晶晶型和 PBS 一致，说明了丁二酸丁二醇酯链段处于晶区，而丁二酸丙二醇酯链段处于无定形区，并且在升温熔融过程中，可以看到有多重熔融峰。研究者认为，这是聚酯在升温过程中熔融-重结晶造成的。用偏光显微镜（POM）观察球晶形貌时，发现了环带球晶现象（如图 7.6 所示）。

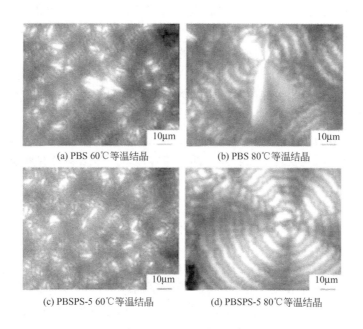

(a) PBS 60℃等温结晶　　　　　(b) PBS 80℃等温结晶

(c) PBSPS-5 60℃等温结晶　　　　(d) PBSPS-5 80℃等温结晶

图 7.6　PBS 及 PBSPS 的偏光显微镜照片

利用乙二醇、己二醇、己二酸三种组分分别与丁二酸和丁二醇共聚合成了丁二酸丁二醇酯丁二酸乙二醇酯共聚物、丁二酸丁二醇酯丁二酸己二醇酯共聚物、丁二酸丁二醇酯己二酸丁二醇酯共聚物三种共聚物。利用红外光谱和核磁谱图，证明产物的聚合成功。利用差示扫描量热仪（DSC）表征了产物的 T_m 和结晶度，发现共聚以后产物的 T_m 仍然在 100℃以上，但拉伸强度降低、断裂伸长率升高。

进行 PBS 共聚反应条件比较复杂，产量较小，不是大规模提高 PBS 综合性能的优选之法。

7.2.5　共混改性法

在 PBS 共混物方面，研究人员大量采用差示扫描量热仪（DSC）和偏光显微镜（POM）来研究，并取得了一定的成果，已经证明 PBS 可以和聚环氧乙烷

（PEO）等相容，不能与聚-β-羟丁酸（PHB）、三羟基丁酸和三羟基戊酸共聚物（PHBV）、PCL 等相容，进而研究了共混物各组分间的相互作用对结晶的影响。

将 PBS 和聚己二酸丁二醇酯（PBA）进行共混后，经研究发现，出现了分级结晶。推测可能是 PBS 能够促进 PBA 的 α 结晶，也就是说 PBA 的结晶是可控的。

将乙烯丙烯弹性体（EPR）树脂和 PBS 进行熔融共混，制备半生物降解的热塑性弹性体。研究发现，PBS-EPR 的混合比例在（70∶30）～（30∶70）之间时混合物间的相容性良好。这些混合物的 T_g 大约都在 $-35℃$，结晶熔融区间在 $100～120℃$，PBS/EPR(70∶30) 除外。通过动态力学分析测试发现，随着 PER 的含量增加，混合物的损耗因子值也随之增加，说明了 EPR 的添加增强了 PBS 的抗冲击性能。

用氯仿作溶剂将 PBS 和聚丁二酸乙二醇酯进行溶液共混和涂膜，制备可生物降解混合物。研究发现，二者具有部分相容性，晶体结构没有发现明显变化。将 PBS 和 PLA 熔融共混制备 PBS/PLA 共混物，通过添加 PLA 来改善 PBS 的力学性能和可加工性，发现随着 PLA 含量的增加，表观黏度、剪切敏感性逐渐增大。并且，研究者对共混物组成、温度、剪切速率等因素对共混物的流变性能的影响进行了研究。

Maria Oliviero 等人将可生物降解的热塑性明胶（TPG）和 PBS 进行熔融混合来改性 PBS。研究表明，随着 TPG 添加量的增加，PBS 的结晶温度稍有增加，结晶度略有下降，T_m 基本不变，复数黏度、储能模量、损耗模量大幅提高。

上面介绍了 PBS 扩链、PBS 纳米复合材料、PBS 交联聚合物及 PBS 的共聚物和共混物的合成、性能及应用情况，可以看到这些体系都具有一些较优越的特点。但是，PBS 的性能研究及改性方面仍然面临着许多的问题，它的应用范围和研究程度还有待于扩大和提高。

7.3 聚丁二酸丁二醇酯发泡成型方法与工艺

目前，对于 PBS 泡沫材料的制备报道很少，大多数集中在间歇式化学发泡上，即通过混合设备将 PBS 和各种助剂或填料（包括化学发泡剂）混合在一块，然后再通过模压法、烘箱加热法或辐射交联法对树脂进行发泡。除了间歇式化学发泡外，笔者研究团队在釜压物理发泡方面也进行了一定的研究。

7.3.1 模压发泡法

模压发泡法通常是采用双辊混炼机将 PBS 树脂、交联剂、助交联剂、成核剂等进行了混炼压片，然后在160℃、10MPa下进行模压化学发泡。研究发现，交联剂的加入能够在很大程度上提高PBS的熔体强度。但是对于发泡来说，其提高幅度还是不够充分的。因此需要添加助交联剂，进一步提高PBS的熔体强度，制备出PBS泡沫材料。研究发现，交联后的PBS泡沫材料基本上为闭孔形态。随着交联剂加入量的增加，泡孔尺寸逐渐减小，分布更加均匀。但是熔体强度太大，会阻止泡孔的生长，使得泡孔壁较厚，泡孔密度增加。

以碳酸氢铵为发泡剂、滑石粉为成核剂、邻苯二甲酸二丁酯为增塑剂，进行PBS模压发泡，发现产物的弯曲强度与产物结构有一定联系，PBS泡沫产物中泡孔越多，中空现象越多，产物弯曲强度越小。滑石粉作为成核剂加入，可降低PBS泡沫塑料的表观密度，提高PBS塑料的弯曲强度，减小泡孔直径，并增加泡孔数量。加入增塑剂能在一定程度上提高PBS发泡制品的弯曲强度。

将PBS交联后以碳酸氢钠为化学发泡剂进行模压发泡。随着交联剂含量的增加，泡孔尺寸分布先变窄后变宽，这说明要想得到一个发泡效果好的PBS泡沫，需要添加适宜的交联剂；泡孔密度逐渐增加，这是因为交联提高了PBS的熔体强度，导致泡孔的增长受到抑制，泡孔变小，从而使密度下降。

以AC为发泡剂，DCP为交联剂，采用模压化学发泡法，可制备PBS/CP/SE泡沫材料。当DCP的含量小于1phr时，PBS/CP/SE泡沫材料的泡沫尺寸大小很不均一，甚至出现不能发泡的现象。随着DCP含量的增加，泡沫的密度、壁厚、拉伸强度及硬度都增加。泡沫材料的孔隙率和平均泡孔直径逐渐减小。这可能是由于随着DCP含量的增加，复合材料的熔体强度不断增大，有利于发泡剂产生的气体在熔体中扩散，而不易使之逸出。随着发泡剂含量的增加，泡沫材料的密度、平均壁厚、拉伸强度及硬度等均降低，泡沫材料的孔隙率、平均泡孔直径等均增加。这可能是因为随着发泡剂含量的增加，产生的气体增多，更多的气体则有利于其在熔体中的扩散。随着CP/SE含量的降低，泡沫材料的密度、平均壁厚、拉伸强度及硬度等均降低，泡沫材料的孔隙率、平均泡孔直径等均增加。这可能是因为随着CP/SE含量降低，材料的熔体强度也随之降低，导致泡沫材料的密度、孔隙率、平均泡孔直径、平均壁厚等降低。同时，交联后的CP和SE属于硬性材料，在PBS基体中可以形成骨架，增加泡沫材料的硬度及拉伸强度，所以随着其含量减少，泡沫材料的硬度和拉伸强度下降。研究发现，制备的PBS/CP/SE复合材料泡沫密度最低可达0.22g/cm³。

采用AC作发泡剂、纤维素纳米晶（CNs）作成核剂可对PBS进行模压发泡。由于CNs是一种刚性材料，具有增强聚合物强度与刚性的作用，能够发挥出应力传递的作用，并在高含量下形成三维渗透网络，提高PBS复合发泡材料的弯曲性能。除此之外，CNs还能够在PBS基体中通过异相成核提高泡沫材料的泡孔密度并减小泡孔直径。

采用纳米纤维素和乙酰化纳米纤维晶作为增强剂和气泡成核剂改性 PBS，然后进行模压发泡，可制备 PBS 复合材料泡沫。研究发现，纳米纤维素作为高结晶性硬质纳米粒子，在添加量为 5%（质量分数）时，可以提高 PBS 发泡材料50% 的弯曲强度和 62.9% 的弯曲模量。纳米纤维晶表面经过乙酰化处理可以促使纤维晶表面从亲水性变成疏水性，增加了纤维晶与 PBS 的相容性。通过改变乙酰化纳米纤维晶的含量可以调控 PBS 复合材料泡沫的泡孔尺寸和泡孔密度，泡孔密度最高可以达到 $1.95 \times 10^5 \, cells/cm^3$。研究还表明，添加合适含量的硬质乙酰化纳米纤维素可以起到增强相的作用进行应力传递，也可以促进 PBS 复合材料泡沫的结晶度。

PBS/纳米纤维素复合材料是采用可生物降解聚酯和生物质纳米颗粒制得的，有望应用于绝缘材料、吸附材料、缓冲材料、包装材料等领域。

7.3.2 烘箱加热发泡法

PBS 的烘箱加热发泡法，通常是采用扩链剂、碳纤维、碳纳米管及蒙脱土等助剂或填料对 PBS 进行改性后，在烘箱中进行加热发泡。图 7.7 和图 7.8 示

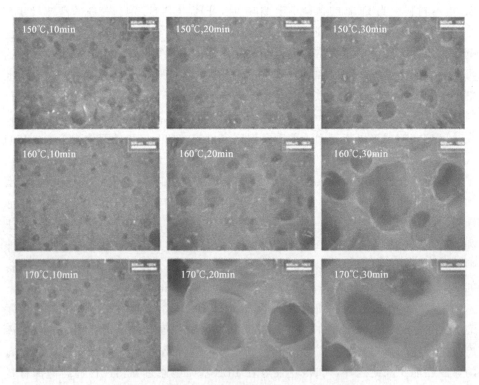

图 7.7　不同温度和时间下 PBS 泡沫材料的 SEM 照片

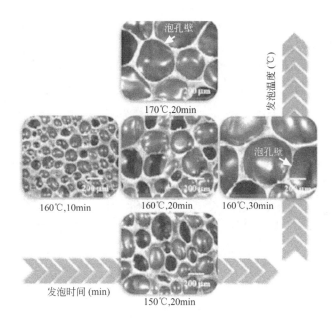

图 7.8　不同发泡温度和发泡时间对 PBS/碳纤维泡沫形态结构的影响

出了发泡温度和发泡时间对 PBS 泡沫材料泡孔形态的影响。从图中可以看出，随着发泡时间和发泡温度的延长和增加，泡孔尺寸不断增加，但泡孔形态变得越来越不规则。发泡温度的上升，使得 PBS 的黏度下降，泡孔的生长更加容易，泡孔尺寸也就越来越大，泡孔形状大多数为椭圆形，具有闭孔结构。这也说明了交联有助于泡孔增长的稳定，阻止了泡孔塌陷和破裂的产生。

从图 7.8 中可以看出，碳纤维的加入能够提高 PBS 熔体的黏弹性，进而制备出闭孔的 PBS 泡沫，同时碳纤维还可以在发泡过程中起到气泡成核剂的作用。随着发泡时间和发泡温度的延长和增加，利于泡孔增长，泡孔尺寸逐渐变大。

从图 7.9 中可以看出，碳纳米管对 PBS 的发泡影响与碳纤维对 PBS 的发泡影响规律几乎相同。

采用三种不同的纳米黏土对 PBS 泡沫材料进行改性，通过 XRD 测试证明了纳米黏土与 PBS 之间的熔融插层结构，这种结构在熔体中可以起到物理交联点的作用，进而提高了 PBS 的熔体强度，有利于组织泡孔的破裂和塌陷，尽可能多地得到闭孔泡沫材料（如图 7.10 所示），泡孔增长规律与前两者（碳纤维和碳纳米管）几乎一致。

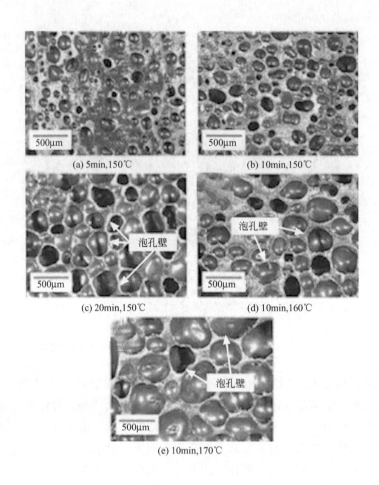

(a) 5min,150℃ (b) 10min,150℃

(c) 20min,150℃ (d) 10min,160℃

泡孔壁

(e) 10min,170℃

图 7.9 不同发泡温度和发泡时间对 PBS/碳纳米管泡沫形态结构的影响

7.3.3 辐射交联发泡法

PBS 在不同辐射量电子束辐射下进行交联发泡，具体步骤如下：首先将 PBS 和化学发泡剂在密炼机上进行混合，然后将制得的样条在空气中进行电子辐射，最后将辐射后的样条在 200℃下进行模压发泡。研究表明，经辐射交联后的 PBS 的凝胶含量上升，在一定程度上可以提高 PBS 的熔体强度，但是过度交联又会限制泡孔的生长。图 7.11 为不同发泡剂含量的 PBS 泡沫微观电镜照片，从图中可以看到，随着发泡剂含量的增加，泡孔尺寸成倍增长。

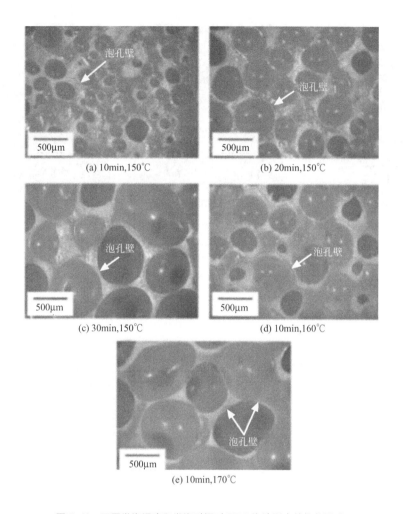

(a) 10min,150℃

(b) 20min,150℃

(c) 30min,150℃

(d) 10min,160℃

(e) 10min,170℃

图 7.10　不同发泡温度和发泡时间对 PBS 泡沫形态结构的影响

7.3.4　釜压发泡法

　　笔者研究团队利用环氧基扩链剂对 PBS 进行扩链改性，然后采用超临界 CO_2 作物理发泡剂在高压釜内进行间歇式发泡。研究发现，PBS 的扩链过程实质上是一个断链（降解）、扩链、交联相互存在的过程。图 7.12 给出了相关竞争反应的示意图。

　　经过扩链后的 PBS 与纯 PBS 相比，分子量大幅提高，分子量分布变宽，熔体黏弹性明显改善，并且当扩链剂含量达到一定值时，开始出现凝胶。微弱的凝胶结构对提高 PBS 的可发性是有益的。图 7.13 为经不同含量扩链剂改性的 PBS

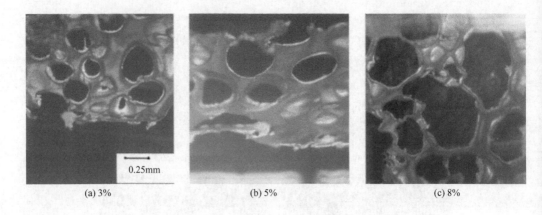

(a) 3%　　　　　　　　(b) 5%　　　　　　　　(c) 8%

图 7.11　不同发泡剂含量（质量分数）的 PBS 泡沫材料的 SEM 照片

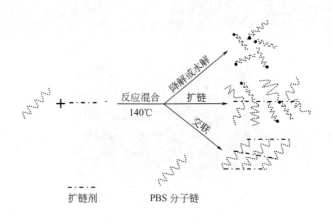

扩链剂　　　　　　PBS 分子链

图 7.12　PBS 扩链过程化学变化示意图

泡沫断面的 SEM 照片。

从图 7.13 中可以看出，随着扩链剂含量的增加，泡孔形态由椭圆形的开孔结构逐渐变成五角十二面体的闭孔结构。发泡倍率先增大后减小，这主要是由于扩链后发泡性能得到提高，而扩链剂含量太高，会导致交联结构出现，限制泡孔的生长。

在 PBS 釜压发泡过程中加入埃洛石纳米管（HNT），除了可以使 PBS 泡孔密度提高，泡孔直径减小，泡孔尺寸分布范围变窄外，还有助于形成具有开孔结构的 PBS 泡沫。当 HNT 添加量为 5%（质量分数）时，PBS/HNT 复合材料的泡孔尺寸为 $13\mu m$，泡孔密度为 $2.2\times10^{8}\,cells/cm^{3}$。

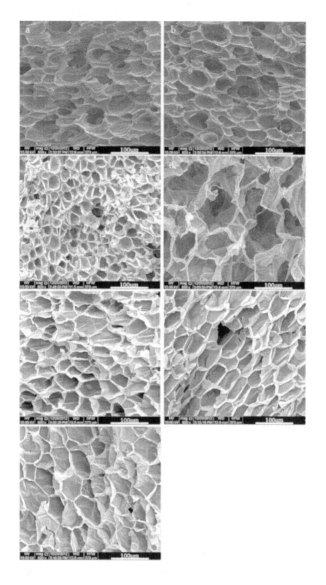

图 7.13　不同含量扩链剂改性的 PBS 泡沫断面的 SEM 照片

对于 PBS 釜压发泡而言，当温度低于 100℃时，样品基本不能发泡；当温度高于 130℃时，发泡倍率降低；只有当温度处于 110～120℃，压力适中时，可以制得发泡倍率在 4.2～5.9 的产品。

在 PBS 釜压发泡过程中加入 TPG 可以改善 PBS 的可发性，同时不影响 PBS 的生物降解性能。TPG 与 PBS 之间界面相容性比较差有助于调控泡孔结构和泡孔密度。

7.4 聚丁二酸丁二醇酯发泡材料展望

PBS 原料来源丰富，不需要消耗石油且可以完全生物降解，具有良好的耐热性能、力学性能及生物相容性，其泡沫材料制品在食品、药品包装等领域得到了广泛应用，逐渐受到越来越多的专家和学者的关注。但由于其熔体强度低，可发性差，在发泡领域的应用受到一定程度的限制。国内外很多研究人员通过扩链、纳米复合、交联、共聚和共混等方法对 PBS 进行改性，其熔体的黏弹性和结晶性能等得到很大程度改善，制备出了一些性能良好的 PBS 泡沫材料，但仍然存在一些需要解决的问题：

① 在扩链改性和交联改性过程中，如何控制好凝胶含量。凝胶含量较高会导致 PBS 的加工性能较差，可发性也会受到很大影响。

② 在纳米复合过程中，受纳米粒子自身比表面积高、容易团聚及其惰性表面的影响，如何提高纳米粒子在 PBS 基体中的分散性和界面结合是目前的一个研究热点。

③ 在共混过程中，如何提高共混物料之间的相容性也是一个重点研究方向。

参考文献

[1] Mazzocchetti L，Scandola M，Jiang Z. Enzymatic Synthesis and Structural and Thermal Properties of Poly（ω-pentadecalactone-co-butylene-co-succinate）[J]. Macromolecules，2009，42（20）：7811-7819.

[2] Ojijo V，Malwela T，Ray S S，et al. Unique Isothermal Crystallization Phenomenon in the Ternary Blends of Biopolymers Polylactide and Poly［（butylene succinate）-co-adipate］ and Nanoclay [J]. Polymer，2012，53（2）：505-518.

[3] 郭绍强. PBS 基生物降解材料的制备及改性研究 [D]. 保定：河北大学，2009.

[4] 刘晓辉，黄关葆，汪少鹏. 高摩尔质量聚丁二酸丁二醇酯的合成及其摩尔质量与特性黏度的关系 [J]. 塑料工业，2008，36（11）：14-16.

[5] 孙杰，刘俊玲，廖肃然，等. 高相对分子质量聚丁二酸丁二醇酯的合成与表征 [J]. 精细化工，2007，24（2）：117-120.

[6] 张昌辉，张敏，赵霞. 高相对分子质量可生物降解聚丁二酸丁二醇酯的合成 [J]. 石油化工，2009，38（2）：185-188.

[7] 赵剑豪，王晓青，曾军，等. 聚丁二酸丁二醇酯及聚丁二酸-己二酸-丁二醇酯在微生物作用下的降解行为 [J]. 高分子材料科学与工程，2006，22（2）：137-140.

[8] 李成涛，张敏，欧阳亮，等. 聚丁二酸丁二醇酯（PBS）生物降解过程对植物生长的影响评价 [J]. 生态环境学报，2011，20（1）：181-185.

[9] 肖峰，王庭慰，丁培，等. 影响聚丁二酸丁二醇酯降解性能的因素 [J]. 高分子材料科学与工程，2011，27（7）：54-57.

[10] 左秀霞，王晓青，石峰晖，等. 聚丁二酸丁二醇酯在生物材料领域的研究进展 [J]. 中国塑料，2007，21（7）：629-632.

[11] Harada A，Kamachi M. Complex Formation between Poly（ethylene glycol）and α-Cyclodextrin [J]. Macromolecules，1990，23（10）：2821-2823.

[12] Dong T，Weihua Kai A，Inoue Y. Regulation of Polymorphic Behavior of Poly（butylene adipate）upon Complexation with α-Cyclodextrin [J]. Macromolecules，2007，40（23）：8285-8290.

[13] 王良成，邓欣荣，魏太保，等. 新型芳香聚脲准轮烷的合成与表征 [J]. 高分子材料科学与工程，2008，24（4）：50-52.

[14] Wei M，Shuai X，Tonelli A E. Melting and Crystallization Behaviors of Biodegradable Polymers Enzymatically Coalesced from their Cyclodextrin Inclusion Complexes [J]. Biomacromolecules，2003，4（3）：783-792.

[15] 张恺，张敏，丁芳芳，等. β-环糊精与聚丁二酸丁二醇酯包合物的制备与表征 [J]. 高分子材料科学与工程，2010，26（2）：139-141.

[16] 王怀雨，季君晖，王晓艳，等. 聚丁二酸丁二醇酯的表面改性及相关研究 [J]. 塑料，2009，38（6）：61-63.

[17] Oishi A，Zhang M，Nakayama K，et al. Synthesis of Poly（butylene succinate）and Poly（ethylene succinate）Including Diglycollate Moiety [J]. Polymer Journal，2006，38（7）：710-715.

[18] 张世平，杨晶，刘小云，等. 聚（琥珀酸丁二醇酯-共-富马酸丁二醇酯）的合成及双羟基化反应研究 [J]. 有机化学，2003，23（9）：1008-1012.

[19] 徐永祥，徐军，孙元碧，等. 聚（丁二酸丁二醇酯-co-丁二酸丙二醇酯）的等温结晶行为研究 [J]. 高分子学报，2006（8）：1000-1006.

[20] Zhang S，Yang J，Liu X，et al. Synthesis and Characterization of Poly（butylenes succinate-co-butylene malate）：A New Biodegradable Copolyester Bearing Hydroxyl Pendant Groups [J]. Biomacromolecules，2003，4（2）：437-445.

[21] Cao A，Okamura T，Nakayama K，et al. Studies on Syntheses and Physical Properties of Biodegradable Aliphatic Poly（butylene succinate-co-ethylene succinate）s and Poly（butylene succinate-co-diethylene glycol succinate）s [J]. Polymer Degradation and Stability，2002，78（1）：107-117.

[22] Zhao J H，Wang X Q，Zeng J，et al. Biodegradation of Poly（butylene succinate-co-butylene adipate）by Aspergillus Versicolor [J]. Polymer Degradation and Stability，2005，90（1）：173-179.

[23] 张昌辉，翟文举，赵霞. 1,2-丙二醇对可生物降解聚丁二酸丁二醇酯的共聚改性 [J]. 化工进展，2010，29（2）：289-292.

[24] 郝瑞，余瑾，周艺峰，等. 聚（丁二酸丁二醇酯己内酯）的扩链改性研究 [J]. 安徽大学学报（自然科学版），2011，35（4）：79-85.

[25] 曾建兵，李以东，李闻达，等. HDI 作为扩链剂合成含 PLLA 和 PBS 链段的聚酯氨酯 [J]. 高分子学报，2009，1（10）：1018-1024.

[26] Lim S K，Jang S G，Lee S I，et al. Preparation and Characterization of Biodegradable Poly（butylene succinate）（PBS）Foams [J]. Macromolecular Research，2008，16（3）：218-223.

[27] 酒永斌，姚维尚，王晓青，等. PBS-g-MAH 及 MAH 对 PBS/淀粉合金力学性能的影响 [J].

化工新型材料，2006，34（4）：37-40.

[28] 王瑞侠，徐根水，黄言俊，等．高分子量聚丁二酸丁二醇酯的合成研究［J］．池州学院学报，2010，24（3）：19-20.

[29] 秦林林，葛铁军．对比研究新型扩链剂对聚丁二酸丁二醇酯的改性影响［J］．沈阳化工大学学报，2011，25（4）：326-329.

[30] Biswas M，Ray S S. Recent Progress in Synthesis and Evaluation of Polymer-Montmorillonite Nanocomposites［M］. New Polymerization Techniques and Synthetic Methodologies. Springer Berlin Heidelberg，2001：167-221.

[31] Xu R，Manias E，Snyder A J，Runt J. New Biomedical Poly（urethane urea）-layered Silicate Nanocomposites［J］. Macromolecules，2001，34（2）：337-339.

[32] Sinha Ray S，Yamada K，Okamoto M，et al. Polylactide-layered Silicate Nanocomposite：A Novel Biodegradable Material［J］. Nano Letter，2002，2（10）：1093-1096.

[33] Krishnamoorti R，And R A V，Giannelis E P. Structure and Dynamics of Polymer-Layered Silicate Nanocomposites［J］. Chemistry of Materials，1996，8（8）：1728-1734.

[34] Bian J，Han L，Wang X，et al. Nonisothermal Crystallization Behavior and Mechanical Properties of Poly（butylene succinate）/Silica Nanocomposites［J］. Journal of Applied Polymer Science，2010，116（2）：902-912.

[35] Wang G，Guo B，Xu J，et al. Rheology，Crystallization Behaviors，and Thermal Stabilities of Poly（butylene succinate）/Pristine Multiwalled Carbon Nanotube Composites Obtained by Melt Compounding［J］. Journal of Applied Polymer Science，2011，121（1）：59-67.

[36] Someya Y，Nakazato T，Teramoto N，et al. Thermal and Mechanical Properties of Poly（butylene succinate）Nanocomposites with Various Organo-modified Montmorillonites［J］. Journal of Applied Polymer Science，2004，91（3）：1463-1475.

[37] 石瑞，李世杰，李祥，等．PBS/蒙脱石纳米复合材料的制备及性能［J］．非金属矿，2011，34（5）：15-17.

[38] 高山俊，尹凯凯．改性淀粉纳米晶对聚丁二酸丁二醇酯的增强改性研究［J］．化学与生物工程，2011，28（5）：37-41.

[39] 缪文虎，陈双军，张军．聚丁二酸丁二醇酯/淀粉复合材料制备与性能研究［J］．塑料科技，2011，39（4）：86-90.

[40] Huang X，Li C，Zhu W，et al. Ultraviolet-induced Crosslinking of Poly（butylene succinate）and Its Thermal Property，Dynamic Mechanical Property，and Biodegradability［J］. Polymers for Advanced Technologies，2011，22（5）：648-656.

[41] Yoshii F. Radiation Crosslinking of Biodegradable Poly（butylene succinate）at High Temperature［J］. Journal of Macromolecular Science Part A，2001，38（9）：961-971.

[42] Kim D J，Kim W S，Lee D H，et al. Modification of Poly（butylene succinate）with Peroxide：Crosslinking，Physical and Thermal Properties，and Biodegradation［J］. Journal of Applied Polymer Science，2001，81（5）：1115-1124.

[43] 孙重晓，王克俭，季君晖，等．过氧化物交联改性聚丁二酸丁二醇酯薄膜的抗撕裂性［J］．高分子材料科学与工程，2011，27（10）：78-80.

[44] Zheng G C，Ding S D，Zeng J B，et al. Non-isothermal Crystallization Behaviors of Poly

(p-dioxanone) and Poly (p-dioxanone) -b-poly (butylene succinate) Multiblock Copolymer from Amorphous State [J]. Journal of Macromolecular Science Part B, 2010, 49 (2): 269-285.

[45] Wang G, Gao B, Ye H, et al. Synthesis and Characterizations of Branched Poly (butylene succinate) Copolymers with 1,2-octanediol Segments [J]. Journal of Applied Polymer Science, 2010, 117 (5): 2538-2544.

[46] 余瑾, 程小苗, 周艺峰, 等. 聚 (丁二酸丁二醇酯丁二酸环己烷二甲醇酯) 的合成与表征 [J]. 高分子材料科学与工程, 2009, 25 (11): 16-18.

[47] 徐永祥, 徐军, 孙元碧, 等. 聚 (丁二酸丁二酯-co-丁二酸丙二酯) 的等温结晶行为研究 [J]. 高分子学报, 2006, 8: 1000-1005.

[48] 孙杰, 张大伦, 谭惠民, 等. 聚丁二酸丁二醇酯的共聚改性 [J]. 中国塑料, 2004, 18 (1): 43-45.

[49] Qiu Z, Ikehara T, Nishi T. Miscibility and Crystallization in Crystalline/Crystalline Blends of Poly (butylene succinate) /Poly (ethylene oxide) [J]. Polymer, 2003, 44 (9): 2799-2806.

[50] Qiu Z, Ikehara T, Nishi T. Melting Behaviour of Poly (butylene succinate) in Miscible Blends with Poly (ethylene oxide) [J]. Polymer, 2003, 44 (10): 3095-3099.

[51] Yang J, Pan P, Hua L, et al. Fractionated Crystallization, Polymorphic Crystalline Structure, and Spherulite Morphology of Poly (butylene adipate) in Its Miscible Blend with Poly (butylene succinate) [J]. Polymer, 2011, 52 (15): 3460-3468.

[52] Tsi H Y, Tsen W C, Shu Y C, et al. Compatibility and Characteristics of Poly (butylene succinate) and Propylene-co-ethylene Copolymer Blend [J]. Polymer Testing, 2009, 28 (8): 875-885.

[53] He Y S, Zeng J B, Li S L, et al. Crystallization Behavior of Partially Miscible Biodegradable Poly (butylene succinate)/Poly (ethylene succinate) Blends [J]. Thermochimica Acta, 2012, 529 (1): 80-86.

[54] 罗发亮, 张秀芹, 甘志华, 等. 聚丁二酸丁二醇酯-聚乳酸共混体系的毛细管流变行为 [J]. 宁夏工程技术, 2010, 9 (3): 233-237.

[55] 陈庆, 杨欣宇. 生物降解塑料三大主流技术——市场价值分析 [J]. 塑料工业, 2008, 36 (12): 75-79.

[56] 孙可华. 中科院理化所工程塑料研究中心和扬州佳美公司合资建 2 万吨/年 PBS 装置 [J]. 国内外石油化工快报, 2006, 36 (2): 22.

[57] Peter Tsai. 生物降解材料在非织造材料中的应用 [J]. 产业用纺织品, 2005, (11): 12-14.

[58] Shi X Q, Aimi K, Ito H, et al. Characterization on Mixed Crystal Structure of Poly (butylenes terepht halate/succinate/adipate) Biodegradable Copolymer Fibers [J]. Polymer, 2005, 46 (3): 751-760.

[59] 李冠, 戚嵘嵘, 陆佳琦, 等. 聚丁二酸丁二醇酯泡沫材料的制备 [J]. 工程塑料应用, 2011, 39 (9): 13-16.

[60] Lim S K, Jang S G, Lee S I, et al. Preparation and Characterization of Biodegradable Poly (butylene succinate) (PBS) Foams [J]. Macromolecular Research, 2008, 16 (3): 218-223.

[61] Lim S K, Lee S I, Jang S G, et al. Fabrication and Physical Characterization of Biodegradable Poly (butylene succinate) /Carbon Nanofiber Nanocomposite Foams [J]. Journal of Macromo-

lecular Science Part B，2010，50（1）：100-110.

[62] Lim S K，Lee S I，Jang S G，et al. Synthetic Aliphatic Biodegradable Poly（Butylene Succinate）/MWNT Nanocomposite Foams and Their Physical Characteristics [J]. Journal of Macromolecular Science Part B，2011，50（6）：1171-1184.

[63] Lim S K，Lee J J，Jang S G，et al. Synthetic Aliphatic Biodegradable Poly（butylene succinate）/Clay nanocomposite Foams with High Blowing Ratio and Their Physical Characteristics [J]. Polymer Engineering and Science，2011，51（7）：1316-1324.

[64] Zhou H，Wang X，Du Z，et al. Preparation and Characterization of Chain Extended Poly（butylene succinate）Foams [J]. Polymer Engineering and Science，2015，55（5）：988-994.

[65] 周洪福，王向东，刘本刚，等. 环氧基扩链剂对聚丁二酸丁二醇酯流变和结晶行为的影响 [J]. 塑料，2012，41（06）：4-6.

[66] 伍巍. 聚丁二酸丁二醇酯/埃洛石纳米管复合材料制备及其发泡性能研究 [D]. 广州：华南理工大学，2013.

[67] 王强. 聚丁二酸丁二醇酯（PBS）的改性及其在超临界二氧化碳中溶胀和发泡特性研究 [D]. 杭州：浙江大学，2013.

[68] 刘伟，陈鹏，王向东，等. PBAT/NPCC 复合体系发泡材料的制备与表征 [J]. 塑料，2016，4（3）：73-77.

[69] 曾义. PBS/杨木纤维复合材料的制备及其阻燃和发泡研究 [D]. 株洲：湖南工业大学硕士学位论文，2013.

[70] 罗宇. 聚丁二酸丁二醇酯（PBS）/CP/SE 复合材料及其泡沫的制备与性能研究 [D]. 上海：上海交通大学，2013.

[71] 卢波. 生物降解聚丁二酸丁二醇酯泡沫塑料的制备探索研究 [D]. 北京：中国地质大学，2010.

[72] 陈佑立. 纤维素纳米晶改性聚丁二酸丁二醇酯材料的制备及结构与性能研究 [D]. 武汉：武汉理工大学，2014.

[73] Hu F，Lin N，Chang P R，et al. Reinforcement and Nucleation of Acetylated Cellulose Nanocrystals in Foamed Polyester Composites [J]. Carbohydrate Polymers，2015，129：208.

[74] Oliviero M，Sorrentino L，Cafiero L，et al. Foaming Behavior of Bio-based Blends Based on Thermoplastic Gelatin and Poly（butylene succinate）[J]. Journal of Applied Polymer Science，2015，132（48）.

[75] Lin N，Chen Y，Hu F，et al. Mechanical Reinforcement of Cellulose Nanocrystals on Biodegradable Microcellular Foams with Melt-compounding Process [J]. Cellulose，2015，22（4）：2629-2639.

[76] Wu W，Cao X，Lin H，et al. Preparation of Biodegradable Poly（butylene succinate）/Halloysite nanotube Nanocomposite Foams Using Supercritical CO_2，as Blowing Agent [J]. Journal of Polymer Research，2015，22（9）：177.

[77] Feng Z，Luo Y，Hong Y，et al. Preparation of Enhanced Poly（butylene succinate）Foams [J]. Polymer Engineering and Science，2016，56（11）：1275-1282.

第8章
Chapter 8

聚羟基烷酸酯改性及其发泡材料

8.1 聚羟基烷酸酯树脂概述

近 20 多年迅速发展起来的生物高分子材料聚羟基烷酸酯（PHA）是很多微生物合成的一种细胞内聚酯，是一种天然的高分子生物材料。PHA 具有良好的生物相容性能、生物可降解性能、塑料的热加工性能、非线性光学性能、压电性能、气体相隔性能等众多高附加值性能，可作为生物医用材料和生物可降解包装材料，已经成为近年来生物材料领域最为活跃的研究热点。

与 PLA 等生物材料相比，PHA 结构多元化，通过改变菌种、给料、发酵过程可以很方便地改变 PHA 的组成，而组成结构多样性带来的性能多样化使其在应用中具有明显优势。根据组成，PHA 可分成两大类：一类是短链 PHA（单体为 $C_3 \sim C_5$）；另一类是中长链 PHA（单体为 $C_6 \sim C_{14}$）。

PHA 生产的一条可行途径是利用菌株合成短链与中长链共聚羟基脂肪酸酯。采用该种方法生产的 PHA 经历了第一代 PHA——PHB、第二代 PHA——PHBV 和第三代 PHA——聚 3-羟基丁酸-3-羟基己酸酯（PHBHHx），而第四代 PHA——羟基丁酸羟基辛酸（癸酸）共聚酸［PH-BO（PHBD）］尚处于开发阶段。其中，作为第三代 PHA 的 PHBHHx 已由清华大学及其合作企业实现了首次大规模生产。与传统化工塑料产品的生产过程相比，PHA 的生产是一种低能耗和低 CO_2 排放的生产，因此从生产过程到成品对于环境保护都是很有利的。

PHA 生产的另一条可行途径是利用转基因植物来实现。PHA 在植物中合成，利用光能消耗 CO_2，这是一种可持续、可再生的材料生产方式。现在已在烟草、马铃薯、棉花、油菜、玉米、苜蓿等植物中实现了包括 PHB、PHBV 以及中长链 PHA 等不同 PHA 的合成。其中，在马铃薯块根中合成 PHA 是最具生产前景的。目前 PHA 的价格还很难和石油化工塑料相竞争，聚丙烯的价格低于 1 美元/kg，而一些最便宜的生物可降解塑料的价格为 3~6 美元/kg。当今理想的 PHB 的生产成本为 4 美元/kg，随着规模的扩大，可使生产成本进一步降低，但很难达到 2~3 美元/kg，这主要是由细菌发酵底物成本所决定。但通过转基因植物合成 PHA，有望将 PHA 的成本大大降低。因为植物利用 CO_2 和太阳能生产植物油和淀粉的成本分别为 0.5~1 美元/kg 和 0.25 美元/kg，另外对植物中 PHA 的提取过程也有了较好的研究，提取成本不高于对细菌中 PHA 的提取成本。PHA 在植物中的生产将使经济作物的可再生资源使用大大提高。

8.2 聚羟基烷酸酯改性

与一般的脂肪族聚酯一样，PHA 材料也存在着性能上的许多缺点，如热稳定性差，容易水解，加工窗口相对较窄等，使其加工成型在技术上十分困难。结晶速度太慢使其加工成型周期太长；PHA 材料的韧性差，综合力学性能较差等缺陷，使 PHA 材料在发泡成型过程中存在着很大的瓶颈；加之生产成本较高，很难实现大量替代现在的石油基高分子泡沫材料。为了解决 PHA 面临的这些难题，必须要对其进行各种方式的改性，包括生物改性、化学改性和物理改性。

8.2.1 生物改性法

生物改性法主要指通过细菌发酵，并采用不同的碳源及不同的发酵条件，在 PHA 的链段上引入其他的羟基脂肪酸的链节单元，以期改善 PHA 的性能。在通过生物改性法制得的 PHA 材料中，研究比较广泛、改性比较成功的是 PHBV、PHB 和 PHBHHx。

如以丙酸和葡萄糖为食物碳源，用发酵法合成了 3-羟基戊酸酯（3-HV）含量为 0.47%（质量分数）的 P(3-HB-co-3-HV) 共聚物。这种共聚物解决了 PHB 脆性大的问题，能加工成型为丝和膜，并已商品化。

8.2.2 物理改性法

物理改性法主要指通过将 PHA 与其他高分子材料、无机填料或添加剂进行物理共混的办法来改善其性能。同生物改性法相比，物理改性法具有简单易行和成本低廉的优点。选择相容性较好的共混组分，通过调节配比，采用不同的加工方式可获得多种不同用途的新型材料，满足各种需要。

将 PHB 与邻苯二甲酸二辛酯（DOP）以不同比例共混，用平板硫化机热压成型，对体系的相容性及结晶行为进行研究发现：DOP 与 PHB 有良好的相容性；DOP 的加入可降低 PHB 的 T_m，拓宽熔融温区；随着 DOP 含量的增加，球晶尺寸变小，当 DOP 含量为 50%（质量分数）时，几乎看不到球晶的存在，这是由于 DOP 小分子嵌入 PHB 的大分子间，降低了大分子间的内聚力，同时破坏了 PHB 分子链的规整性；小分子的加入，起到了增加大分子之间润滑的作用，提高了大分子之间的蠕动能力，使材料在宏观上表现为拉伸时呈现韧性断裂。

利用天然橡胶（NR）和环氧化橡胶（ENR）作为增韧剂对 PHB 进行共混改性，可提高其韧性。流变测试发现，橡胶和 PHB 不相容，两相的熔融黏度有明显不同，因此采用两种不同分子量和接枝率的马来酸酐接枝聚丁二烯作为增容剂分别对 PHB/NR 和 PHB/ENR 体系增韧，研究发现，在 PHB/ENR 共混体系中，采用高接枝率、低分子量的马来酸酐接枝聚丁二烯作为增容剂，明显改善了 PHB 的脆性，使其抗冲击强度提高 440%。

在 PHB 中分别加入 BPA（双酚 A）和 TBP（单酚），可通过改善分子间的作用力提高 PHBV 的韧性。PHBV：BPA（质量比）为 80：20 时，断裂强度超过 10MPa，断裂伸长率则提高到 400% 左右。TBP 对 PHBV 性能也有改善，但效果远不如 BPA。

8.2.3 化学改性法

化学改性法主要指以 PHA 分子结构为基础，通过分子设计合成新的材料，从而改善材料的性能。改性方法包括：接枝反应、嵌段共聚、氯化反应、环氧化作用、交联反应以及官能团化（引入羟基、羧基等）。

接枝反应和嵌段共聚都是非常重要的材料改性手段。接枝改性是由于 PHA 分子链上的叔碳氢很活泼，易受引发剂自由基的攻击而脱去生成大分子自由基，从而导致接枝反应发生，改善和提高 PHA 的性能。嵌段共聚是将 PHA 链改性成双端带羟基或是羧基的短片段，通过端基间的反应，把其他功能性链段引入 PHA 分子链上，从而得到一种新高分子材料。到目前为止，各国已有很多人使用嵌段共聚的手段对 PHA 进行改性并对其性能进行研究。

利用甲基丙烯酸甲酯单体接枝到 PHB 主链上可改善 PHB 的结晶度。改性后的 PHB，随着 PHB 比例的增加，结晶度增加。在受到外力作用的过程中，结晶部分充当桥梁的作用，将外力在链段间传递，起到共同抵抗外力的作用。以两端溴化的 PHB 链段（Br-PHB-Br）作为大分子引发剂，用原子转移自由基聚合法进行改性，该大分子引发剂可以引发丙烯酸叔丁酯单体，合成了一种新的三嵌段共聚物——聚丙烯酸叔丁酯-PHB-聚丙烯酸叔丁酯，在酸性条件下进一步水解，得到了一种两亲性的聚丙烯酸-PHB-聚丙烯酸三嵌段共聚物。所得到的两亲性三嵌段共聚物具有很好的生物相容性，无细胞毒性，可以溶于水中，在特殊的选择性溶剂中可以形成胶束结构，可应用于药物缓释领域。

8.3　聚羟基烷酸酯发泡成型方法与工艺

PHA 的发泡主要集中在 PHBV 上，发泡成型方法目前已有真空干燥发泡法、注射发泡法、挤出发泡法、模压发泡法、釜压发泡法等。

8.3.1　真空干燥发泡法

将 PHBV 作为基材，添加一定量的纤维素，然后将其溶解在不同的助剂中，在真空干燥的条件下制备了吸油材料，并且测试了泡沫材料的吸油率、保油率和二次吸油率，研究了三氯甲烷、乙基纤维素、乙酸纤维素三种助剂对 PHBV 泡沫材料吸油性能的影响。研究发现，PHBV 泡沫对油的吸附主要依靠表面的亲油基团、较大的表面积以及良好的三维空间骨架结构，其中三维空间骨架结构对于吸油性能的影响较为显著。

8.3.2　注射发泡法

PHBV 和 PBAT 按照一定的比例混合后，可以通过常规注射和微孔注射来制备出硬质发泡拉伸试样。为了制备可生物降解的 PHBV/PBAT 泡沫，采用超临界 N_2 作为物理发泡剂，可膨胀的热塑性微球作为化学发泡剂。进而从表面硬度、力学性能和泡孔形态方面研究了泡沫材料的各项性能。研究发现，采用可膨胀热塑性微球作为化学发泡剂的微孔注射成型的泡沫材料具有更好的表面质量，采用超临界 N_2 制的 PHBV/PBAT 泡沫材料具有更高的断裂伸长率。SEM 结果表明，泡孔形态（泡孔尺寸、泡孔密度）和类似三明治的多层结构对泡沫产品的表面质量和力学性能起着很重要的作用。为了提高 PHBV 的熔体强度和泡孔密度，超支化聚合物（HBP）和纳米黏土（NC）被引入 PHBV/PBAT 复合材料中，研究发现：NC 在微孔发泡材料基体中呈现剥离状或插层状，提高了发泡材料的热稳定性；HBP 和 NC 的引入，减小了泡孔尺寸，提高了泡孔密度和结晶度；HBP 的加入，提高了材料的韧性，降低了模量和拉伸强度。

8.3.3　挤出发泡法

PHBV 有很多缺点，比如低黏度、固液相转变过快、加工窗口很窄、T_g 在 22℃左右（接近室温）、高结晶度（58%）、脆性大（简支梁测试冲击强度 1～

1.3kJ/m²）、低结晶速率及高成本［7.5～10.5美元/lb（1lb＝0.454kg），具体价格取决于产品质量］，会在 T_m（168℃）以上的时候发生降解。

在化学挤出发泡方面，曾有研究人员采用 PHBV（中国宁波天安生物材料有限公司生产的 ENMAT Y1000P）和吸热型发泡剂（BA.F4.EMG）进行挤出发泡。发泡剂的主要成分是碳酸氢钠和柠檬酸，以线型低密度聚乙烯为载体制备而成，受热分解出 CO_2 和水。通过尝试添加不同质量分数的发泡剂（1.25％、2％、2.5％、5％和7.5％）进行研究，研究发现，发泡剂质量分数为5％的样品密度减小了58％。发泡剂产生的水会引起聚合物的降解，所以发泡剂的最佳用量是2％（质量分数）。

研究人员同时也试验了在 PHBV 中添加5％、12％和20％三种不同质量分数的碳酸钙作为成核剂，来减小泡孔尺寸，增加泡孔密度。这种方法可以改善泡沫的质量，但是由于碳酸钙的密度比较大，泡孔密度不能被降低。

研究人员所用的发泡设备是直径为30mm、长径比为30∶1带有五个温控区的同向双螺杆挤出机，其中第一个温控区主要完成聚合物的熔融塑化，从第二个温控区起到机头，温度迅速降至平衡 T_m，避免热敏性材料的降解，同时增加熔体强度。试验所用机头既包括片机头又包括线机头。

其实，PHBV 加工成型的最大问题是由于迅速冷却和应力诱导引起的 PHBV 在机头狭窄部分的堆积。PHBV 的堆积导致加工环境发生改变，机头压力增加，泡沫质量恶化。据研究人员介绍，在一个很有限的时间内来挤出高质量的泡沫产品是很有希望的，但是 PHBV 的发泡要比 PLA 困难得多。

也有人采用单螺杆挤出机和化学发泡剂 AC，对 PHBV 及其与乙酸纤维素的混合物（纤维素质量分数为20％和40％）进行了挤出发泡，研究了不同发泡剂含量对泡沫密度、泡孔增长的影响（如图8.1所示），其泡沫密度最高可以减小41％，泡孔尺寸范围为 $58～290\mu m$，泡孔密度为 $650～180000cells/cm^3$。乙酸纤维素的加入可以提高聚合物熔体的黏弹性和减少气体溶解性，进而有利于抑制发泡过程中泡孔的合并和塌陷，制得泡孔尺寸分布较为一致、泡孔形态较为均匀的泡沫制品。

Wright 等人比较了两种化学发泡剂［一种是吸热型发泡剂碳酸氢钠（SB），另一种是放热型发泡剂 AC］对 PHBV 挤出发泡的影响，研究发现：SB 比 AC 能更有效地降低泡沫材料的表观密度，但是会导致开孔的形成和增多。为了解决开孔问题，对 PHBV 泡沫用水进行淬冷，使聚合物泡沫基体快速结晶定型，这样可以产生大量的闭孔结构和形成很高的发泡倍率。在泡孔合并阶段快速结晶相当于提高了 PHBV 的熔体强度。图8.2所示为不同类型和含量发泡剂连续挤出 PHBV 发泡材料断面的 SEM 照片。

将一些生物可降解的填料加入可生物降解树脂里，来提高基体树脂的基本性

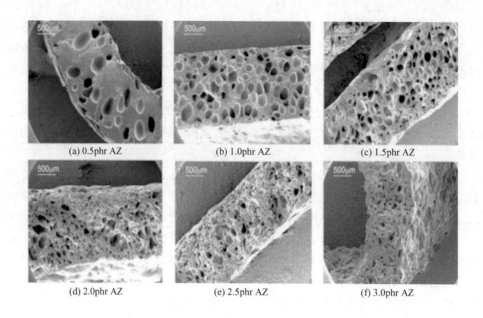

(a) 0.5phr AZ   (b) 1.0phr AZ   (c) 1.5phr AZ

(d) 2.0phr AZ   (e) 2.5phr AZ   (f) 3.0phr AZ

图 8.1　含有不同发泡剂含量的挤出发泡 PHBV 样品的断面形貌 SEM 照片

能，进而提高其泡沫制品的性能是当前研究的热点之一。比如将淀粉加入
PHBV 中，通过调整淀粉的含量来实现对泡沫制品的密度和发泡倍率的控制。
研究采用的设备是直径为 30mm 的同向双螺杆挤出机，机筒的长径比为 32∶1，
具有八个独立的温控功能区，一个单一的 2mm 直径的机头，螺杆转速为 500r/min。
图 8.3 为 PHBV 添加淀粉发泡以后经溶剂萃取的 SEM 照片，观察发现，除了尺寸
上略有差异外，二者没有明显区别。

　　在物理挤出发泡方面，Nicolas Le Moigne 等人采用物理发泡剂，即超临界
CO_2，在单螺杆挤出机上进行 PHBV/纳米有机黏土挤出发泡，采用的方法包括
一步法（直接挤出发泡）和两步法（先进行预混造粒，然后再挤出发泡）。发泡
挤出机装备图如图 8.4 所示。

　　研究发现：两步法中的预混造粒有助于纳米有机黏土的分散，同时还可以限
制 PHBV 的降解。控制 CO_2 注入量在一个比较窄的加工窗口内，纳米有机黏土
的良好分散有利于泡孔成核，抑制泡孔合并，可以制得泡孔均匀、孔隙率在
50% 以上的纳米生物复合泡沫材料。PHBV 的结晶会阻止超临界 CO_2 在 PHBV
基体中的扩散，泡孔成核和增长及最终的均匀性和孔隙率都会受到影响。

　　尽管 PHBHHx 的挤出加工温度比 PHBV 低 20℃左右，但未改性的 PHBHHx

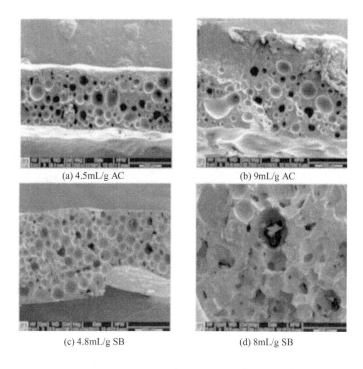

(a) 4.5mL/g AC　　　　　　　(b) 9mL/g AC

(c) 4.8mL/g SB　　　　　　　(d) 8mL/g SB

图 8.2　连续挤出、未冷却的 PHBV 通过发泡剂发泡

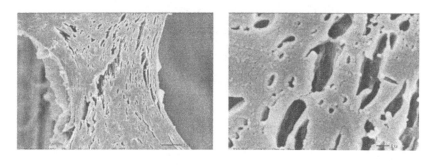

图 8.3　含有 20%（质量分数）淀粉的 PHBV 复合材料发泡后经溶剂萃取的 SEM 照片

熔融挤出发泡仍然对高温非常敏感，容易造成泡孔合并，导致发泡倍率很低。添加 PHBV 可以作为结晶成核剂拓宽 PHBHHx 的结晶温度范围，比小分子结晶成核剂的效果还要明显，可以使 PHBHHx 在泡孔固化定型阶段可以很快地冷却以减少泡孔合并。PHBHHx 和 PHBV 是完全相容的，在挤出发泡温度 170℃时，添加 2%（质量分数）的 PHBV，可以提高 30% 的泡孔密度和 2 倍的发泡倍率。图 8.5 所示为不同发泡温度下 PHBHHx 发泡材料断面的 SEM 照片。从图

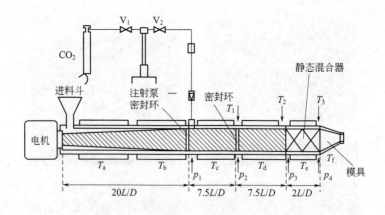

图 8.4　发泡挤出机装备图

8.5 中可以看出，在 180℃以上，泡孔合并非常明显，泡孔尺寸逐渐增加，泡孔形状逐渐变得不规则。研究还表明，增加螺杆转速可以有效地减小高温对降解的影响，促进发泡剂的分解及发泡剂气体和聚合物熔体的混合。

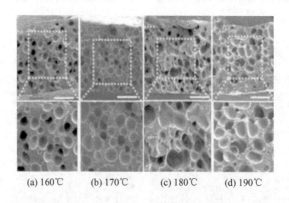

　(a) 160℃　　　(b) 170℃　　　(c) 180℃　　　(d) 190℃

图 8.5　不同发泡温度下 PHBHHx 发泡材料断面的 SEM 照片

8.3.4　模压发泡法

据有关报道，用发酵法合成的生物完全可降解材料 PHB 是国际上认可的生物完全降解材料，经物理改性制备出的发泡包装材料，可以应用到食品、药品、化妆品包装等领域，可取代石油基不可降解高分子发泡材料。其基本发泡的配方：PHB 85phr、DOP 10phr、增韧剂 5phr、发泡剂 AC 若干份。发泡成型工艺流程图如图 8.6 所示。

图 8.6　发泡成型工艺流程图

这里有一点需要注意，发泡剂 AC 的分解温度为 195～230℃，而 PHB 的 T_m 为 54～185℃，发泡剂的温度和树脂的 T_m 不匹配，因此需要加入发泡助剂 ZnO 改变发泡剂 AC 的分解温度。

经测试所得 PHB 泡沫材料的表观密度可达 $0.740g/cm^3$，吸水率为 4.4%，邵尔硬度（D）为 27，维卡软化温度约 113℃，拉伸强度达到 1.7MPa，断裂伸长率为 0.8%～3.5%。

PHB 可以与聚己内酯三醇和二异氰酸酯反应制备出可生物降解的聚氨酯泡沫，采用水作发泡剂。研究发现，PHB 会引起黏度的上升，进而引起泡沫聚合速率的下降。PHB 的质量分数超过 20% 以后，泡沫的韧性会受到很大程度的影响。图 8.7 为 PHB 基聚氨酯泡沫材料的薄层形貌 SEM 照片，可观察到该泡沫具有互穿开孔结构且孔径比较大。

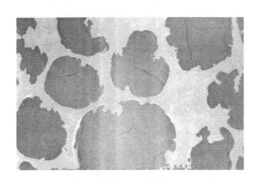

图 8.7　PHB 基聚氨酯泡沫材料的薄层形貌 SEM 照片

8.3.5　釜压发泡法

PHBV 还可以采用间歇式发泡技术进行釜压发泡，其主要成型工艺是将 PHBV 和其他材料或助剂在密炼机或开炼机上于一定温度下进行熔融混合，再将所得的材料进行破碎或造粒，最后将所制得的样品放入高压釜中进行釜压发泡。例如，将 PHBV 和 PLA 进行简单共混后，采用超临界流体作为物理发泡剂，在高压釜中进行发泡。图 8.8 为 PHBV/PLA 比例为 1：3 的共混物在压力和温度为 4.14MPa 和 95℃下，保持 20s 后发泡得到的样品的 SEM 照片。从图 8.8 中可以观察到，PHBV 和 PLA 的相容性不是很好，PHBV 呈现颗粒状分散在 PLA 的连续相中，发泡以后，PHBV 颗粒仍然依稀可见而且对发泡有异相成核的作用。

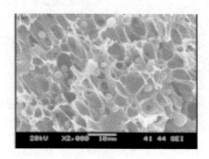

图 8.8 PHBV 和 PLA 共混物泡沫材料的 SEM 照片

8.4 聚羟基烷酸酯发泡材料展望

综上所述，PHA 的发泡技术的研究主要集中在连续法（挤出法）和间歇法（注射法、模压法、真空干燥法、釜压法和混合法）两个方面。连续法工艺流程简单、连续性好、生产效率高、经济性较佳且易于产业化。间歇法操控方便，易于研究发泡过程中各阶段的影响因素，适合用于实验室研究。

目前，因 PHA 原料成本高，加工性能差，研究相对较少，市场上还没有相对成熟的产品销售。PHA 泡沫未来的应用将主要集中在生物医学组织工程等领域，其研究还需要走一段非常远的道路。

参考文献

[1] 李梅.邻苯二甲酸二辛酯与 PHB 共混改性的研究 [J].合成树脂及塑料，2004，21（2）：34-37.

[2] 杜江华，杨青芳，张楠楠.PHB/PLLA 共混体系和 PHB/PLLA/PEO 共混体系冷结晶性的研究 [J].高分子材料科学与工程，2007，23（5）：136-139.

[3] Parulekar Y, Mohanty A K. Biodegradable Toughened Polymers from Renewable Resources：Blends of Polyhydroxybutyrate with Epoxidized Natural Rubber and Maleated Polybutadiene [J].Green Chemistry，2006，8（2）：206-213.

[4] Fei B, Cheng C, Hang W, et al. Modified Poly（3-hydroxybutyrate-co-3-hydroxyvalerate）

Using Hydrogen Bonding Monomers [J]. Polymer，2004，45（18）：6275-6284.

[5] Hazer B，Steinbüchel A. Increased Diversification of Polyhydroxyalkanoates by Modification Reactions for Industrial and Medical Applications [J]. Applied Microbiology and Biotechnology，2007，74（1）：1-12.

[6] Li X T，Sun J，Chen S，et al. In Vitro Investigation of Maleated Poly（3-hydroxybutyrate-co-3-hydroxyhexanoate）for Its Biocompatibility to Mouse Fibroblast L929 and Human Microvascular Endothelial Cells [J]. Journal of Biomedical Materials Research Part A，2008，87A（3）：832-842.

[7] Hiki S，Miyamoto M，Kimura Y. Synthesis and Characterization of Hydroxy-terminated [RS]-poly（3-hydroxybutyrate）and Its Utilization to Block Copolymerization with l-lactide to Obtain a Biodegradable Thermoplastic Elastomer [J]. Polymer，2000，41（20）：7369-7379.

[8] Nuyken O，Weidner R. Graft and Block Copolymers via Polymeric Ozo Initiators [J]. Advances in Polymer Science，1986，73/74（1）：145-199.

[9] Jun Li，Xu Li，Xiping Ni，et al. Synthesis and Characterization of New Biodegradable Amphiphilic Poly（ethylene oxide）-b-poly [（R）-3-hydroxy Butyrate]-b-poly（ethylene oxide）Triblock Copolymers [J]. Macromolecules，2003，36（8）：1209-1214.

[10] Pan J，Li G，Chen Z，et al. Alternative Block Polyurethanes Based on Poly（3-hydroxybutyrate- co -4-hydroxybutyrate）and Poly（ethylene glycol）[J]. Biomaterials，2009，30（16）：2975-2984.

[11] Chen Z，Cheng S K. Block Poly（ester-urethane）s Based on Poly（3-hydroxybutyrate-co-4-hydroxybutyrate）and Poly（3-hydroxyhexanoate-co-3-hydroxyoctonoate）[J]. Biomaterials，2009，30（12）：2219.

[12] Wu L，Chen S，Li Z，et al. Synthesis，Characterization and Biocompatibility of Novel Biodegradable Poly [（（R）-3-hydroxybutyrate）- block -（D，L -lactide）- block-（ε-caprolactone）] Triblock copolymers [J]. Polymer International，2008，57（7）：939-949.

[13] Nguyen S，Marchessault R H. Synthesis and Properties of Graft Copolymers Based on Poly（3-hydroxybutyrate）Macromonomers [J]. Macromolecular Bioscience，2004，4（3）：262-268.

[14] 张雪勤，郑云，杨琥，等. 两亲性三嵌段共聚物 PAA-PHB-PAA 的合成及表征 [J]. 高等学校化学学报，2006，27（4）：784-786.

[15] 何继敏. 新型聚合物发泡材料及技术 [M]. 北京：化学工业出版社，2008.

[16] 吴兵，李发生，何绪文. PHBV 泡沫吸油材料的制备及吸油性能研究 [J]. 交通环保，2002，23（1）：17-20.

[17] Peng J，Srithep Y，Wang J，et al. Comparisons of Microcellular Polylactic Acid Parts Injection Molded with Supercritical Nitrogen and Expandable Thermoplastic Microspheres：Surface Roughness，Tensile Properties，and Morphology [J]. Journal of Cellular Plastics，2013，49（1）：33-45.

[18] Liao Q，Tsui A，Billington S，et al. Extruded Foams from Microbial Poly（3-hydroxybutyrate-co-3-hydroxyvalerate）and Its Blends with Cellulose Acetate butyrate [J]. Polymer Engineering & Science，2012，52（7）：1495-1508.

[19] Willett J L，Shogren R L. Processing and Properties of Extruded Starch/Polymer Foams [J]. Polymer，2002，43（22）：5935-5947.

[20] Richards E, Rizvi R, Chow A, et al. Biodegradable Composite Foams of PLA and PHBV Using Subcritical CO_2 [J]. Journal of Polymers and the Environment, 2008, 16 (4): 258-266.

[21] Moigne N L, Sauceau M, Benyakhlef M, et al. Foaming of Poly (3-hydroxybutyrate-co-3-hydroxyvalerate)/Organo-clays Nano-biocomposites by a Continuous Supercritical CO_2, Assisted Extrusion Process [J]. European Polymer Journal, 2014, 61: 157-171.

[22] Szegda D, Duangphet S, Song J, et al. Extrusion Foaming of PHBV [J]. Journal of Cellular Plastics, 2014, 50 (2): 145-162.

[23] Javadi A, Srithep Y, Clemons C C, et al. Processing of Poly (hydroxybutyrate-co-hydroxyvalerate) -based Bionanocomposite Foams Using Supercritical fluids [J]. Journal of Materials Research, 2012, 27 (11): 1506-1517.

[24] Tsui A, Frank C W. Impact of Processing Temperature and Composition on Foaming of Biodegradable Poly (hydroxyalkanoate) Blends [J]. Industrial and Engineering Chemistry Research, 2014, 53 (41): 15896-15908.

[25] Tsui A, Wright Z, Frank C W. Prediction of Gas Solubility in Poly (3-hydroxybutyrate-co-3-hydroxyvalerate) Melt to Inform Process Design and Resulting Foam Microstructure [J]. Polymer Engineering and Science, 2015, 54 (11): 2683-2695.

[26] Wright Z C, Frank C W. Increasing Cell Homogeneity of Semicrystalline, Biodegradable Polymer Foams with a Narrow Processing Window via Rapid Quenching [J]. Polymer Engineering and Science, 2015, 54 (12): 2877-2886.

第9章
Chapter 9

热塑性聚合物挤出发泡的分类和设备

热塑性聚合物挤出发泡在所有聚合物发泡方法中占据着主导地位,本章将重点介绍热塑性聚合物挤出发泡的分类和装备。热塑性聚合物挤出发泡的核心部件是挤出机,挤出机的设计构造在很大程度上取决于泡沫产品形式以及发泡剂的种类。鉴于大多数热塑性聚合物挤出发泡的种类和设备大同小异,所以笔者在此单独列出一章对聚合物挤出发泡分类和设备的一些共性问题进行介绍,书中其他各章也针对具体每种材料进行一一叙述,力求将热塑性聚合物挤出发泡分类和设备的相关问题介绍清楚。

9.1 热塑性聚合物挤出发泡分类

挤出发泡法是将塑料和发泡剂加入挤出机中熔融共混,物料从机头挤出时由于压力降使发泡剂产生气体膨胀而完成发泡的过程。这种发泡方法最突出的特点是连续化生产,通过更换机头就可以生产不同形状的产品,如管材、异形材、薄膜、片材、板材等。

挤出发泡法按发泡剂种类可以分为挤出物理发泡法和挤出化学发泡法。采用挤出物理发泡法可以制得密度较小的高发泡倍率泡沫材料,而采用挤出化学发泡法可制得密度较大的低发泡倍率和中发泡倍率泡沫材料。

9.1.1 挤出物理发泡法

挤出物理发泡法是采用物理发泡剂对聚合物进行挤出发泡的方法。物理发泡剂为挥发性发泡剂,在聚合物挤出过程中发泡剂受热挥发生成大量气体,从而使聚合物发泡。物理发泡剂在挤出发泡过程中只发生相变,不发生化学反应,因此没有副产物生成影响发泡过程。

为了在聚合物基体中产生大量泡孔,最理想的物理发泡剂所需具备的特征是:在聚合物基体中有较高的溶解度且有较低的扩散系数。物理发泡剂主要包含脂肪烃、卤代烃和惰性气体三种,也可能是上述三种发泡剂的混合物。

其中，惰性气体相比脂肪烃和卤代烃对环境的污染较小，从环保方面考虑是较安全的发泡剂。而相比其他惰性气体，对于普通聚合物树脂，溶解度最高的是超临界 CO_2，采用超临界 CO_2 作为物理发泡剂，不仅来源丰富，价格便宜，环境友好，符合日益严格的环保要求，而且超临界 CO_2 在聚合物中的饱和时间短，成核速率高，所得到的泡沫塑料泡孔尺寸更小，泡孔密度更大，泡孔形态更容易控制。

更为重要的是，超临界 CO_2 小分子能够在聚合物大分子链之间起到类似"润滑剂"的作用，促进链的解缠结，超临界 CO_2 对聚合物的这种塑化作用显著地降低了聚合物体系的熔体黏度、T_m 及 T_g 等，使得加工条件变得相对缓和，加工过程易于调控。因此，物理发泡剂优选超临界 CO_2。

由于 CO_2 的沸点比较低，生产出的聚合物泡沫制品的泡孔尺寸较好。但制品表面容易出现褶皱现象，这也是一个值得关注的问题。

在挤出过程中，为保证 CO_2 在计量和混合整个过程中保持液态，工艺操作要在 5MPa 以上的高压下进行。否则，CO_2 不能充分地溶解于聚合物熔体中。因此物料的计量和混合要在高压状态下进行。同时，挤出机机头压力应高于 10MPa，防止熔体在挤出机中预发，导致聚合物泡沫表面质量变差，或产生纤维化泡孔结构。

挤出物理发泡法的主要过程：将聚合物树脂和各种添加剂的混合物加入挤出机（可以是双螺杆挤出机、两级单螺杆挤出机、双阶双螺杆串联单螺杆挤出机）中塑化熔融，然后在机筒计量段通过增压装置（如气驱气体增压器）注入物理发泡剂，并在高压下使物理发泡剂溶于聚合物熔体中混合均匀，最后挤出机头口模。当熔体离开口模后，压力骤降到大气压，熔体中的物理发泡剂溶解度下降而发生相变生成气泡。目前，国外已经比较成熟地采用挤出物理发泡法制备了各种聚合物发泡材料。

9.1.2　挤出化学发泡法

挤出化学发泡法是采用化学发泡剂对聚合物进行挤出发泡的方法。化学发泡剂通常是热分解型发泡剂，一般是以粉状形态均匀分散于聚合物基体中，经高温加热迅速分解，生成大量气体。适合聚合物挤出发泡的化学发泡剂根据化学结构的不同，分为无机发泡剂和有机发泡剂。

有机发泡剂分解大都是放热反应，有时易造成聚合物熔体局部过热，使发泡不均匀，影响发泡质量。而采用吸热型发泡剂可有效避免局部温度的变化，得到泡孔微细、表面光滑的制品。吸热型发泡剂一般以无机发泡剂为主，做成母粒型。母粒型发泡剂在聚合物中的分散性更好，而且还会避免粉状发泡剂的粉尘飞扬、计量误差等缺点。但是碳酸氢钠类的化学发泡剂因分解后产生水分，在聚酯发泡加工中的应用受到限制。一般来说，在聚合物发泡中，采用化学发泡剂应注意以下几个问题：①化学发泡剂自身的湿度以及化学发泡剂分解可能产生的水分，会导致树脂在加工中水解。②未反应的化学发泡剂或固体残渣导致的污染。③相对较高的成本和分解温度。

挤出化学发泡法的主要过程为：将聚合物树脂、化学发泡剂和其他助剂混合均匀后加入挤出机中，经螺杆的剪切和机筒的加热，化学发泡剂迅速分解生成大量气体，在机筒内的高压下气体均匀地分散并溶于聚合物熔体中，随着聚合物熔体从机头口模挤出，气体发生膨胀而完成发泡。

由于化学发泡剂和扩链剂都是在高温下才能发生反应的助剂，因此，发泡剂与扩链剂的匹配对挤出化学发泡法尤为重要。一般来说，扩链剂的反应温度应稍低于发泡剂的分解温度，这样是为了使聚合物在改性后有足够的熔体强度，在发泡剂分解时不易使气泡合并或破裂。因此，要通过严格控制挤出机各段温度，使扩链反应发生在发泡剂分解前聚合物完全熔融后。

由于化学发泡剂在常温常压下多为固体颗粒或粉料，所以为了使发泡助剂的各组分能均匀地分散到聚合物熔体当中，可以考虑先采用双螺杆挤出机制备聚合物发泡助剂（包含泡孔稳定剂、扩链剂、结晶成核剂等），然后将聚合物基体、发泡助剂和发泡剂以各种比例混合后用单螺杆挤出机挤出发泡成型，得到密度范围在 $0.3 \sim 0.95 \mathrm{g/cm^3}$、适合多种用途的聚合物发泡片材（挤出化学发泡法制备的聚合物片材的发泡倍率一般比较低）。

9.2 热塑性聚合物挤出发泡设备

挤出发泡属于连续性生产，效率高，易于实现工业化生产。根据生产的聚合物泡沫产品性能指标的不同，挤出发泡设备可以采用不同的设计。一个典型的聚合物挤出发泡生产线包括以下几个部分：挤出系统、发泡机头、冷却定型装置、牵引装置、切割装置和卷取装置。图 9.1 是聚丙烯挤出发泡生产线示意图。如果使用物理发泡剂，则物理发泡剂的注入和计量等对于控制发泡过程稳定进行、获取合理的泡体结构具有重要意义。

9.2.1 挤出机

在现有的聚合物挤出发泡研究中，单螺杆挤出机、双螺杆挤出机以及多阶螺杆挤出机均有使用，多阶螺杆挤出机又分为双阶螺杆挤出机和三阶螺杆挤出机。

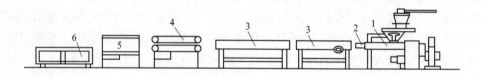

图 9.1　聚丙烯挤出发泡生产线示意图

1—挤出系统；2—发泡机头；3—冷却定型装置；4—牵引装置；5—切割装置；6—卷取装置

挤出机将聚合物粒料熔融以消除加料速度的不均匀性，并且压实熔体。一般加料段的螺纹属于等深螺槽，螺槽体积不变，保证物料在螺杆中输送稳定和熔融完全。聚合物物料在加料段中的输送主要是依靠粒料或熔体与机筒之间的摩擦力，所以可以根据聚合物物料的流动情况，改变螺杆的构型设计或者加工工艺参数，来改变摩擦力的大小，最终改变聚合物物料的输送能力。图 9.2 为典型的串联发泡挤出生产线。

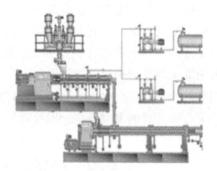

图 9.2　串联发泡挤出生产线

聚合物熔体经过输送段后进入螺杆的压缩段，在压缩段中，螺杆的螺槽会逐渐变小。聚合物物料经过逐渐减小的螺槽后，受到的压力越来越高，在螺槽和机筒之间被压实。因为挤出机机筒的加热传热影响和螺杆的剪切，使得聚合物物料受热完全熔融。而聚合物挤出发泡生产线使用双螺杆作为一阶机的作用是双螺杆对聚酯类物料的输送和熔融效果比单螺杆更好。在压缩段中，应该注意聚酯类物料受到的剪切摩擦热大小，如果剪切热过大，会导致该物料温度过高，如果不能利用冷却水或者冷空气将多余的热量带走，那么就会使得聚酯类物料因为温度过高造成降解，影响最终发泡材料的质量。

在经过螺杆压缩段的熔融和压缩作用后，聚合物熔体进入螺杆的计量段中。计量段的主要作用是均化压力、均化流量，使得聚合物熔体均匀地向轴向流动，进入机头部分。在计量段中，螺杆是等深等距螺纹，其中可能会设计一些混合元件，提高聚合物熔体与发泡气体或其他助剂的混合效果。在典型的聚合物串联挤出发泡生产线中，计量段一般位于二阶机的单螺杆中。因为具有独立的电机控制二阶机螺杆，可以减少剪切作用产生的热量，减少聚合物分子链的热降解，提高产品质量。同时，二阶机中螺杆长径比更大，有利于稳定聚合物熔体和发泡气体共混体系的压力值和温度。通常在设计二阶机的螺杆时，会加入一些共混元件，来改善单螺杆共混效果较差的问题，提高气体和助剂在聚合物基体中的分散混合和分布混合的效果。这些共混元件一般分布在计量段螺杆的末端。常见的共混元件包括销钉或静态混合器等，使用共混元件，能够大幅改善分散效果，控制压力降，提高聚合物发泡材料的产品质量。

目前生产聚合物发泡制品，多采用 Turbo Screw® 螺杆，其结构如图 9.3 所示。根据美国专利 US 6015227、US 6062718 和 US 6132077 中的叙述，与传统发泡螺杆不同，Turbo Screw® 螺杆在螺纹上开有多个方形小孔。聚合物熔体在螺杆中流动时会穿过这些开孔，从而大幅改善聚合物熔体和发泡气体的分散效果和传热效果。塑料工程协会的 Fogarty 等人研究发现，聚合物熔体在传统的螺杆设计中，会存在强烈的拉伸流动，当熔体离开螺槽后，会有一定程度的弹性回复，而这一现象会导致漏流现象的加剧，对产品的质量有负面影响。而使用开孔螺纹的螺杆后，可以增加 25%～70% 的产量。此外，还能节省大量的能源消耗，主要是因为螺杆结构的设计能在相同的能耗下生产出更多的产品，同时减少剪切摩擦热，降低冷却水或冷却风机的能源消耗。运用 Turbo Screw® 技术可以稳定聚合物挤出发泡的生产工艺，明显地提高聚合物发泡产品质量。

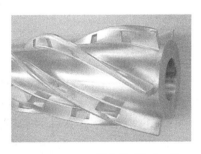

图 9.3　Turbo Screw® 螺杆

9.2.1.1　单螺杆挤出机

在图 9.4 所示的单阶单螺杆挤出发泡生产线中，为了保证聚合物发泡的正常进行，一般要求：①挤出传动系统动力要足够大。②挤出机主机螺杆长径比要足够大。③挤出机必须能产生足够的熔体料压，以防止提前发泡。④挤出机螺杆混

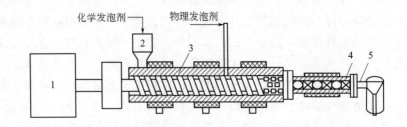

图 9.4 聚合物挤出发泡单阶单螺杆挤出机示意图

1—齿轮箱；2—料斗；3—挤出机；4—静态混合器；5—发泡机头

合性能要求较高，以保证塑料和各种助剂混合均匀。⑤加入填料时，挤出系统要耐磨。⑥挤出机的温控系统精度高于普通挤出机。

9.2.1.2 双螺杆挤出机

双螺杆挤出机具有很好的混合效果和分散特性，其优点在于对熔体温度极好的控制性和高度的灵活性。通过发泡剂计量装置将物理发泡剂（戊烷、丁烷、CO_2 或 N_2 等）准确地注入塑化的熔体中。螺杆后部分仅仅起到冷却熔体和发泡剂混合物的作用。通过环形或圆形机头（单层或多层）形成膜管，然后通过定型和冷却装置将其拉伸，之后将膜管剖切、拉伸，最后在恒定卷取张力下将其卷取。

目前，进行聚合物连续挤出发泡大多采用的是双螺杆挤出机。如图 9.5 所示，其双螺杆挤出设备分为喂料熔化区和冷却均化区。喂料熔化区包括双螺杆全

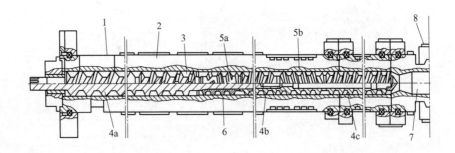

图 9.5 双螺杆挤出设备

1—双螺杆挤出机；2—机筒；3—喂料熔化区；4a—第一输送区段；4b—第二输送区段；
4c—第三输送区段；5a—第一混合区段；5b—第二混合区段；
6—双螺杆；7—冷却均化区；8—静态换热器

长区段，双螺杆又分为三个输送区段，其中第一输送区段进行聚合物树脂的喂送，第二输送区段进行物理发泡剂（惰性气体、脂肪烃等）的喂送。冷却均化区设有静态换热器和均化器，对喂送的物料进行冷却均化。双螺杆挤出机的上游设有干燥机对物料进行干燥并定量喂送，下游设有冷却定型装置生产最终制品，整个工艺过程在同一个挤出发泡机组中进行，实现聚合物发泡的连续生产。

9.2.1.3 多阶螺杆挤出机

图 9.6 所示为一套双阶串联挤出发泡机组。在第一级挤出机中完成塑化，混合熔体、固体添加剂和液体发泡剂；第二级挤出机将这些已达到一定塑化程度的料和发泡剂进一步混合均匀，获得混合均匀的低温挤出物，以提高挤出发泡质量。

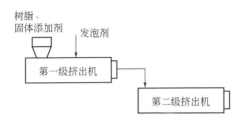

图 9.6　双阶串联挤出发泡机组示意图

图 9.7 示出了一种已公布的某种聚酯连续挤出发泡机组。将聚酯树脂与改性剂分别通过新料加料斗和改性剂加料斗加入双螺杆挤出机中进行改性混炼，通过减压抽真空从排气口去除残余的挥发性成分，改性挤出的物料经过齿轮泵供给相连的单螺杆挤出机，在单螺杆挤出机上设有发泡剂压入口用来注入物理发泡剂（丁烷、N_2 等），物料从口模挤出发泡后经牵引、切割、辊压制成聚合物发泡片材，再经加热炉加热软化后在成型装置中冷却定型，并经修整后得到聚酯发泡制品。修整后的剩余料经粉碎制成粉末，可送入加料斗进行回收利用。制品冷却定型后将剩余废料粉碎回收，因此有效地提高了材料利用率。聚酯回收料可直接加入挤出机进行混炼，不需要进行复杂的干燥工序，只需通过排气口进行抽真空去除水分，因此大大提高了工作效率。

在 20 世纪 90 年代，Park 等人采用双阶螺杆挤出机试验了聚合物的挤出物理发泡行为。首先将聚合物颗粒在挤出机机筒内完全熔融，形成具有较好流动性的熔体。在机筒中部位置，定压定量地将 CO_2 注入机筒内与聚合物熔体混合，通过与螺杆结构的相互匹配，建立高背压，防止气体向后溢出保证两相体系的正常输送。

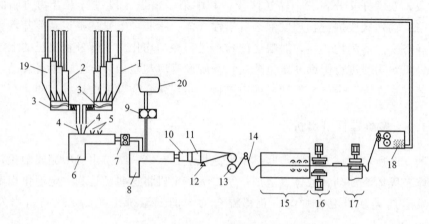

图 9.7　聚酯连续挤出发泡机组示意图

1—新料加料斗；2—改性剂加料斗；3—定量供给装置；4—加料口；5—排气口；6—双螺杆挤出机；
7—齿轮泵；8—单螺杆挤出机；9—注气泵；10—口模；11—冷却心轴；12—切割机；
13—牵引辊；14—发泡片材；15—加热炉；16—成型装置；17—修整装置；
18—剩余料粉末；19—回收料加料斗；20—气源

　　然后通过螺杆在高转速下的强剪切混合作用，将大气泡分散成大量的小气泡，通过气体对熔体的扩散溶解特性形成聚合物和气体的均相共混体系。

　　最后在模头出口处，利用模头内的高压与周围环境之间较高的压降速率诱发体系的热力学不稳定性，从而形成气泡核。随着气泡的生长和熔体的冷却，当泡孔生长的内外压力达到平衡时，发泡材料会逐步形成稳定固化的泡孔结构。图9.8为双阶串联式挤出机发泡装置示意图。

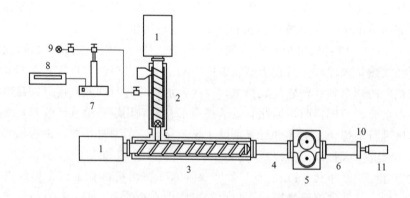

图 9.8　双阶串联式挤出发泡装置示意图

1—变速驱动单元；2——阶挤出机；3—二阶挤出机；4—混合器；5—齿轮泵；6—热交换器；
7—容积泵；8—泵控制器；9—发泡剂供应；10—空压冷却；11—丝状机头

研究发现，双阶串联挤出发泡装置可以改进单阶挤出发泡装置加工温度区间窄，物料在挤出机内停留时间短的缺点，利用一阶机混炼塑化聚合物熔体，二阶机用来压缩计量，稳步实现低温均相体系的输出。挤出机出口位置安装的齿轮泵是用于实现进一步增压和控制熔体的流速。

　　双阶挤出装置另外一个优点是可以通过对两级螺杆转速的调控来实现对机器内压力的有效控制，保证注入气体的充分溶解和混合。

　　然而，双阶串联的挤出发泡装置在实际生产应用中会面临着很多技术上的难题：第二段挤出机和电机转轴的高压密封性问题；不同物料的发泡螺杆的结构设计以及两段螺杆的匹配问题等。

　　挤出物理发泡提供了一种生产具有低密度刚性微孔结构固体半结晶树脂的廉价且有效的方法，特别是刚性、高温稳定性、可循环性的树脂。尽管物理发泡剂的计量和注入设备使得挤出物理发泡板材生产线很昂贵，但物理发泡剂对昂贵的、特殊作用的化学发泡剂的优势在于更符合成本效益。

　　为了增加发泡过程中各原料组分和工艺参数的可调性，可以采用三阶挤出机进行聚合物挤出物理发泡。将聚合物、改性剂和其他助剂混合后加入挤出机（第一挤出机）中，加热至聚合物 T_m 以上制备改性聚合物，然后在改性聚合物树脂中注入 CO_2 或 N_2 进行挤出发泡。为提高压力并冷却，在注气挤出机（第二挤出机）的机头处连接齿轮泵，并安置静态混合器，以调节停留时间和提高熔体的冷却能力，从而达到较好的发泡效果。为进一步增加停留时间，也可以在挤出机后安置另一个具有冷却能力的挤出机（第三挤出机），在该挤出机中聚合物熔体的温度缓慢下降，并在口模处达到合适的温度。这种聚合物发泡材料可用于食品包装、建筑工程、电气和电子设备、汽车等领域。

9.2.2　发泡机头

　　聚合物发泡产品可以由片机头、管模机头或线机头来生产。利用鱼尾形或衣架形机头进行聚合物片材或板材的挤出发泡，通过控制口模的厚度，可以调节聚合物发泡片材的厚度。利用管模头可以进行发泡管材的生产，也可以进行聚合物发泡片材的生产，所制得产品表面质量更好。利用线机头可以生产聚合物发泡珠粒。

　　聚合物熔体与发泡剂均相溶液进入发泡机头后，由于体系压力的突然降低，造成发泡剂溶解度的突然下降，发泡剂气体处于过饱和状态，气相趋于从聚合物相中分离出来，气泡开始成核和增长。如果在发泡机头中能同时诱发大量的气泡核并适当控制气泡的增长速度，则可以得到表观密度低、泡孔尺寸小、泡孔尺寸分布均匀、泡孔密度高的发泡材料。通过改变发泡机头的形状和尺寸得到不同的压力降和压力降速率来控制不同的气泡成核速率，从而得到了不同的挤出发泡效果。下面我们着重介绍几种常见聚合物发泡机头：

（1）塞路卡法发泡机头

如图 9.9 所示，模腔内的舌头保证挤出物离开模口时内部留有空间，这些空间通过熔体在冷却定型套内发泡被充满，形成发泡芯层。熔体外表皮在与模口直接相连的冷却定型套中受到压缩和冷却，形成硬表皮。利用鱼雷体舌头的截面积可控制制品的发泡倍率。需要提高制品的发泡倍率时，可将鱼雷体舌头截面扩大，反之则缩小。

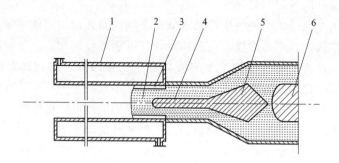

图 9.9　塞路卡法发泡机头
1—冷却定型套；2—发泡芯层；3—硬表皮；4—舌头；5—鱼雷体；6—螺杆

（2）共挤出法发泡机头

图 9.10 所示为共挤出法发泡机头。这种机头采用了三层挤出设备来达到上下面为光滑硬表皮，中间层为发泡芯层发泡材料的目的。中间的发泡芯体由一台

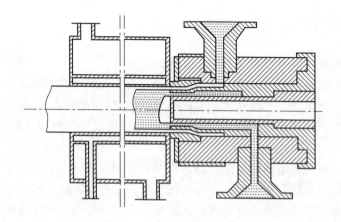

图 9.10　共挤出法发泡机头

挤出机提供高发泡倍率的熔融料。而两外表面层则由另一台挤出机提供无发泡剂的熔融料，以得到光滑的硬表皮。以这种共挤形式还可演变出更多层的发泡芯层与硬表皮的组合体。目前，很多钢厂所采用的钢卷外包装用发泡板的生产设备多采用这种发泡机头。

（3）分层法发泡机头

共挤出法与分层法的区别仅在于分层法只有一台挤出主机供料。其多层结构的形成是借助于口模结构完成的。如图9.11所示，从主机输送到口模分层分配器的物料存在两种情况：一种情况是完全不含发泡剂，这时从表层通道通过的料可直接形成光滑硬皮而不用考虑抑止表层发泡。图9.11中调节阀就可用来向芯层通道中的物料注入发泡剂或是直接注入气体。分配器芯层出口有一减压喇叭口，物料在此区域内发泡形成泡沫芯层。另一种情况是物料中含有发泡剂，则表层通道中的物料一直处于压力区内并且及时转入冷却定型套冷却结皮，以抑止发泡。调节阀则可用来调节进入芯层的料流量，从而控制芯层泡体的密度。

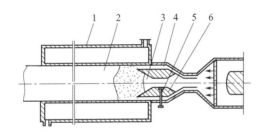

图9.11　分层法发泡机头

1—冷却定型套；2—硬表皮；3—芯层通道；4—表皮通道；5—调节阀；6—分配器

（4）多孔法发泡机头

如图9.12所示，物料进入口模以后，要通过两块多孔板。多孔板的挤出发

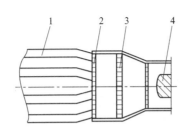

图9.12　多孔法发泡机头

1—发泡体；2—外板；3—内板；4—螺杆

泡原理和分层法类似，孔与孔之间的空间留作发泡空间。多孔板的孔径比较小，数量较多，这样便于在最外层上的孔的分布形状接近于制品外形。多股分流后的条流又经发泡后再集束凝聚起来形成了一个具有直条木纹状的发泡体。多孔板内板的孔径小于外板的孔径，或者是两板孔径一样，但外板的孔数更多。这样设计的多孔板口模既留足发泡空间，又使发泡后的条流得到较好的凝聚。因此，利用多孔板的孔数及孔径即可有效地控制发泡密度。

（5）渐扩法发泡机头

以上发泡法都是在给定空间里突然减压发泡到规定尺寸，而渐扩法挤出发泡则是在小部分突然发泡以后，紧接着是一个渐扩的喇叭口，使发泡空间逐渐扩大至规定尺寸。在出口膨胀的同时，表面层与温度低于塑料软化点温度的冷却模内壁接触而结成硬皮。当制品到达喇叭口发泡区出口时，已形成初步定型了的表层为硬皮，内层为发泡体的制品。然后，再由定型部分继续冷却定型。具体结构如图 9.13 所示。渐扩法挤出发泡技术可以减少泡孔内发泡气体的逸出，提高了发泡剂的效率，同时也减少了泡孔的破裂。渐扩法的发泡是循序渐进的，因此其泡沫芯层的泡孔分布比较均匀。

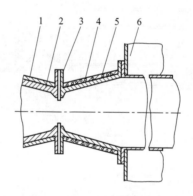

图 9.13　渐扩法发泡机头

1—加热器；2—接头；3—阻力元件；4—冷却水孔；5—口模；6—冷却槽

9.2.3　加料设备

加料设备一般是圆锥形的容器，也称料斗。在部分高自动化的挤出发泡机组中，可以配置真空加料器将树脂原料自动加入料斗中，有利于物料在输送过程中加料量的精确控制，同时能够对加入的原料进行干燥，防止原料上的水分过多而造成水解，降低产品的质量。料斗的截面一般为圆形，有利于防止原料或某些加工助剂的堆积，造成产品质量不稳定。通常加料部分可以分为重力型加料或螺杆型加料。重力型加料依靠重力的作用将原料及加工助剂加入挤出机机筒内，这种方法容易加料过快，在双螺杆上形成大块的料块，阻挡颗粒的正常喂入，即产生架桥现象。而使用螺杆型加料，可以将原料强制性喂入挤出机中，并且可以控制喂料量，减少或消除架桥现象的产生。同时，螺杆可以迫使料斗壁上附着的加工助剂和原料进入挤出机中，减少产品性能波动。使用自动加料的设备，一般配置在线干燥系统，如图9.14所示，防止物料携带过多的水分进入挤出机造成分子量降低。在线干燥系统一般可以分为真空干燥系统、热风干燥系统和去湿干燥系统。通过向料斗中注入干燥的热空气，利用热空气从下而上带走物料表面的水分，然后从料斗的上部排除。从料斗中挥出的带有水分的热空气会经过冷凝装置，由空气脱湿装置进行脱水处理，最后经过过滤和加热再一次进入料斗中循环烘干物料。空气脱湿装置一般由硅酸铝分子筛构成，且一般有两个硅酸铝分子筛轮流工作，其中一个分子筛与带水分的冷空气接触对其进行干燥处理，另一个利用热空气加热，使其放出水分而可重复利用。高效的在线干燥系统可以保证物料带有尽可能少量的水分，是保证树脂挤出发泡产品质量的关键设备。

图 9.14　在线干燥系统

9.2.4　牵引、切割、卷取设备

聚合物挤出发泡片材离开平机头成型后，由一对金属辊或橡胶辊进行牵引定型，牵引设备如图9.15所示。通过牵引辊的纵向拉伸作用，对聚合物发泡片材进行定型和牵引。牵引辊的转速需要与机头处的挤出量相匹配，保证发泡片材在横向上所受到的拉伸力一致。大部分情况下聚合物熔体离开机头口模后，因为片材上受热的不均匀性或口模间隙微小的差异，会导致聚合物发泡片材厚度上有差

图 9.15　聚合物挤出发泡生产线牵引设备

别。所以需要牵引设备中的一对定型辊来消除聚合物发泡片材厚度上的不均匀性，同时改善表面的平整度，提高产品的表面质量。此外，为了更好地定型聚合物发泡片材，定型辊可以通过模温机进行控温，调节合适的温度控制聚合物发泡片材的质量。

9.2.5　聚合物发泡片材所用切割和卷取设备

聚合物发泡片材经过定型和牵引以后，得到平整的产品。利用切刀将片材两边多余的少许边缘切割掉，得到横向尺寸一致的发泡片材，再由 1～2 个卷取辊进行卷绕。卷取辊需要在发泡片材上施以均匀的张力来实现均匀的收卷，张力的波动会导致片材松紧程度不一，可以采用扭矩电机实现递减张力收卷，严格地控制张力的变化程度。大部分的聚合物发泡片材使用中心驱动式卷取辊，当收取的样品达到一定程度后，可以将料卷取下，在驱动轴上安装新的料卷重新收取聚合物发泡片材。在聚合物挤出发泡中，大多数的生产商采用移动支架式换卷。

9.3　几种典型的聚合物发泡材料挤出设备

9.3.1　PE 木塑发泡复合材料挤出设备

PE 木塑发泡复合材料的发泡性能不仅与配方工艺有关，还与加工设备有很大关系。

（1）挤出主机的要求

物料是在挤出机中塑化挤出，挤出机的性能好坏对 PE 木塑发泡复合材料制品的成型有很大影响。鉴于使用的主料 PE 为结晶型树脂，可选用平行双螺杆挤出机来进行 PE 木塑发泡复合材料的挤出，这是由于平行双螺杆挤出机对物料的高剪切有利于物料的良好塑化，同时也能满足其对主机功率的要求。为了更有效地去除木粉中的残留水分，在挤出过程中，挤出机需抽真空以利于得到发泡程度更好的制品。

有报道称设计了一种利用 CO_2 为发泡剂制备闭孔木塑复合泡沫材料的串联螺杆挤出机生产线，如图 9.16 所示。

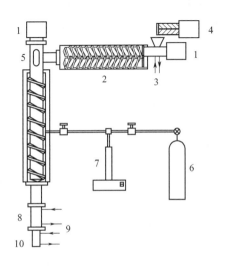

图 9.16　串联螺杆挤出机生产线示意图

1—可变速驱动单元；2—双螺杆挤出机；3—压缩空气冷却；4—螺杆喂料；5—脱挥口；
6—CO_2 或 N_2 储罐；7—正排量泵；8—热交换器；9—油浴；10—机头

使用 CO_2 作为发泡剂直接生产闭孔木塑复合泡沫材料是很困难的，这是因为木粉里含有大量的水分，导致发泡材料中会形成很多带有大孔洞的非均匀泡孔形态，而且水分一旦和 CO_2 混合后就很难再进行分离。所以在 CO_2 注入挤出机之前，必须将木粉中的水分和挥发物除尽。双阶串联螺杆挤出机的连接处正好能够起到排气的作用。

研究人员所设计的串联螺杆挤出机还基于以下几点考虑：①一阶挤出机作为混合器，主要是为了将木材与塑料进行充分均匀的混合，因为混合程度的好坏直接决定了泡沫制品泡孔形态和性能。②通过一阶挤出机提高熔融混合温度，有效地将木粉中的水分转化为高压蒸汽，通过双阶挤出机之间的脱挥口排出。③二阶挤出机也采用排气挤出机，可以均匀地将 CO_2 或 N_2 混合在聚合物熔体中。④在二阶挤出机的机头后面再增加一个静态混合器，以增加物理发泡剂在聚合物熔体中的溶解。⑤静态混合器还可以作为一个热交换器，适当降低一下挤出发泡温度以提高熔体强度，防止发泡过程中的熔体破裂。

（2）模头设计要点

①PE 填充木粉后导致物料的整体流动性能明显降低，所以在模头设计时应尽量避免流道急剧变化或出现台阶所引起的糊料现象；②PE 填充木粉后会引起物料的可压缩性和出口膨胀减小，所以在模头设计中应减小压缩比，一般取（1.5～2）：1，过大的压缩比会增加挤出主机的机头压力；③在模头结构设计时，应参考发泡模具结构，采用型芯内发式有利于取得良好的制品外观品质；④在模头出口增加冷却板，使制品表面结皮，可提高制品的表面硬度。

（3）模头结构

图 9.17 示出了模头结构装配图。图中，A 为模头总长度；B 为模头成型段长度；C 为模头与挤出机对接尺寸；D 为模头高度；E 为模头宽度。

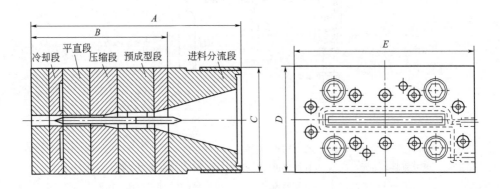

图 9.17　模头结构装配图

（4）定型模的设计要点

① 因从口模冷却板挤出的物料表面已初步硬化、定型，定型模的主要作用是继续定型和冷却，因此它的真空吸附主要在定型模的前段起作用，定型模的长度也可适当缩短，只要能使物料表层达到定型即可。

② 因木粉填充 PE 发泡制品内部有大量微泡孔和木粉，散热很慢，在表层经定型模定型后，应采用冷却能力强的涡流水箱加强冷却，以提高生产效率。

定型模结构如图 9.18 所示。

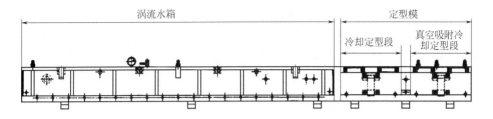

图 9.18　定型模结构

9.3.2　PE珍珠棉挤出发泡设备

图 9.19 为某公司生产 PE 珍珠棉的生产设备布置图——丁烷物理发泡 PE 挤出机，共有螺杆直径为 130mm、105mm、70mm 三条生产线，可以生产片材、管材、棒材和异形材。该生产设备包括生产线主体设备和丁烷泵、抗缩剂泵、外围冷却水塔等辅助设备。

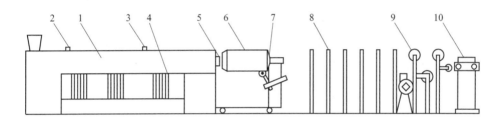

图 9.19　丁烷物理发泡 PE 挤出机

1—挤出机主机；2—抗缩剂主入口；3—发泡剂主入口；4—冷却系统；5—模具；
6—定型鼓；7—风道；8—展平架；9—牵引系统；10—卷取系统

图 9.20 是采用丁烷为发泡剂通过单螺杆挤出机制备高发泡 PE（俗称珍珠

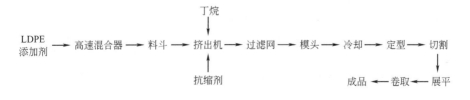

图 9.20　工艺流程图

棉）的生产工艺流程图。原料和添加剂经真空加料器进入挤出机料斗，然后落入挤出机机筒，经输送、熔融进入均化段。丁烷和抗缩剂分别用高压计量泵在均化段前加入，各种物料在均化段充分接触、混合，使添加剂及丁烷均匀地分散在熔体中，而后通过过滤网经机头挤出、发泡、吹胀、冷却、定型、开口、展平、牵引、卷取得到制品。

表 9.1 示出了 PE（珍珠棉）挤出生产过程中常见问题及解决方法。

表 9.1　PE（珍珠棉）挤出生产过程中常见问题及解决方法

常见问题	原因	解决方法
口模喷料以致断裂	发泡剂与熔融物料混合不均匀	①减小发泡剂用量 ②降低发泡剂入口处温度
机筒中部压力过高	过滤网堵塞，混合不均匀	①减小发泡剂用量 ②降低发泡剂入口处温度
引膜困难（破膜或断膜）	①机头温度过高或过低 ②厚薄不均，薄处扯破 ③牵引速度过快 ④原料中有水分、杂质	①调整机头温度 ②调整磨口间隙、风环风量 ③降低牵引速度 ④干燥或更换原料
成型时有"放泡"现象	原料潮湿	干燥原料
泡管不稳呈葫芦状	①挤出温度过高 ②风环风压太大，位置不当 ③牵引辊的压辊压力不均，引起牵引速度波动	①降低挤出温度 ②调整风环 ③调整压辊压力装置
泡沫发黏	①挤出温度太高 ②牵引辊压力太大 ③冷却不够	①降低挤出温度 ②适当调整压力 ③加强冷却
表面结皮	口模温度偏高	①降低温度 ②增加发泡剂用量 ③降低螺杆转速
泡孔较大	混合不均匀，成核剂添加量不够	①增加成核剂用量 ②增加混料时间
有冷痕或大气泡	模具温度偏低，抗缩剂用量过大	①提高模具温度 ②减小抗缩剂用量
厚薄径向分布不均匀	模具与芯棒同心度不够，有偏位	调整模具固定螺栓
卷材超重	发泡不足，长度超长	①增加丁烷添加量 ②校正计量器准确度

常见问题	原因	解决方法
产品轴向厚度不均	压力不稳定,混料不均	①调小口模间隙 ②适当降低体系温度 ③增加混料时间
鱼眼和僵块	①塑化不良 ②滤网冲破 ③原料不合格	①调整工艺温度 ②更换滤网 ③更换原料

9.3.3　PLA 挤出发泡设备

PLA 的挤出发泡过程与某些石油基聚合物的挤出发泡过程较为相似。但是 PLA 在挤出发泡的过程中,还需要考虑熔体强度过低,易于水解、热解等问题。此外,PLA 的脆性过高、耐热性较差也会阻碍 PLA 发泡材料的使用。所以,PLA 的挤出发泡过程是一个非常复杂的工艺过程。

为了更好地解决 PLA 挤出发泡的问题,塑料工程协会开发出一款适用于 PLA 发泡挤出机的 Turbo-screws® 螺杆。这种螺杆的特点在于螺纹的底部有一定数量的方形开孔。在 PLA 挤出发泡的工艺中,Turbo-screws® 螺杆能够降低 PLA 在加工过程中产生的负面影响,PLA 熔体从螺杆底部向机筒内表面移动的速度更快,冷却效果也更好。Turbo-screws® 螺杆目前已经在美国和欧洲获得专利许可,大量实例表明,采用该螺杆,能够大幅度改善无定形或半结晶 PLA 的挤出发泡产品的质量。而且,该螺杆应用在串联发泡挤出机上效果会更明显。在 PLA 的挤出发泡过程中,如何去加热物料并维持一定的温度是非常重要的工艺环节。目前 Turbo-screws® 已经成为 Natureworks® 公司的官方推荐设备,在 Natureworks® 公司的官方网站上,称采用 Turbo-screws® 螺杆技术,可以得到密度为 0.005g/cm³ 的 PLA 发泡片材,同时闭孔率能够达到 90% 以上,发泡片材厚度值在 0.5～5mm 范围内可调。通过裁剪和设计,可以得到各种不同需求的餐盒或食品包装盒。此外,Turbo-screws® 螺杆技术支持传统发泡剂,比如烃类发泡剂。目前该公司正在开发可以用于高耐热 PLA 牌号挤出发泡专用的第二代和第三代 Turboscrews® 螺杆技术,届时,生产商就可以采用更高结晶度的或改性后的 PLA 牌号生产出热食餐具。

制备发泡 PLA 的最大障碍是其低的熔体强度,较高的剪切敏感性,以及较高的保热性。所有这些问题的解决都要涉及螺杆和配方的问题。为了解决 PLA 的高保热性,Coopbox 公司自行设计了一种特殊的冷却螺杆,在串联挤出机的辅挤出机上应用。

Reedy International 公司也正在开发一种用于 PLA 和 PET 的助剂，可以兼作化学发泡剂和熔体强度增强剂。两个牌号 Safoam RPC-20MS1 和 Safoam RPC-20MS2 据说已经用在试验过程中。

由于 PLA 是一种聚酯，那么在加工中过湿将会导致水解和分子量的减小。湿度应该在 250×10^{-6}（0.025% rh）以下，因此吸热型的成核剂如 Clariant 的 Hydrocerol 或者 Reedy 的 Safoam RPC-AS 在配方中是必不可少的。

一些 PLA 共混物也可以获得高的热变形温度。Cereplast 将 PLA 与热塑性淀粉进行共混得到了 CPF 发泡级，Cereplast 推动了其商品化。值得关注的是，这种材料的热变形温度可达 93.3℃以上。日本的 Unitika 公司也正在开发高耐热级的 PLA 牌号。

典型的 PLA 连续挤出发泡生产线如图 9.21 所示，与传统聚苯乙烯发泡板 XPS 的成型设备较为类似。为了更好地控制发泡过程，一般使用串联结构的挤出机组。但是相比 XPS 生产设备，PLA 的挤出发泡设备要求更高。因为 PLA 对加工条件非常敏感，为了解决 PLA 受剪切敏感易于降解的问题，Turboscrew 公司曾在 2005 年开发 PLA 发泡专用螺杆。该螺杆设计能够大幅改善挤出机内热量传递效率，并提高 PLA 发泡材料的质量。此外，与其他聚合物不同，PLA 的加工温度和冷却定型温度相差较大，所以在后定型装置的设计上需要更高效的冷却系统和更长的冷却距离。当挤出发泡成型结束后，所制得的发泡成型片材、板材和管材，还需要再经过二次产品成型加工，赋予其产品应用价值。

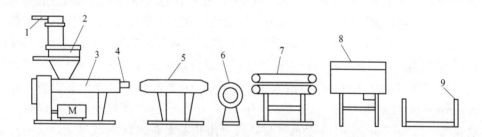

图 9.21 PLA 连续挤出发泡成型生产线

1—自动干燥上料机；2—喂料系统；3—挤出机；4—管模机头；5—管模定型装置；6—管模发泡片切割；
7—牵引设备；8—切割设备；9—收集码垛设备

参考文献

[1] 刘伟，伍玉娇，王福春，等. 可生物降解聚乳酸发泡材料研究进展 [J]. 中国塑料，2015，29（6）：13-23.

[2] 王伟华，罗承绪．丁烷物理发泡聚乙烯的生产与应用 [J]．现代塑料加工应用，1999（1）：26-28．

[3] 蔡剑平．木粉/聚乙烯复合发泡挤出技术的研究 [J]．中国塑料，2004（6）：54-57．

[4] 王向东．不同聚丙烯发泡体系的挤出发泡行为研究 [D]．北京：北京化工大学，2008．

[5] 张玉霞，王向东，刘本刚，等．加工设备和成型工艺聚丙烯挤出发泡的关键技术 [J]．塑胶工业，2008（2）：27-29．

[6] 吴清锋，周南桥．聚合物挤出发泡成型设备的特点分析 [J]．塑料科技，2011，39（2）：79-83．

[7] 李珊珊．改性聚乳酸化学挤出发泡成型的研究 [D]．北京：北京化工大学，2015．

[8] 范朝阳．高熔体强度 PET 的流变行为及其超临界 CO_2 挤出发泡的研究 [D]．上海：华东理工大学，2014．

[9] 王明义．共混改性聚丙烯/超临界 CO_2 连续挤出发泡成型研究及机理分析 [D]．广州：华南理工大学，2010．

[10] 何继敏．聚丙烯挤出发泡过程的理论及实验研究 [D]．北京：北京化工大学，2002．

[11] 陈志兵．聚对苯二甲酸乙二醇酯（PET）挤出发泡成型的研究 [D]．北京：北京化工大学，2011．

[12] 袁海涛．聚酯 PET 的反应挤出及其微孔发泡的研究 [D]．上海：华东理工大学，2014．